TPI NEXT® – Geschäftsbasierte Verbesserung des Testprozesses

Alexander van Ewijk · Bert Linker · Marcel van Oosterwijk ·
Ben Visser · Gerrit de Vries · Loek Wilhelmus

TPI NEXT® – Geschäftsbasierte Verbesserung des Testprozesses

dpunkt.verlag

SOGETI

Alexander van Ewijk

Bert Linker

Marcel van Oosterwijk

Ben Visser

Gerrit de Vries

Loek Wilhelmus

Übersetzung: Julia Neumann, www.textart-translations.com
Fachliches Review: Hubert Beckmann · Dr. Matthias Hamburg · Markus Niehammer · Jörg Riebschläger
Copy-Editing: Ursula Zimpfer, Herrenberg
Lektorat: Dr. Michael Barabas
Satz und Herstellung: Birgit Bäuerlein
Umschlaggestaltung: Helmut Kraus, www.exclam.de
Druck und Bindung: M.P. Media-Print Informationstechnologie GmbH, 33100 Paderborn

Bibliografische Information Der Deutschen Bibliothek
Die Deutsche Bibliothek verzeichnet diese Publikation in der Deutschen Nationalbibliografie; detaillierte bibliografische Daten sind im Internet über <http://dnb.ddb.de> abrufbar.

ISBN 978-3-89864-685-7

1. Auflage 2011

Title of English original: TPI® Next, Business Driven Test Process Improvement.
ISBN: 978-90-72194-97-8

5 4 3 2 1 0

Inhaltsverzeichnis

Foreword by Paul Hermelin

CEO Capgemini S.A.

Over the past decade, the structured testing of software has grown to be an acknowledged discipline and profession in its own right. The complexity of integrated software from multiple sources, both bespoke and packaged, and over multiple platforms requires rigorous and exacting standards of testing to minimize the potential business risks of IT systems failure. Sogeti's Test Process Improvement (TPI®) methodology, developed in 1998, has been instrumental in helping many organizations improve their overall test processes, an essential initiative to ensuring the quality of information systems and critical business processes. Providing insight into the maturity of the test process, TPI has offered logical and practical steps to enhance test efficiency and effectiveness, and moreover to instill a belief in achieving a permanent improvement cycle. As in most things in life, there is always room for improvement.

I am therefore delighted to introduce you to TPI NEXT®, another step forward in raising the standards of test process improvement. This completely revised version has been a truly collaborative initiative. Firstly, it is a measure of the trust that our worldwide customers have placed in the effectiveness of the original TPI model that they have been actively involved in providing us with 'live' examples of the enhancements they wanted made. Secondly, our own TPI specialists' hands-on experience of implementing TPI in organizations, public and private, all over the world, has been considerable.

Combining this valuable feedback, a team of Sogeti professionals, supported by their Capgemini colleagues, has developed a significantly revised model that takes the business drivers of the organization as its starting point. This is an essential difference. IT strategy is generally now much more overtly aligned to business strategy. This alignment therefore filters down to individual systems and processes, so enhancing the test process must be considered in this context.

Since business drivers change over time and from entity to entity, this model is flexible and adaptable, and works in synch with Sogeti's other world-leading test methodology, TMap®. Also, input from renowned industry experts such as Professor Winter, has enabled us to take care that TPI NEXT also aligns perfectly with ISTQB-based testing and other software quality methods.

I am convinced that this new business-driven approach will not only help your organization improve the quality of its software testing and therefore its overall IT development process, but also at a pace that enables you to stay at the forefront of and competitive in your market.

My thanks go to everyone who has worked to create this improved TPI model and I am sure that it will continue to make a significant contribution to the testing profession over the coming decade.

Paul Hermelin
CEO Capgemini S.A.

Vorwort von Prof. Dr. Mario Winter

Es steht außer Frage, dass Software zum wesentlichen Kapital heutiger Unternehmen gehört. Ebenso ist unbestritten, dass Veränderungen heutzutage immer schneller stattfinden müssen. Worin liegt also einer der wichtigsten Geschäftswerte von Software? Software sollte dem Unternehmen zu Flexibilität (oder Agilität) verhelfen! Die Flexibilität von Software ist auf mehreren Ebenen erforderlich: Auf Mikroebene müssen sich einzelne Elemente der Software an Veränderungen einzelner funktionaler Anforderungen anpassen, z.B. aufgrund von Änderungen von Gesetzen oder anderer Vorschriften; auf Mesoebene müssen einzelne Module oder Anwendungen den Änderungen nicht funktionaler Anforderungen folgen, z.B. aufgrund geänderter Plattformen oder Standardsoftware; und auf Makroebene müssen sich ganze Systeme oder Anwendungslandschaften an unternehmens- oder marktbedingte Änderungen anpassen, z.B. aufgrund von Fusionen oder technologischen Fortschritten.

Flexibilität ist allerdings nur eine von mehreren Qualitätsanforderungen an Software, die alle durch konstruktive und analytische Qualitätssicherungsmaßnahmen sichergestellt werden müssen. Da das Testen eine der wesentlichen analytischen Maßnahmen zur Qualitätssicherung ist, spielt es eine Schlüsselrolle bei der Sicherung des Geschäftswertes von Software. Das International Software Testing Qualifications Board (ISTQB®) betont in seinem Lehrplan zum Certified Tester® (Foundation Level), dass neben dem Finden und Vermeiden von Fehlern (bevor der Kunde sie findet) der Hauptgeschäftswert des Testens darin besteht, Vertrauen in das erreichte Qualitätsniveau zu schaffen und Informationen zur Entscheidungsfindung zu liefern. Alles in allem wird ein gut strukturierter Testprozess benötigt, um die Qualität und damit den Geschäftswert von Software erhöhen zu können.

Leider sind heute noch viele IT-Abteilungen weit von einem gut strukturierten und mit dem gesamten Softwareentwicklungsprozess abgestimmten Testprozess entfernt. Die Bewertung und Verbesserung des Testprozesses ist hier von äußerster Wichtigkeit. Für Fachleute im Bereich Softwarequalität und Testen gehört Sogetis Ansatz zur Testprozessverbesserung (TPI®) zu den herausragendsten Modellen oder Methoden, um dieses Ziel zu erreichen. TPI® wurde erstmals im

Jahre 1998 veröffentlicht und war an TMap®, Sogetis Methode zum Softwaretest, angeglichen. Seither hat es sich in zahlreichen Bewertungen als praktisch und zeitgemäß erwiesen.

Genau wie das Testen ist jedoch auch die Verbesserung des Testprozesses nur Mittel zum Zweck. Und dieser Zweck kann von Unternehmen zu Unternehmen verschieden sein! Ich selbst habe bei der Anwendung von TPI® in verschiedenen Unternehmen zweierlei Erfahrungen gemacht. Einerseits war durch die Kernbereiche und Kontrollpunkte des TPI® ein klarer Weg vorgegeben, den aktuellen Stand eines Testprozesses anhand der TPI®-Matrix zu bewerten und darzustellen. Andererseits war es jedoch weniger klar, wie der so bewertete Testprozess eines Unternehmens im Kontext des gesamten Softwareentwicklungsprozesses konkret verbessert werden könnte. Was mir also in erster Linie fehlte, war eine gewisse Flexibilität (oder Anpassungsfähigkeit) des TPI®-Modells in Bezug auf die verschiedenen Softwareentwicklungsprozesse und Prozessverbesserungsmodelle.

Sogetis Antwort auf diesen Wunsch liegt nun vor Ihnen: *TPI NEXT®*, das Modell zur Geschäftsbasierten Testprozessverbesserung (*Business Driven Test Process Improvement*, BDTPI)! Neben zahlreichen weiteren Neuerungen und Verbesserungen liegt der wesentliche Fortschritt von TPI NEXT® in seiner auf allen Ebenen eingebauten Flexibilität: Auf der Mikroebene werden die Kontrollpunkte und Verbesserungsvorschläge nun allgemein formuliert, was eine Anpassung an die Methoden, Techniken und Werkzeuge erlaubt, die Sie in Ihrer Testabteilung bereits einsetzen; auf der Mesoebene schafft das neue Konzept der Enabler eine Verbindung zwischen den Kernbereichen des Testprozesses und den Methoden, Techniken und Werkzeugen, die in Ihrem Softwareentwicklungsprozess bereits eingesetzt werden; und auf der Makroebene wird durch das neue Konzept der Gruppierung die Möglichkeit geschaffen, die schrittweise Verbesserung an die Geschäftsziele und Bedürfnisse Ihres Unternehmens anzupassen.

Falls Sie die Verbesserung Ihres Testprozesses noch nicht in Angriff genommen und Ihre Stakeholder noch nicht vom Geschäftswert Ihres Testprozesses überzeugt haben, sollten Sie nun damit beginnen – mit diesem Buch wird es Ihnen noch leichter fallen. Aber auch wenn Sie bereits mit der Verbesserung Ihres Testprozesses beschäftigt sind, wird Ihnen das Geschäftsbasierte TPI-Modell auf dem Weg zu Ihrem Ziel, der Erhöhung des Geschäftswerts Ihres Unternehmens, eine wertvolle Navigationshilfe sein.

Mario Winter

Prof. Dr. Mario Winter forscht und lehrt auf dem Gebiet der Softwareentwicklung im Institut für Informatik der Fachhochschule Köln. Er war von 2003 bis Anfang 2011 Sprecher der Fachgruppe TAV (Test, Analyse und Verifikation von Software) der Gesellschaft für Informatik e.V. (GI) und ist Gründungsmitglied des German Testing Board e.V. (GTB) sowie des Forschungsschwerpunktes Software-Qualität der FH Köln. Er ist Autor/Koautor zahlreicher Veröffentlichungen über Softwarequalität, unter anderem der Bücher *Praxiswissen Softwaretest: Testmanagement* und *Basiswissen modellbasierter Test.*

Vorwort von Maarten Galesloot

Geschäftsführer der Sogeti Deutschland GmbH

Sogeti engagiert sich seit vielen Jahren als Vorreiter für die Optimierung der Testprozesse seiner Kunden. Mit der Methode TPI® ist Sogeti weltweit führend auf diesem Gebiet. Als globaler Akteur steht unser Unternehmen an der Seite der Kunden, sowohl lokal vor Ort als auch auf der ganzen Welt. Auch im deutschsprachigen Raum erfreute sich das klassische TPI® in der Praxis großer Beliebtheit. Das bestätigen nicht nur die von Sogeti selbst durchgeführten Assessments, sondern auch die Rückmeldungen, die wir von Kunden, Anwendern und Testprozessberatern regelmäßig erhalten.

Nach ihrer Herausgabe im November 2009 wurde die neue Version TPI NEXT® von den TPI-Anwendern rasch angenommen. Unsere Prozessberater wenden sie seitdem im deutschsprachigen Raum genauso erfolgreich an wie in der gesamten weltweiten Unternehmensgruppe. Die überaus positive Resonanz von Markt und Kunden verspüren wir unter anderem dadurch, dass die Anzahl an TPI-Assessments in 2010 stark gestiegen ist.

Den Einfluss der Innovation in der Softwaretechnik, der TPI NEXT® Rechnung trägt, bekommen wir auch in Deutschland mit. Ich möchte an dieser Stelle nur einige Faktoren aus eigener Erfahrung nennen. Die aktuelle Fokussierung unserer Kunden auf ihre Geschäftsziele, ausgedrückt in Prinzipien wie IT-Governance oder COBIT, erfordert auch eine entsprechende Ausrichtung der Testprozessverbesserung auf die Geschäftstreiber. In diesem Zusammenhang hat auch die Beteiligung der Stakeholder am Testen deutlich an Bedeutung gewonnen. Testprozessverbesserung hat sich zudem in vielen Fällen als ein Anreiz zur Softwareprozessverbesserung herausgestellt. Diese positive Wirkung macht ein besseres Verständnis der Enabler wünschenswert. Schließlich sind technische Fortschritte in der Testautomatisierung oder der Einzug von Offshore-Strategien auch in die Testorganisation weitere spürbare Einflussfaktoren auf die Optimierung des Testprozesses.

Viele unserer Kunden haben bereits nach der deutschen Übersetzung von TPI NEXT® bei uns angefragt. Mit der vorliegenden Übersetzung wollen wir in erster Linie unsere Kunden unterstützen, die ihre Testprozesse bewerten und verbessern möchten. Für diesen Zweck ist nun TPI NEXT® nicht nur die am besten durchdachte praktikable und aktuellste Methode, sondern sie fügt sich auch sprachlich nahtlos in den Verbesserungsprozess ein.

Die gegenüber dem klassischen TPI-Modell gewonnenen Möglichkeiten und Freiheitsgrade stellen auch höhere Anforderungen an die Nutzer des Modells. Daraus resultierende Interessen an fachlicher Fortbildung möchten wir mit der deutschen Fassung ebenfalls unterstützen.

Sogeti Deutschland ist stolz darauf, zur Entwicklung der Methode TPI NEXT® aktiv beigetragen zu haben. Mein besonderer Dank gilt unserem Mitarbeiter Alexander van Ewijk für seine engagierte Mitarbeit im internationalen Autorenteam. Unseren Kunden Jean Vaessen von Vodafone Group Services GmbH und Björn Kemmelmeier von Telefónica O_2 Germany danke ich dafür, dass sie mit uns TPI NEXT® in Assessments erfolgreich pilotiert haben. Nun freue ich mich ganz besonders, unseren Kunden und Partnern diese deutsche Version in die Hand legen zu können. Den Kollegen Hubert Beckmann, Dr. Matthias Hamburg, Markus Niehammer und Jörg Riebschläger von Sogeti Deutschland danke ich herzlich für ihre umfangreichen Reviewaktivitäten, die der vorliegenden Version den letzten Schliff verliehen haben.

Maarten Galesloot
Geschäftsführer
Sogeti Deutschland GmbH

Düsseldorf, im April 2011

Vorwort der Autoren

IT-Systeme sind zu einer Lebensnotwendigkeit geworden. Unsere Gesellschaft hängt vollkommen von ihnen ab. Wenn ein IT-System ausfällt, verlieren wir nicht nur Zeit oder Geld (z.B. durch Warten auf die Reparatur oder durch den Kauf eines Ersatzsystems), sondern selbst unser Leben kann dadurch auf dem Spiel stehen (z.B. durch Funktionsstörungen medizinischer Ausrüstung). Daher wissen alle Unternehmen, die IT-Systeme erstellen oder implementieren, dass Testen ein Muss ist.

Moderne IT-Systeme sind vollkommen integriert und daher komplex – und komplexe Systeme enthalten zwangsläufig Fehler. Tester begrenzen die Risiken, die mit diesen Fehlern einhergehen, indem sie einerseits die Qualität messen und über die Risiken informieren, die von den relevanten Stakeholdern bestimmt wurden, und andererseits, indem sie durch entsprechende Maßnahmen sicherstellen, dass die größten Risiken zuerst und am umfassendsten abgedeckt werden. Dies ist bereits an sich ein schwieriger Vorgang, und in einer Zeit ständiger Veränderungen besteht somit ein konstanter Bedarf nach einer Verbesserung des Testprozesses.

Sogetis Modell der Testprozessverbesserung (TPI®) wurde in der zweiten Hälfte der neunziger Jahre entwickelt, als Unternehmen die negativen Folgen fehlerhafter Systeme zu spüren bekamen und sich darüber bewusst wurden, dass es immer wichtiger wird, ihre Testprozesse zu verbessern. Das ursprüngliche TPI-Buch, das erstmals im Jahre 1998 veröffentlicht wurde, entwickelte sich zu einem enormen Erfolg. Es wurde in mehrere Sprachen übersetzt und weltweit verkauft. Darüber hinaus wurde das Modell von Tausenden von professionellen Testern eingesetzt und hat sich in zahlreichen Situationen und den unterschiedlichsten Branchen – vom Bankwesen bis hin zur Automobilbranche – bewährt.

Wie Sie sich sicher vorstellen können, haben unsere Kunden, Kollegen und wir selbst in den über zehn Jahren der Anwendung des Modells eine beachtliche Menge an Erfahrungen gesammelt und Best Practices entwickelt. Daher rief Sogetis Abteilung Software Control in den Niederlanden zehn Jahre nach Veröffentlichung des ursprünglichen Buchs ein internationales Projekt ins Leben, um diese wertvollen Erfahrungen zu vereinen und eine überarbeitete Version von TPI zu entwickeln.

Im Laufe des Projekts haben wir das Modell nicht nur aktualisiert, sondern die gesammelten Erfahrungen genutzt, um das Modell um neue Eigenschaften (wie z.B. die Enabler und Gruppierungen) zu erweitern und die Kernbereiche neu zu gestalten. Wir waren selbst überrascht, dass so viele Elemente eines solch robusten und erfolgreichen Modells noch weiter verbessert werden konnten!

Geschäftstreiber sind heute innerhalb der IT sehr viel wichtiger, als sie es vor zehn Jahren waren. Um die Abstimmung mit diesen Geschäftstreibern sicherzustellen, haben wir das Konzept der Gruppierung entwickelt. Diese Verbesserung ist von wesentlicher Bedeutung, da sie es Ihnen ermöglicht, den Verbesserungsprozess an eine spezifische Geschäftssituation anzupassen. Das Modell kann jedoch auch nach wie vor auf herkömmliche Weise eingesetzt werden – indem Sie die Basisgruppierung verwenden. Wir haben auch für Abwärtskompatibilität gesorgt, sodass Sie die Ergebnisse eines mit dem neuen Modell durchgeführten Assessments mit früheren Daten vergleichen können.

Zahlreiche Fachleute aus der ganzen Welt haben mit ihrem Wissen und ihrer Erfahrung zu diesem Buch beigetragen. Ohne ihre Hilfe hätten wir dieses Ergebnis nicht erzielen können. Daher gilt unser Dank den folgenden Mitwirkenden:

Zunächst möchten wir uns bei Cecile Davis und Marco Jansen van Doorn von Sogeti Niederlande für die Abschnitte über agiles Testen bzw. agile Werkzeuge bedanken.

Im Anfangsstadium haben wir diskutiert, was zu verbessern ist und wie es verbessert werden soll; Debby de Laet von Sogeti Belgien hat in diesem Stadium einen wichtigen Beitrag geleistet.

In den darauffolgenden Besprechungen haben sich viele Kollegen unserem Team angeschlossen und haben uns dabei geholfen, die verschiedenen Entwürfe zu überarbeiten. Dieses Buch beruht auf wirklich internationaler Zusammenarbeit: Fachleute von Sogeti und Capgemini aus neun verschiedenen Ländern haben mit ihren Reviews und Beiträgen an der Entstehung des Buchs mitgewirkt.

Wir möchten uns – in willkürlicher Reihenfolge – bei den folgenden Mitwirkenden bedanken: Markus Adam, Marc Barnscheidt und Hubert Beckmann von Sogeti Deutschland; Göran Fransson, Björn Ömnan und Gudrun Wettermark von Sogeti Schweden; Fran O'Hara und Stephen Hyland von Sogeti Irland; Geert Vanhove von Sogeti Belgien; Trude Rosendal und Gro Rognstad von Sogeti Norwegen; Ole Christian Hansen von Sogeti Dänemark; Dan Hannigan und Joy Thiele von Sogeti USA; Anand Padhye und Ajay Walgude von Capgemini Indien; Julian Bensaid, Maurice Siteur und John van Veen von Capgemini Niederlande; und nicht zuletzt Leo van der Aalst, Rob Baarda, Dré Robben, Monique Bax, Harm de Vries, Frank Geerts, Gert Stad, Marc Roekens, Niek Fraanje, Pepijn Paap, Andréas Prins, Thomas Veltman, Ewald Roodenrijs, Rob Kuijt, Maarten Strootman, Richard Ammerlaan, Joop van der Veen, Tom Hoppenbrouwer, Philip Boerse, Martin van den Berg, Jeroen van Berkel, Gina Utama, Robin Mackaij und Dimitri Fioole von Sogeti Niederlande.

Wie bereits erwähnt sind auch direkte Rückmeldungen von vielen unserer Kunden und anderen Testexperten in dieses Buch eingeflossen. Insbesondere möchten wir den folgenden Personen für ihre Rückmeldungen und Reviews danken:

- Dennis van Velzen und Wilco Rakhorst von AFAS in den Niederlanden;
- Birdie Maobifei von Huawei in China;
- Paul Jansen von KLM in den Niederlanden;
- Bonney Joseph von Wipro Ltd. in Indien;
- Dr. Jürgen Eckstein und Matthias Wenzel von der Bundesagentur für Arbeit in Deutschland;
- Ingrid van Andel von der ASN Bank in den Niederlanden.

Wie jedes neue Produkt musste auch TPI NEXT vor der Veröffentlichung getestet werden. Wir organisierten einen Feldtest in fast einem Dutzend Unternehmen, an dem über zwanzig Personen sowohl aus Geschäfts- als auch Testabteilungen beteiligt waren. Aus diesem Feldtest konnten wir sehr wertvolle Rückmeldungen gewinnen, die wir nutzten, um das Modell zu verbessern und die Kontrollpunkte noch verständlicher und logischer zu gestalten. Der Feldtest lieferte außerordentlich wertvolle Informationen über die praktische Anwendung des Geschäftsbasierten TPI-Modells. Wir bedanken uns für die Bereitschaft der folgenden Kunden und Kollegen, das überarbeitete Modell zu bewerten und es in einer realen Umgebung zu testen:

- Ken Graham von Storebrand in Norwegen;
- Gro Rognstad und Trude Britt Rosendal von Sogeti Norwegen;
- Rune Andersson und Pia Mehra von Sogeti Schweden;
- Björn Kemmelmeier von Telefónica O_2 in Deutschland;
- Jean Vaessen von Vodafone Group Services in Deutschland;
- Dr. Matthias Hamburg und Markus Niehammer von Sogeti Deutschland;
- Ine Lutterman und Thomas de Graaf von Equens in den Niederlanden;
- Thomas Som, Gerwin van Eersel, Reinder Otter und Ralf van der Ven von Capgemini in den Niederlanden;
- Gert Stad, Jille Berends, Dennis van den Bosch und Thomas Veltman von Sogeti in den Niederlanden.

Zwei Personen haben das gesamte Manuskript begutachtet, und wir haben ihre Hilfe, ihre Anmerkungen und ihre analytischen Kommentare sehr geschätzt.

Wir bedanken uns bei Mario Winter für seine Rückmeldungen, seine Unterstützung und sein treffendes Vorwort.

Wir bedanken uns bei Martin Pol für seine Ideen, Kommentare und seine Denkanstöße, die auf seiner umfangreichen Erfahrung mit TPI beruhen. Sein Beitrag half uns dabei, den Inhalt des Buchs auf die vielfältige Leserschaft abzustimmen.

Abgesehen von fachlicher Unterstützung bezüglich des Testens und seiner Verbesserung hätten wir dieses Buch auch nicht ohne Hilfe in praktischen Angelegenheiten schreiben können. Da keiner der Autoren englischer Muttersprachler ist, war uns Clare Argents sprachliche Überarbeitung eine sehr wertvolle Hilfe. Jan Tigchelaar übernahm die Aufgabe, alle Dokumente in ein Standardformat zu bringen, und Mathijs Jonker kümmerte sich um die einheitliche Gestaltung der Abbildungen, während Andréas Prins einen ansprechenden Einband erstellte. Ralf van der Ven führte einen gründlichen Vergleich der CMMI-Ziele und -Praktiken mit den BDTPI-Kontrollpunkten durch, um die spezifischen CMMI-Gruppen zu erstellen.

Ihnen allen gilt unser Dank!

Sehr dankbar sind wir nach wie vor für die wegweisende Arbeit von Tim Koomen und Martin Pol, die nicht nur das ursprüngliche TPI-Buch schrieben, sondern auch uns und zahlreichen anderen beigebracht haben, wie man das Modell anwendet und Verbesserungen implementiert.

Ohne die Unterstützung der Führungsebene wäre diese Arbeit nie möglich gewesen. Unser Dank gilt Nijs Blokland, Maarten Galesloot, Anders Hedensjö, Göran Fransson und Marc Valkier. Trotz erschwerender äußerer wirtschaftlicher Umstände haben sie in dieses Projekt investiert und uns seine Durchführung ermöglicht. Sie haben gezeigt, dass kontinuierliche Verbesserung wichtig ist – selbst (oder vielleicht sollten wir sagen insbesondere) in schwierigen Zeiten.

Auch wenn unsere Dankesliste sehr lang ist, kann es sein, dass wir jemanden vergessen haben. In diesem Fall bitten wir um Entschuldigung für unser Versehen.

Wir hoffen, dass dieses Buch Sie dazu inspirieren wird, den Testprozess Ihres Unternehmens weiter zu verbessern. Bitte besuchen Sie uns auf *www.tpinext.com* und schicken Sie uns auch weiterhin Ihre Rückmeldungen, Ihre Kommentare und Ihre Vorschläge, sodass wir in vielleicht zehn Jahren eine weitere aktualisierte Version von TPI® erarbeiten können.

Das Kernteam der Autoren aus Deutschland, Schweden und den Niederlanden:

- *Alexander van Ewijk*
- *Bert Linker*
- *Marcel van Oosterwijk*
- *Ben Visser*
- *Gerrit de Vries*
- *Loek Wilhelmus*
- *Rik Marselis* (Projektleiter)

Diemen, im Oktober 2009

Empfehlungen zur englischen Originalausgabe

»The Business Driven TPI assessment supported us with a detailed analysis of our as-is state and produced new ideas to increase our quality of service, professionalism and efficiency.«

Björn Kemmelmeier
Team leader Test & Validation
Telefónica o2
Germany

»Storebrand is focused on having a solid test process and we find it satisfying to have a well-known framework to investigate whether the process is good enough or not. With the release of TPI NEXT Storebrand looks forward to find improvements and required solutions based upon the business drivers. The opportunity to focus on different improvement areas with a business perspective is completely unique! Storebrand welcomes the Business Driven TPI model and looks forward to using BDTPI on a broader scale!«

Ken Graham
Head of Test Centre
Storebrand
Norway

»BDTPI is our compass towards improvement. It's a small step for testers but a giant leap in improving our test process.«

Ine Lutterman
Testspecialist Testcentrum Cards Processing
Equens SE
The Netherlands

»Reflecting on our internal processes using Sogeti's Business Driven TPI has clearly shown the weaker areas and gave a clear guidance where we need to focus to improve the quality, cost and time to market components of our products by test process optimization.«

Jean Vaessen
Head of Terminal Verification Management
Terminals Products & Technology
Vodafone Group Services GmbH
Germany

»TPI NEXT introduces business drivers into the TPI model that help aligning testing to support the organization's needs even better. Testing has already made the transition, along with other IT disciplines, from an ›IT department‹ to an integral part of the business. During a field test at a Dutch public organization, responsible for Employee Benefits and reintegration, we discovered that the introduction of business drivers took our TPI-discussions with our stakeholders to another level, discussing both testing ànd business issues. The new model also helped both the stakeholders and us tp control and steer the improvement process by making the reporting easier and more accessible for non IT readers. After the field test our overall conclusion is that TPI NEXT is a valuable revision of TPI, which will help to further enlarge the added value of Testing.«

Thomas Som
Managing Consultant Testing
Team lead TPI team Capgemini
The Netherlands

Teil I

Einführung

1 Fortschritt der Testprozessverbesserung

Im Laufe der letzten zehn Jahre hat sich TPI als die führende Methode zur Bewertung der Testprozessreife eines Unternehmens oder eines Projekts erwiesen. Auf diesen Erfolg sind wir bei Sogeti sehr stolz. Er bedeutet aber keineswegs, dass wir alles erreicht haben und uns auf unseren Lorbeeren ausruhen können.

In diesen zehn Jahren hat sich vieles geändert: Anstelle von großen monolithischen Anwendungen wird mittlerweile eine Vielzahl von hauptsächlich webbasierten Diensten entwickelt, die über einen Enterprise Service Bus zugänglich sind und von zahlreichen, teilweise sogar unbekannten Anwendern genutzt werden. Die Entwicklung erfolgt sowohl vor Ort im Unternehmen als auch ausgelagert an externe Dienstleister oder sogar offshore im Ausland – am anderen Ende der Welt und mit Lieferketten über mehrere Parteien. Diese Entwicklung hatte spürbare Auswirkungen auf die betroffenen Testaktivitäten und die Verbesserung des Testprozesses.

Darüber hinaus verfügen wir nun über umfangreiche Anwendungserfahrung mit TPI im Bereich Outsourcing, bei agiler Softwareentwicklung, in der Integration und bei jeder anderen neuen Arbeitsweise, die sich in den letzten Jahren entwickelt hat. Nicht zuletzt hat sich der Fokus des Managements von der Prozessorientierung hin zur Geschäftsorientierung verschoben. Natürlich spielt es eine Rolle, wie man arbeitet, doch noch wichtiger sind die abgelieferten Ergebnisse. Um Bezug auf das Agile Manifest zu nehmen: Während das *Wie* sehr wohl einen Wert hat, ist unsere Wertschätzung für das *Was* höher!

All diese Entwicklungen haben zum Entschluss geführt, das klassische TPI-Modell [Koomen 1999] zu aktualisieren, basierend auf der Erfahrung aus Hunderten von Assessments und Optimierungsprojekten weltweit. Es handelt sich daher um eine Weiterentwicklung, nicht um eine Neuerfindung! Die Stärken des Modells wurden beibehalten und sogar noch weiter ausgebaut. Diese Stärken sind:

- *Das Modell selbst*:
  Die Aufteilung des Testprozesses in Kernbereiche und, je Kernbereich, in Reifegrade, Kontrollpunkte und Verbesserungsvorschläge.

- Wir haben den Rahmen der Kernbereiche enger gefasst, sie in sich abgeschlossener gestaltet und einige Überschneidungen aufgehoben. Zum Beispiel sind die Überwachung des Testprozessfortschritts und der Anstoß von Korrekturmaßnahmen nun im Testprozessmanagement konzentriert, während im klassischen Modell die entsprechenden Kontrollpunkte dem Kernbereich zugeordnet waren, der die Anforderungen an die zu liefernden Produkte beschrieb.

  Darüber hinaus wurden einige neue Kernbereiche eingeführt und einige Kernbereiche des klassischen Modells entfernt.
- Anstelle der nicht anschaulichen Reifegradbezeichnungen A, B, C und D haben wir die wohldefinierten Reifegrade »Initial«, »Kontrolliert«, »Effizient« und »Optimierend« eingeführt, sowohl für den gesamten Testprozess als auch für die einzelnen Kernbereiche.
- Alle Kontrollpunkte wurden geprüft, überarbeitet und, soweit möglich, noch eindeutiger formuliert, als sie es bereits waren. Die Testreifematrix, in der alle Kontrollpunkte platziert sind, ist nach wie vor das Mittel, um die eigene Testprozessreife im Marktvergleich zu beurteilen.
- Die Verbesserungsvorschläge, die beim Einsatz des Modells in der Praxis eine überaus wichtige Rolle gespielt haben, wurden um die Best Practices der letzten zehn Jahre bereichert.

- *Schrittweise Verbesserung*:
  Dies ist eine der Grundlagen für den Erfolg von TPI. Das neue Modell konzentriert sich weiterhin auf die Ermittlung von sowohl kurz- als auch langfristig umsetzbaren Verbesserungsmaßnahmen. Das TPI NEXT-Modell ist anpassungsfähiger; es ist nun möglich, die Optimierungsschritte gezielt an die spezifischen Bedürfnisse Ihres Unternehmens anzupassen, was diese Stärke des Modells noch weiter ausbaut (siehe auch Listenpunkt zu *Gruppierung der Kontrollpunkte* weiter unten).
- *Unabhängigkeit*:
  TPI NEXT kann optimal in Verbindung mit Sogetis weltweit renommiertem Test Management Approach (TMap®) eingesetzt werden, ist jedoch nicht darauf beschränkt. Ganz egal, welche Testmethode verwendet wird: Das Geschäftsbasierte TPI-Verfahren kann in jeder Situation angewendet werden.
- *Verbesserungsvorschläge*:
  TPI NEXT ist mehr als nur ein Mittel, um die Reife Ihres Testprozesses oder Ihrer Testorganisation zu bewerten. Es bietet auch eine breite Palette an Vorschlägen und Tipps, wie die Verbesserung tatsächlich umgesetzt werden kann. Diese Verbesserungsvorschläge konzentrieren sich darauf, wie Kontrollpunkte erfüllt werden können. Dies kann bedeuten, dass einige Vorschläge besser zu gewissen Unternehmenszielen, Entwicklungsmethoden oder Orga-

nisationsstrukturen passen als andere. Es gibt daher keine Universallösung für die Erfüllung von Kontrollpunkten. Die Kontrollpunkte des TPI NEXT-Modells leiten Sie implizit zu möglichen Verbesserungsmaßnahmen.

Welche Verbesserungen machen nun den geschäftsbasierten Charakter des neuen Modells aus?

- *Gruppierung der Kontrollpunkte*:
  Eine Gruppe besteht aus einer Anzahl zusammenhängender Kontrollpunkte verschiedener Kernbereiche. Das Buch stellt eine Basisgruppierung zur Verfügung, die verwendet werden kann, wenn kein vorherrschender Geschäftstreiber existiert. Auch wenn TPI NEXT im Rahmen einer allgemeinen Initiative zur Softwareprozessverbesserung angewandt wird, ist die Nutzung der Basisgruppierung eine gute Wahl. Allgemein lässt sich sagen, dass alle Situationen, in denen das klassische TPI-Modell genügte, durch die Basisgruppierung des TPI NEXT-Modells erfasst werden. Wenn aber die Testprozessverbesserung auf ein spezifisches Ergebnis hin ausgerichtet werden soll – sei es die Reduzierung der Testkosten, eine verbesserte Time-to-Market oder ein beliebiger anderer Geschäftstreiber –, lassen sich die Gruppen neu zusammenstellen, was dafür sorgt, dass die effektivsten Verbesserungsmaßnahmen ganz oben auf der Liste stehen.

  Dies macht TPI NEXT sehr vielseitig einsetzbar. In einer ausgeglichenen Situation, die mehr oder weniger dem Standard entspricht, kann die Basisgruppierung angewandt werden. In Situationen, die einen angepassten Ansatz erfordern, können die Gruppen neu zusammengestellt werden, um spezifische Anforderungen und Ziele des Unternehmens widerzuspiegeln. Beachten Sie aber, dass dieser Ansatz Assessoren mit umfangreicher IT- und insbesondere TPI-Erfahrung erfordert, um das ganze Potenzial des TPI NEXT-Modells auszuschöpfen.
- *Enabler*:
  Das Testen ist ein integraler Bestandteil der Softwareentwicklung, der in Wechselbeziehung zu einer Vielzahl von angrenzenden Prozessen steht. Diese gegenseitige Beeinflussung von Testen, Entwicklung und Betrieb wird durch die Einführung von Enablern verdeutlicht: Prozesse, Vorgehensweisen oder Fachgebiete, die in enger Wechselbeziehung mit dem Testen stehen und die bei angemessener Berücksichtigung einen positiven Einfluss auf die Testreife haben, und umgekehrt. Bei unzureichender Berücksichtigung sind die wechselseitigen Einflüsse jedoch negativ. Enabler spielen eine wichtige Rolle bei der Erkennung möglicher »Quick Wins« sowie der Gewährleistung einer engen Anpassung an allgemeine Softwareprozessverbesserungsmodelle wie z.B. CMMI oder SPICE.

TPI NEXT kann nur dann wirklich geschäftsbasiert sein, wenn das Unternehmen selbst aktiv mitwirkt. Als ersten Schritt müssen Geschäftstreiber wie z.B. »gute Rendite« oder »verbesserte Geschäftskontinuität« erkannt werden. Genauso wichtig ist jedoch der zweite Schritt: die gemeinsame Priorisierung der Kernbereiche durch alle relevanten Stakeholder, einschließlich der Fachseite. Wenn die Priorisierung der Kernbereiche allein den TPI NEXT-Assessoren oder dem IT-Personal überlassen wird, verpasst das Unternehmen die Chance, die Verbesserungsinitiativen aktiv in die gewünschte Richtung zu lenken. Es gibt kein Patentrezept für die Realisierung einer »guten Rendite«; das Rezept muss immer von Ihrem Unternehmen gestaltet und auf Ihr Unternehmen abgestimmt werden. Doch ganz egal, welche Gegebenheiten herrschen: TPI NEXT findet stets das passende Rezept!

2 Stellenwert des Testens und Positionierung von TPI NEXT

Das Testen ist ein Teil des Softwarelebenszyklus (Software Development Life Cycle, SDLC). Es sollte ein strukturierter und steuerbarer Prozess sein, der innerhalb eines akzeptablen Zeit- und Kostenrahmens die »richtigen« Fehler aufdeckt und zufriedenstellende Empfehlungen liefert. Das Testen sollte für zukünftige Herausforderungen wie neue Technologien, steigende Komplexität von Informationssystemen, kürzere Time-to-Market usw. gewappnet sein – und zwar abgestimmt mit den Geschäftszielen.

Testprozesse sind jedoch nicht immer gut reguliert und organisiert. Das Testen wird häufig kritisiert (das Testen ist zu teuer, die wichtigsten Fehler werden nicht gefunden, usw.) und diese Kritik ist oft gerechtfertigt. Da jedoch jedes Unternehmen anders ist, sind auch die Testsachverhalte unterschiedlich und erfordern daher individuelle Lösungen. Dieses Buch wird Ihnen dabei helfen, die richtige Lösung für die Testaufgaben zu finden, die Sie jetzt oder in Zukunft bewältigen müssen.

Dieses Buch, TPI NEXT, beschreibt eine gesteuerte und schrittweise Verbesserung des Testens. Das Geschäftsbasierte TPI-Modell (Business Driven TPI, BDTPI) ist ein leistungsfähiges Werkzeug, das an spezifische Situationen oder Anforderungen angepasst werden kann und das die Geschäftstreiber des Unternehmens berücksichtigt.

Definition – Geschäftstreiber

Eine unternehmerische Richtlinie, die sich im Allgemeinen aus der Vision und/oder Geschäftsstrategie eines Unternehmens ableitet und die auf ein konkretes Ergebnis auf Betriebsebene ausgerichtet ist. Ein Geschäftstreiber ist ein Argument, eine Motivation oder eine Zielsetzung für die Testprozessverbesserung und ist in der Regel durch eine Kombination der Faktoren Ergebnis, Risiko, Zeit und Kosten gekennzeichnet.

Das neue Geschäftsbasierte TPI-Modell ist eine Weiterentwicklung des klassischen TPI-Modells [Koomen 1999], das seit mehr als zehn Jahren weltweit von vielen Unternehmen sehr erfolgreich angewandt wird. Das klassische Modell hat sich über die Jahre bewährt, jedoch empfehlen wir nun den Einsatz des neuen

Geschäftsbasierten TPI-Modells, da es die Fokussierung auf die Geschäftstreiber erleichtert. Darüber hinaus konnte bei der Weiterentwicklung des Modells von den praktischen Erfahrungen profitiert werden, die im Laufe der letzten zehn Jahre von Anwendern und Beratern weltweit gesammelt wurden.

Genau wie das klassische Modell basiert auch das neue, Geschäftsbasierte TPI-Modell auf Best Practices und es hat sich in umfassenden Feldtests als ein sehr verlässliches und leistungsfähiges Modell erwiesen.

Das Buch ist wie folgt strukturiert:

- Teil I (»Einführung«) liefert einen Überblick über das Testen und die geschäftsbasierte Testprozessverbesserung.
- Teil II (»Das Geschäftsbasierte TPI-Modell«) beschreibt das Modell selbst. Zunächst werden die verschiedenen Aspekte des Modells erläutert, gefolgt von einer detaillierten Beschreibung der einzelnen Kernbereiche.
- Teil III (»Verbesserung der Testprozessreife«) geht ausführlich auf die Schritte der geschäftsbasierten Testprozessverbesserung ein – von der Durchführung einer Bewertung bis hin zur Implementierung von Verbesserungsmaßnahmen.
- Teil IV (»Geschäftsbasierte Verbesserung«) zeigt, wie das Modell bei einem geschäftsbasierten Ansatz angewendet werden kann. Darüber hinaus beschreibt dieser Teil des Buchs, wie das Modell in verschiedenen Situationen, zur Unterstützung individueller Geschäftsziele und bei unterschiedlichen Softwareentwicklungsmodellen eingesetzt wird. Abschließend wird ein Fallbeispiel aus der Praxis vorgestellt, das zeigt, wie das Geschäftsbasierte TPI-Modell angewendet wird und welchen Wert es schaffen kann.
- Die Anhänge des Buchs erläutern die Reifestufen beim Einsatz von Testwerkzeugen, einen Algorithmus zur Erstellung Ihrer eigenen Gruppierungen sowie die Abwärtskompatibilität mit dem klassischen TPI-Modell.

2.1 Zweck und Mehrwert des Testens

In diesem Abschnitt soll ein Verständnis dafür geschaffen werden, in welchem Kontext das Buch zu sehen ist. Es werden Definitionen und Hintergrundinformationen zu einer Reihe von Testkonzepten und -begriffen geliefert, jedoch besteht weder die Absicht, eine (neue) Testmethode zu beschreiben, noch eine (vorhandene) Methode zusammenzufassen. Wir beziehen uns aus praktischen Gründen auf die Testbegriffe aus TMap® Next [Koomen 2006]. Auch wenn Sie einen anderen Bezugsrahmen, wie z.B. ISTQB [Graham 2006], gewohnt sind, wird Ihnen die verwendete Terminologie keine Probleme bereiten. Die folgenden Abschnitte bieten eine sehr kurze Einführung in das Testen. Weitere Informationen über das Testen finden Sie in der entsprechenden Fachliteratur.

2.1.1 Testen und andere Qualitätssicherungsmaßnahmen

Es gibt zahlreiche Definitionen für das Testen. Im Wesentlichen verschafft das Testen Einsicht in den Unterschied zwischen dem tatsächlichen und dem geforderten Verhalten eines Objekts. Das Testteam benötigt ein Testobjekt und einen Bezugsrahmen, den das Objekt einhalten muss: eine Testbasis.

Definition – Testen

Testen ist ein Prozess, der Einsicht in und Auskunft über die Qualität eines Objekts und die damit verbundenen Risiken liefert.

Das Testen wird häufig als das Finden von Fehlern beschrieben. Dies ist jedoch nicht das *Ziel* des Testens, sondern ein *Mittel*, um Einsicht in die Qualität der Software oder des Prozesses zu gewinnen. Die Anzahl der gefundenen Fehler allein ist nicht kennzeichnend für die Intensität des Testens. Ein Auftraggeber möchte nicht von kritischen, zuvor unentdeckten Fehlern überrascht werden, die erst auftauchen, wenn das System in Betrieb ist. Wenn viele Fehler gefunden werden, kann dies jedoch immer noch bedeuten, dass andere kritische Fehler noch nicht entdeckt worden sind. Wenn »nur« wenige Fehler gefunden werden, ist es auch möglich, dass die kritischsten Fehler übersehen worden sind. Es kann jedoch auch bedeuten, dass das Testobjekt keine kritischen Fehler mehr enthält.

Die Lieferung fehlerfreier Produkte stellt für die meisten IT-Abteilungen noch immer eine Herausforderung dar. Das Testen ist nicht die einzige Lösung für die Bereitstellung hochwertiger Produkte; es ist lediglich eines der Instrumente, das zur allgemeinen Qualitätsverbesserung von IT-Systemen beiträgt.

Es gibt drei Arten von Qualitätsstandards:

- Präventive Maßnahmen zielen darauf ab, einen Qualitätsmangel zu *verhindern*; z.B. Dokumentationsstandards, Implementierung von Methoden, Techniken, usw.
- Analytische Maßnahmen zielen darauf ab, einen Qualitätsmangel *aufzudecken*; z.B. Durchführung von Reviews, Walkthroughs und natürlich (dynamisches) Testen.
- Korrigierende Maßnahmen zielen darauf ab, einen Qualitätsmangel zu *korrigieren;* z.B. Beheben von Fehlern, die durch das Testen entdeckt wurden.

Das Testen ist nicht die kostengünstigste Qualitätsmaßnahme, da es in einem eher späten Stadium im Entwicklungsprozess angesiedelt ist und die Kosten der Korrektur exponentiell ansteigen (siehe [Boehm 1981]). Strukturelle Qualitätsverbesserung sollte mit einem Top-down-Ansatz begonnen werden. Qualität muss in ein System hineinkonstruiert und nicht hineingetestet werden! Eine der Grundlagen für Qualitätsbewusstsein ist die Überzeugung, dass Vorsorge besser ist als Nachsorge und dass Vorsorge kostengünstiger ist!

2.1.2 Produktrisiken

Eine der Schwierigkeiten des Testens besteht darin, dass es aufgrund zeitlicher und finanzieller Einschränkungen praktisch unmöglich ist, alles zu testen. Gleichzeitig müssen die durchgeführten Tests jedoch eine ausreichende Sicherheit schaffen. Das Management muss entscheiden, wie viel Zeit und Geld in das Beheben der Unsicherheit investiert werden soll. Der Umfang des Testaufwands hängt von der Höhe der Risiken ab, mit der die Inbetriebnahme des IT-Systems verbunden ist.

Definition – Produktrisiko

Unter Produktrisiko versteht man die Wahrscheinlichkeit des Auftretens eines Fehlers im Produkt verbunden mit dem zu erwartenden Schaden, falls ein solcher eintritt.

Auf der Grundlage der Anforderungen und der Produktrisiken versuchen die Testteams, die wichtigsten Fehler so früh und so effizient wie möglich zu finden. Durch die Minderung eines möglichen Schadens für das Geschäft sichert Testen den Geschäftswert. Der Geschäftswert umfasst alle Werte, die das langfristige Wohl des Unternehmens bestimmen. Das Testen kann daher auch als eine »Versicherung« gegen Produktrisiken betrachtet werden.

Genau wie bei einer gewerblichen Versicherung ist es äußerst schwierig, die Produktrisiken und die damit verbundenen Testkosten zu berechnen. Der Auftraggeber entscheidet, welche Versicherungsprämie er bezahlen möchte. Die Rolle des Auftraggebers geht jedoch über die Bereitstellung der Ressourcen hinaus: Eine zielgerichtete, klare Auftragserteilung von Anfang an und das Engagement der Stakeholder unterstützen den reibungslosen Ablauf des Testprozesses. Das Testen sollte nicht als Prozess betrachtet werden, der erst mit dem Zeitpunkt der Lieferung des Testobjekts beginnt. Ein Testprozess erfordert eine gute Planung und Vorbereitung, bevor die eigentliche »Messung« durchgeführt werden kann. Daher sollte das Testen zu einem frühen Zeitpunkt in den Softwarelebenszyklus eingebunden werden.

Diese Aktivitäten erfordern natürlich einen gewissen Aufwand. Testen kostet demzufolge Geld. Wie viel sollte das Testen jedoch kosten? Um die Frage anders zu stellen: Wann sollte man aufhören, zu testen? Die »Versicherungsprämie«, die ein Unternehmen bezahlen muss, hängt von der Abdeckung oder vom Schutz ab, den die Versicherung bieten soll. Die Höhe der Mittel, die dem Testen zugewiesen werden, sollte daher von den Produktrisiken bestimmt werden. Wenn ein Produkt für ein Unternehmen, eine Gesellschaft oder für die Gesundheit und das Leben von Menschen von entscheidender Bedeutung ist, sollte der Testprozess dies widerspiegeln.

2.1.3 Teststufen im Softwarelebenszyklus

Das klassische V-Modell erklärt auf klare und präzise Weise, wie und wann das Testen in den Softwareentwicklungsprozess integriert ist (siehe Abb. 2–1).

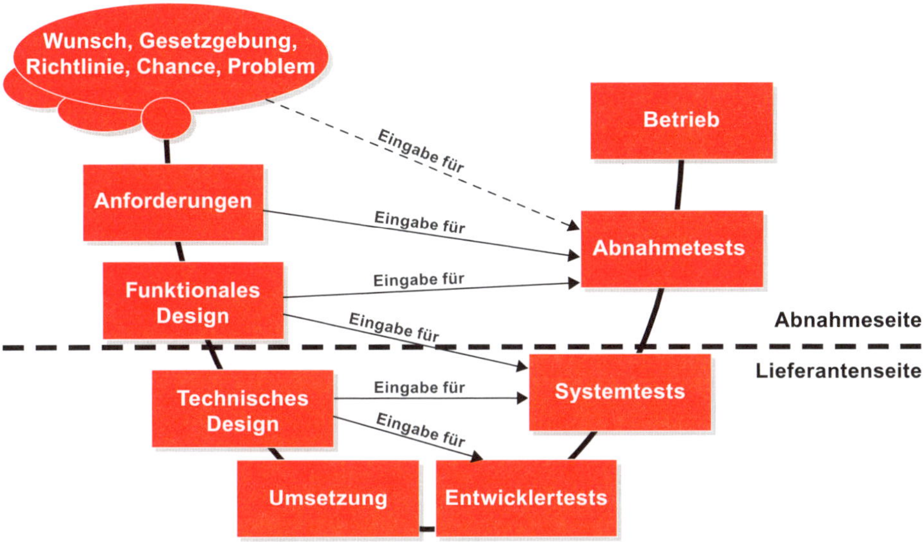

Abb. 2–1 *Der Prozess der Softwareentwicklung und des Testens, dargestellt im sogenannten V-Modell*

Die linke Seite des Modells zeigt die Phasen, in denen das System aufgebaut oder erweitert wird, beginnend mit den fachlichen Anforderungen an die Lösung. Diese können durch externe Faktoren, wie z.B. Änderungen der Gesetzgebung oder der Vorschriften, oder interne Faktoren, wie z.B. geschäftliche Ambitionen, motiviert sein. Auf der rechten Seite des Modells befindet sich das Testen. Um Tests auf effiziente Weise zu organisieren, werden verschiedene Teststufen eingesetzt, wobei jede Teststufe einer bestimmten Gruppe von Anforderungen oder funktionalen und technischen Spezifikationen zugeordnet wird.

Definition – Teststufe

Eine Teststufe ist eine Gruppe von Testaktivitäten, die gemeinsam verwaltet und durchgeführt werden.

Die gestrichelte Linie zeigt die Trennung der Verantwortlichkeiten zwischen der Abnahme- und Lieferantenseite. Gerade beim Testen ist es wichtig, die verschiedenen Verantwortlichkeiten festzulegen. Wer gibt den Test in Auftrag? Wer benötigt einen Qualitätsbericht? Für jede Entwicklungsphase gibt es eine oder mehrere Teststufen.

Die Textfelder auf der rechten Seite im V-Modell repräsentieren lediglich die Durchführungsphasen der einzelnen Teststufen. Die Planungs- und Vorbereitungsaktivitäten machen jedoch mehr als die Hälfte des Gesamtaufwands einer Teststufe aus.

Nach Abschluss der Tests innerhalb einer Teststufe muss auf der Grundlage einer vom Testteam gelieferten Freigabeempfehlung entschieden werden, ob das Testobjekt an die nächste Phase (entweder die nächste Teststufe oder die Produktion) übergeben wird. Die Freigabeempfehlung sollte keine überraschenden Informationen enthalten. Eine konstante Kommunikation und Berichterstattung sollte eine regelmäßige Einsicht über den Fortschritt des Tests und über die Qualität des Testobjekts liefern. Ein wichtiger Bestandteil der Fortschritts- und Abschlussberichte ist ein Überblick über die Testziele, die durch die Tests abgedeckt werden, sowie ein Überblick über die Fehler (bezüglich Schwere, Status usw.) [Aalst 2008].

2.2 Zweck und Mehrwert der Testprozessverbesserung

Ein Prozess kann als eine Reihe von Aktionen oder Schritten definiert werden, die zu einem Ziel führen. Das Testen sollte – unabhängig davon, wie es durchgeführt wird – als Prozess betrachtet werden, der über eine Reihe von Aktivitäten zu einer Einsicht in die Qualität des Testobjekts führt. Diese Aktivitäten umfassen in der Regel die Planung, die Prüfung der Qualität der Testbasis, den Entwurf von Testfällen, die Ausführung von Testfällen, das Melden von Testergebnissen einschließlich gefundener Fehler und die Lieferung eines Testberichts. Darüber hinaus wird eine Testumgebung aufgebaut und gewartet, und ein Testteam wird zusammengestellt.

Viele Unternehmen sehen die Notwendigkeit, den Testprozess zu verbessern. Da jedoch jeder eine eigene Vorstellung von einer Testprozessverbesserung hat, wird in den nächsten Abschnitten Hintergrundwissen darüber vermittelt, was die Gründe für eine Testprozessverbesserung sind und welche Vorteile sie mit sich bringt.

2.2.1 Ausrichtung der Testinvestition an Geschäftstreibern

Im Idealfall ist ein Test auf Produktrisiken konzentriert und ausgerichtet, die – idealerweise – auf den Geschäftsanforderungen basieren. Diese Anforderungen stehen in enger Verbindung mit den Geschäftstreibern, die als Auslöser für die Testprozessverbesserung agieren. Letztendlich leitet sich ein Geschäftstreiber direkt aus der Geschäftsvision und -strategie des Unternehmens ab.

Beispiele für Geschäftstreiber:

- Senkung der jährlichen Betriebskosten
- Verkürzung der Time-to-Market und Verbesserung der Qualität von Produkten und Dienstleistungen
- Einhaltung externer Gesetzgebungen und Bestimmungen

Die meisten Anstöße für eine Testprozessverbesserung kommen jedoch von den Leuten, die stark in den Testprozess eingebunden sind. Sie haben das Gefühl, dass »etwas nicht stimmt« oder zumindest, dass der Testprozess verbesserungswürdig ist. Häufig möchten sie einfach nur einen Beweis dafür, dass der Testprozess reif genug ist (oder nicht).

In der Praxis werden durch die Geschäftstreiber und andere Auslöser für Verbesserung ein oder mehrere spezifische Probleme angesprochen:

- Das Testen ist zu teuer.
- Dem Testen stehen nicht genügend Zeit und/oder Ressourcen zur Verfügung.
- Das Testen dauert zu lange.
- Das Testen liefert nicht die Informationen und Empfehlungen zu Produktqualität und Risiken, die von den Managern vor der Inbetriebnahme eines Systems benötigt werden.
- Testumgebungen stehen entweder nicht rechtzeitig zur Verfügung oder es bestehen Integritätsprobleme mit den Testdaten.
- Es werden durch das Testen nicht die wichtigsten Fehler zur richtigen Zeit gefunden.
- Gefundene Fehler werden nicht rechtzeitig behoben, was eine sorgfältige Testplanung sehr schwierig macht.

Das BDTPI-Modell ermöglicht es, auf die Geschäftstreiber einzugehen. Dieses Buch befasst sich damit, wie Sie das BDTPI-Modell auf Geschäftstreiber im Allgemeinen und auch im Spezifischen anwenden können.

Wie weit sollte der Testprozess jedoch verbessert werden? Wann machen sich die Kosten der Verbesserung durch einen reiferen Testprozess bezahlt? Die Verbesserungsziele eines Testprozesses hängen natürlich von der Art der Probleme ab, die gelöst werden müssen. Es wird jedoch auch eine Kosten-Nutzen-Analyse benötigt, die eine Schätzung der Rendite der tatsächlichen Verbesserung des Testprozesses liefert. Dieses Buch wird Ihnen dabei helfen, Antworten auf diese Fragen zu finden.

2.2.2 Vorteile eines strukturierten Testprozesses

Die Testvorgehensweise hängt zwar in gewissem Maße vom Entwicklungsprozess ab, jedoch kann das Testen auf viele verschiedene Arten durchgeführt werden – von einem Ad-hoc-Ansatz bis hin zu einem voll strukturierten Ansatz. Beim Ad-hoc-Testen beispielsweise werden weder Qualitätskriterien eingesetzt, um Risiken zu bestimmen und zu priorisieren, noch Testdesigntechniken verwendet, um Testfälle zu entwerfen.

Einige typische Nachteile des Ad-hoc-Testens:

- Zeitdruck, zurückzuführen auf:
  - Fehlen eines guten Testkonzepts und einer Methode zur Aufwandsschätzung,
  - Fehlen jeglicher Planung,
  - Fehlen solider Vereinbarungen über Bedingungen und Abläufe für die Auslieferung und Überarbeitung der Anwendungen.
- Keine Einsicht in oder Aussagen über die Qualität des Systems möglich. Gründe:
  - Fehlen einer Risikoanalyse,
  - Fehlen einer Teststrategie,
  - keine Zielrichtung auf Testabdeckung,
  - unzureichende Qualität oder sogar das Fehlen von Testfällen.
- Ineffizienz und Ineffektivität aufgrund von:
  - fehlender Koordination zwischen den verschiedenen Testparteien,
  - fehlenden Absprachen in den Bereichen des Konfigurations-, Änderungs- und Anforderungsmanagements,
  - falscher oder unzureichender Verwendung der – oft vorhandenen – Testwerkzeuge,
  - fehlender Zuweisung von Prioritäten, sodass unwichtigere Komponenten oft vor den risikoanfälligen Komponenten getestet werden,
  - unklaren Vereinbarungen oder Verträgen.

Ein strukturierter Ansatz hat die folgenden Vorteile:

- Er kann in jeder Situation verwendet werden, unabhängig vom Geschäftsbereich, der Organisationsstruktur oder der gewählten Vorgehensweise der Systementwicklung.
- Er liefert Einsicht in und Aussagen über die Qualitätsrisiken des getesteten Systems.
- Er findet wichtige Fehler in einer frühen Phase des Entwicklungsprozesses, sodass die Fehler früh behoben und die Kosten dadurch gesenkt werden.
- Er verhindert Fehler in zukünftigen Entwicklungsprodukten durch Testbarkeitsreviews.
- Er verhindert Kosten, die durch materielle oder immaterielle Schäden verursacht werden.
- Die Testprodukte (z.B. Testfälle) sind wiederverwendbar.
- Das Testen befindet sich so kurz wie möglich auf dem kritischen Pfad des gesamten Entwicklungszyklus, sodass die Gesamtlaufzeit der Entwicklung verkürzt wird.
  - Die Testdurchführung ist die einzige Phase des Testens, die sich auf dem kritischen Pfad eines Entwicklungsprojekts befindet.
  - Der Testprozess ist verständlich und beherrschbar.

In der Praxis wird das Testen irgendwo zwischen den Extremen des Ad-hoc-Ansatzes und des hochstrukturierten Ansatzes durchgeführt. Testprozesse werden jedoch häufig kritisiert – in diesen Situationen besteht daher vermutlich Verbesserungsbedarf.

2.2.3 Zusammenhänge zwischen Testprozessverbesserung und Softwareprozessverbesserung

Falls es Probleme im Softwareentwicklungsprozess gibt, machen sich die Auswirkungen in erster Linie beim Testen bemerkbar. Da das Testen eng mit dem Softwarelebenszyklus (Software Development Life Cycle, SDLC) verbunden ist, sind in Bezug auf die Testprozessverbesserung drei verschiedene Situationen möglich:

1. Die Testprozessreife ist der Reife des SDLC voraus.
2. Die Testprozessreife reicht nicht an die Reife des SDLC heran.
3. Die Reife des Testprozesses und des SDLC befinden sich auf gleicher Höhe.

Die erste Situation ist offensichtlich, wenn Probleme im SDLC beim Testen erscheinen. Aus dieser Perspektive hängt das Testen von anderen Prozessen im SDLC ab; diese Abhängigkeiten können als Voraussetzungen betrachtet werden. Sind diese Voraussetzungen nicht erfüllt, kann das Testen die geplanten Ziele nicht erreichen. Der Testprozess muss daher jedes Mal angepasst werden, wenn eine Voraussetzung nicht erfüllt ist, was häufig zu einem Qualitätsverlust des Testens führt. Aufgrund dieser Abhängigkeiten hat die Verbesserung des Testprozesses selbst nur eine begrenzte Wirkung. Andererseits ist es bei einem hohen Reifegrad des Testprozesses einfacher, Voraussetzungen festzulegen. Am besten ist es, den Softwarelebenszyklus ganzheitlich zu verbessern und dabei mit dem schwächsten Teil zu beginnen. BDTPI kann eingesetzt werden, um die Testreife zu messen und dadurch zu bestimmen, ob der Testprozess ein Teil des SDLC ist, der zum gegebenen Zeitpunkt verbessert werden sollte.

Im Detail – Typische Voraussetzungen für ein Testprojekt

- *Qualität der Testbasis*
  Falls die Qualität der festgelegten Testbasis keinen angemessenen Entwurf oder keine richtige Durchführung der Tests erlaubt, müssen die Mängel dem Entwurfsteam sofort mitgeteilt werden, um sie zu korrigieren oder zu vervollständigen.
- *Qualität der Entwicklertests (im Fall eines Systemtests)*
  Das Entwicklungsteam führt die Entwicklertests als Voraussetzung für den Systemtest in der vereinbarten und bewährten Weise und Intensität durch.
- *Änderungskontrolle des Testobjekts*
  Das Testteam sollte in die Umsetzung von Änderungen eingebunden sein. Z.B. sollte der Testmanager am Änderungsausschuss beteiligt sein, um die Konsequenzen aus der Sicht des Testens zu bewerten. →

- *Verfügbarkeit der Testumgebung*
  Dem Testteam steht während der vereinbarten Zeit eine Testumgebung zur Verfügung, die repräsentativ für die Produktionsumgebung ist (übereinstimmend mit den dokumentierten Anforderungen).

Es ist ein häufig auftretendes Phänomen, dass nach Beginn der Testprozessverbesserung weitere Voraussetzungen aus dem gereiften Testprozess hervorgehen. Diese neuen Voraussetzungen heben die Beziehung mit den anderen Prozessen im SDLC hervor. In weniger ausgereiften Unternehmen werden diese Voraussetzungen leider häufig als Hindernisse für den laufenden Prozess betrachtet. Jedoch profitiert der gesamte SDLC von der Erfüllung dieser Voraussetzungen, d.h., die Testprozessverbesserung kann die Verbesserung des Softwareentwicklungsprozesses durchgängig antreiben und kann als Hebel eingesetzt werden, um andere Teile des SDLC zu verbessern.

Wenn der Testprozess noch nicht so ausgereift ist wie der Rest des SDLC, sind alle Voraussetzungen für das Testen bereits erfüllt. Die Verbesserung des Testprozesses ist in diesem Fall viel einfacher, da die Aufmerksamkeit lediglich beim Testprozess selbst liegt.

Besondere Umstände herrschen dann, wenn die Qualität des SDLC im Rahmen der Softwareprozessverbesserung (SPI)[1] verbessert wird: Die üblichen SPI-Modelle stellen allgemeine Anforderungen an das Testen, sobald der Softwareprozess höhere Reifegrade erreicht hat. Die Modelle bieten leider nur wenig Unterstützung bei der tatsächlichen Verbesserung des Testprozesses, die zur Erfüllung dieser Anforderungen notwendig ist. Das Geschäftsbasierte TPI-Modell kann eingesetzt werden, um die Anforderungen zu erfüllen, die SPI an das Testen stellt.

Abschnitt 7.6 dieses Buchs erklärt, wie die Testprozessverbesserung mit der Softwareprozessverbesserung in Verbindung gebracht werden kann.

2.3 Notwendigkeit eines Referenzmodells zur Testprozessverbesserung

Die Praxis zeigt, dass Prozessverbesserung nur selten ohne ein Referenzmodell durchgeführt wird. Für die Softwareprozessverbesserung existieren einige Modelle, die jedoch nur beschränkt auf das Testen angewandt werden können. Aus diesem Grund hat Sogeti 1998 erstmals das TPI®-Modell (Test Process Improvement) auf den Markt gebracht.

Das TPI-Modell hat sich in vielen Situationen als sehr erfolgreich erwiesen. Dennoch gibt es gute Gründe, das Modell weiter zu verbessern:

---

1. SPI-Modelle wie z.B. CMMI und SPICE befassen sich mit dem gesamten Entwicklungsprozess, von der Anforderungsspezifikation bis hin zu Umsetzung, Testen usw.

- Neue Entwicklungen der IT, wie z.B. Outsourcing, agile Softwareentwicklung und eine zunehmende Komplexität von IT-Systemen und -programmen haben Auswirkungen auf den praktischen Einsatz des TPI-Modells.
- Der Fokus der Prozessverbesserung hat sich von Prozesszielen auf Geschäftsziele verlagert, d.h., die Verbesserung des Testprozesses wird nun eher aus der Geschäftsperspektive betrachtet.
- Die Testprozessverbesserung muss in einen deutlicheren Zusammenhang mit der Softwareprozessverbesserung gebracht werden (insbesondere CMMI und SPICE).
- Mehr als zehn Jahre weitreichender Erfahrung im Einsatz des TPI-Modells sollten in das klassische, praxisbasierte Modell eingebracht werden.

Aus diesen Gründen hat Sogeti das Geschäftsbasierte TPI-Modell als neue Version des klassischen TPI-Modells entwickelt.

2.3.1 Eigenschaften eines geeigneten Modells

Um die Qualität und Relevanz des Referenzmodells zu gewährleisten, wurde das Geschäftsbasierte TPI-Modell mit den folgenden Eigenschaften entwickelt:

- *Spezifische, gesteuerte Verbesserungsschritte*
  Dies ist die wichtigste Anforderung. Spezifische und steuerbare Schritte sollten möglich sein, um Verbesserungen schrittweise durchführen zu können.
- *Best Practices als Grundlage*
  Das Modell ist praxisbasiert und die Palette an Auswahlmöglichkeiten sorgt dafür, dass es für jede Testsituation in der Praxis geeignet ist.
- *Objektivität*
  Das Modell muss hinreichend nachvollziehbar sein, um möglichst objektiv bestimmen zu können, welche Reife der Testprozess hat und ob der geforderte Zustand erreicht ist. Zwei verschiedene Personen, die denselben Testprozess analysieren, sollten – mit geringen Abweichungen – zu den gleichen Ergebnissen kommen.
- *Möglichkeiten und Prioritäten*
  Jeder Testprozess ist anders. Daher müssen bei der Verbesserung jedes Mal andere Entscheidungen getroffen werden. Diese Entscheidungsfindung sollte unterstützt werden. Darüber hinaus soll das Buch Vorschläge, Ideen und Tipps liefern, die als wichtige Quelle für die Festlegung maßgeschneiderter Verbesserungsmaßnahmen dienen.
- *Detaillierung*
  Um das Modell gut einsetzbar zu machen, sollte es einen hohen Detaillierungsgrad aufweisen. Es sollte nicht zu allgemein sein und muss auf Testprozesse angewendet werden können, die als halbwegs oder sogar sehr ausgereift

gelten. Gleichermaßen sollte es jedoch auch auf Testprozesse anwendbar sein, die sich noch auf dem Reifegrad »Initial« befinden.

- *Schnelle Einsicht in eine aktuelle Situation*
  Das Modell muss eine schnelle Analyse der aktuellen Situation unterstützen. Dies ist ein bedeutender Vorteil, sowohl für die Bestimmung der Ausgangssituation eines Verbesserungsprozesses als auch für die Durchführung von Zwischenmessungen, um zu bestimmen, ob der Verbesserungsprozess die (Zwischen-)Ziele erreicht.
- *Unabhängigkeit*
  Damit das Modell in einem weiten Spektrum anwendbar ist, muss es unabhängig von Test- oder Softwareentwicklungsmethoden sein. Darüber hinaus sollte der Einsatz des Modells unabhängig davon sein, ob ein Unternehmen den gesamten Softwareprozess oder nur den Testprozess verbessern möchte.
- *Ausrichtung nach Geschäftstreibern*
  Das Modell ermöglicht eine variable und spezifische Priorisierung, um spezifische Geschäftstreiber oder Auslöser anzusprechen.
- *Abstimmung mit anderen Prozessen des SDLC*
  Andere Prozesse des SDLC können die Qualität des Testprozesses beeinflussen – und umgekehrt. Das Modell muss Auskunft darüber geben, welche Aspekte des Testprozesses mit anderen spezifischen Prozessen in Verbindung stehen.

2.3.2 Weiterentwicklung des klassischen TPI-Modells

Die meisten der im letzten Abschnitt aufgeführten Eigenschaften waren bereits Teil des klassischen TPI-Modells. Es gibt jedoch weitere Aspekte, die neue und wichtige Verbesserungen darstellen. Manche Verbesserungen beziehen sich auf das Modell selbst, während andere als Richtlinien zu verstehen sind (siehe Teil II dieses Buchs).

- *Stärkere Betonung der Reifekategorien*
  Die ursprünglichen Reifekategorien des klassischen TPI-Modells – »Kontrolliert«, »Effizient« und »Optimierend« – sind nun die Reifegrade. Die ursprünglichen Reifegrade pro Kernbereich – A, B, C und D – gibt es daher nicht mehr.
- *In jedem Kernbereich sind alle drei Reifegrade vertreten.*
  Alle drei Reifegrade –»Kontrolliert«, »Effizient« und »Optimierend« – sind für jeden Kernbereich definiert.
- *Alle Kontrollpunkte sind in der Testreifematrix dargestellt.*
  Die Matrix gibt deutlich an, welche Kontrollpunkte erfüllt sind, selbst wenn nicht alle Kontrollpunkte des jeweiligen Reifegrads abgedeckt sind.

- *Abhängigkeiten und Prioritäten zwischen Kernbereichen wurden durch Gruppen ersetzt.*
  Gruppen von Kontrollpunkten aus unterschiedlichen Kernbereichen bieten einen Verbesserungspfad vom Reifegrad »Initial« über »Kontrolliert«, »Effizient« bis hin zum Reifegrad »Optimierend« an.
- *Die Kernbereiche wurden überarbeitet.*
  In angefügten Beschreibungen wird nun die wesentliche Errungenschaft beschrieben, die mit dem Erreichen eines höheren Reifegrads im jeweiligen Kernbereich verbunden ist. Die Kontrollpunkte wurden klarer formuliert, um den Fokus auf den Kernbereich zu verstärken.
- *Unterstützung bei der Festlegung von Verbesserungszielen*
  Abhängig von den Geschäftstreibern werden verschiedene Gruppierungen verwendet, um einen geeigneten Verbesserungspfad zu erstellen.
- *Enabler reduzieren die Abgrenzung zwischen dem Testprozess und anderen Prozessen des SDLC.*
  Sie machen deutlich, wie der Testprozess und andere Prozesse des SDLC von einem Austausch der jeweiligen Best Practices und einer engeren Zusammenarbeit profitieren können.
- *Unterstützung des Testens in einem iterativen und agilen Entwicklungsprozess*
  Das Buch beschreibt, wie das Geschäftsbasierte TPI-Modell für iteratives und agiles Testen angewandt werden kann.

Die Autoren dieses TPI NEXT-Buchs sind der Überzeugung, dass diese Eigenschaften und Verbesserungen einen bedeutenden ***nächsten*** Schritt in der Testprozessverbesserung darstellen.

Teil II

Das Geschäftsbasierte TPI-Modell

3 Das Modell

3.1 Überblick über das BDTPI-Modell

Das Geschäftsbasierte TPI-Modell (kurz »das Modell« genannt) wird eingesetzt, um den Istzustand eines Testprozesses zu analysieren und dabei seine relativen Stärken und Schwächen zu bestimmen. Darüber hinaus dient das Modell als Grundlage zur Diskussion und Festlegung spezifischer Ziele der Testprozessverbesserung und stellt einen Optimierungspfad zur Erfüllung dieser Ziele zur Verfügung.

Im Detail – Testen in Projekten und in der Wartung

Testaktivitäten können sowohl in Form von Testprojekten als auch im Rahmen der laufenden Wartung durchgeführt werden. In beiden Fällen sind die Ziele definiert und Budget und Zeitplan abgestimmt. Aussagen zu einem »Testprojekt« in diesem Modell betreffen grundsätzlich auch Testaktivitäten im Rahmen der laufenden Wartung – es sei denn, es wird ausdrücklich etwas anderes angegeben.

Die Besonderheiten der Anwendung des Geschäftsbasierten TPI-Modells in der Softwarewartung werden in Abschnitt 7.5 ausführlich behandelt.

In diesem Abschnitt werden die Bestandteile des Modells und ihre Beziehungen zueinander erläutert. Abbildung 3–1 zeigt die Bestandteile des Modells.

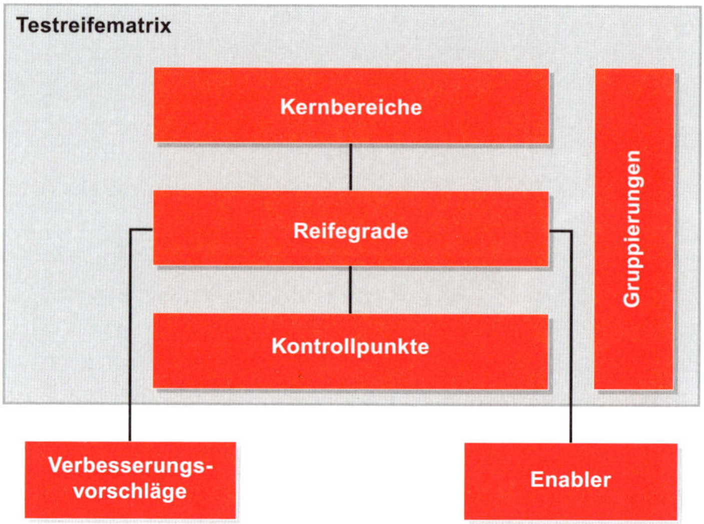

Abb. 3–1 *Die Bestandteile des Geschäftsbasierten TPI-Modells*

Überblick über das Modell

Jeder Testprozess kann in verschiedene zusammenhängende Aspekte unterteilt werden, die als Kernbereiche bezeichnet werden. Das Geschäftsbasierte TPI-Modell umfasst 16 Kernbereiche. Jeder Kernbereich kann einen unterschiedlichen Reifegrad haben; die Kombination der Kernbereiche bestimmt die Reife des gesamten Testprozesses.

Im Geschäftsbasierten TPI-Modell wird zwischen 4 Reifegraden des Testens unterschieden: »Initial«, »Kontrolliert«, »Effizient« und »Optimierend« (siehe Abschnitt 3.3). Ein bestimmter Reifegrad kann nur erreicht werden, wenn auch der vorangehende Reifegrad erreicht wurde.

Der Reifegrad »Initial« ist der einzige Reifegrad, der keine spezifischen Anforderungen stellt, und der in jedem Testprozess automatisch erfüllt ist.

Die Anforderungen an einen Testprozess werden für die anderen Reifegrade über Kontrollpunkte definiert (siehe Abschnitt 3.4), die die »Maßeinheiten« des Modells darstellen. Ein Kontrollpunkt ist als Aussage formuliert, die bestätigt oder widerlegt werden kann. Trifft die Aussage für einen Testprozess zu und kann dies auch ausreichend belegt werden, ist der Kontrollpunkt erfüllt. Ein Kontrollpunkt bezieht sich immer auf einen Kernbereich und einen Reifegrad.

Ein Kernbereich hat einen bestimmten Reifegrad erreicht, wenn alle zugehörigen Kontrollpunkte erfüllt sind.

Der Testprozess in seiner Gesamtheit hat einen bestimmten Reifegrad erreicht, wenn alle Kernbereiche diesen Reifegrad erreicht haben. Der gesamte Testprozess kann daher beispielsweise als »Kontrolliert« bezeichnet werden, wenn alle Kernbereiche als »Kontrolliert« oder höher eingestuft werden können.

Analog kann der gesamte Prozess als »Effizient« oder »Optimierend« bewertet werden, wenn alle Kernbereiche den entsprechenden Reifegrad erreicht haben.

Das Modell ermöglicht eine schrittweise Prozessverbesserung von den Reifegraden »Initial«, »Kontrolliert« und »Effizient« bis hin zum Reifegrad »Optimierend«. Jeder dieser Schritte wird als eine Gruppe von Kontrollpunkten dargestellt (siehe Abb. 3–5 in Abschnitt 3.7). Eine solche Gruppe besteht aus Kontrollpunkten aus einem oder mehreren Kernbereichen, die in ihrer Gesamtheit einen Verbesserungsschritt ergeben. Gruppen werden zur Erhöhung der Testprozessreife genutzt. Jede Gruppe wird durch einen Buchstaben gekennzeichnet, der ihren Rang im Verbesserungspfad angibt, wobei die Gruppe »A« den ersten Verbesserungsschritt darstellt.

Das Modell bietet zwei weitere bedeutende Bestandteile: die Verbesserungsvorschläge (siehe Abschnitt 3.9) und die Enabler (siehe Abschnitt 3.10). Beide Bestandteile liefern wertvolle Informationen, die einer Beschleunigung der weiteren Reifegraderhöhung dienen. Die Verbesserungsvorschläge konzentrieren sich auf den Testprozess selbst, während die Enabler zeigen, wo der Testprozess und andere Prozesse im Softwarelebenszyklus von den Best Practices des jeweils anderen profitieren können.

Die Struktur des Modells ist in Abbildung 3–1 dargestellt. Die Bestandteile Kernbereiche, Reifegrade und Kontrollpunkte werden in der Testreifematrix in Abbildung 3–3 in Abschnitt 3.5 zusammengeführt und veranschaulicht.

In den folgenden Abschnitten wird jeder Bestandteil des Modells ausführlich beschrieben.

3.2 Kernbereiche

Das Geschäftsbasierte TPI-Modell besteht aus 16 Kernbereichen, die es ermöglichen, den Testprozess detailliert zu bewerten und schrittweise zu optimieren. Der Reifegrad jedes Kernbereichs kann separat gemessen werden. In ihrer Gesamtheit umfassen die Kernbereiche alle Aspekte des Testprozesses.

Die Kernbereiche werden in drei Kategorien eingeordnet: Stakeholderbeziehungen (SB), Testmanagement (TM) und Testkompetenz (TK). Durch diese Klassifizierung der Kernbereiche in der Testreifematrix werden die relativen Stärken jeder Kategorie nach der Bewertung des Istzustands eines Testprozesses deutlich erkennbar.

In folgender Tabelle 3–1 wird jeder Kernbereich im Einzelnen beschrieben.

#	Kernbereich	Kategorie	Bedeutung
K01	Engagement der Stakeholder	SB	Engagierte, aktive Stakeholder schaffen gute Voraussetzungen für effiziente Kommunikation und Zusammenarbeit. Das Engagement der beteiligten Personen ist eine wichtige Voraussetzung für einen reibungslosen Ablauf des Testprozesses. Stakeholder können Projektmanager oder Linienmanager sein, jedoch auch Endbenutzer sowie unternehmensinterne Buchhaltungs- und Marketingabteilungen. Der Auftraggeber als wichtigster Stakeholder stellt dem Testen die notwendige Zeit, das Budget und die Ressourcen (qualitativ und quantitativ) zur Verfügung.
K02	Grad der Beteiligung	SB	Ein hoher Einbindungsgrad des Testens in das Projekt unterstützt die Verbesserung der Produktqualität von Anfang an und hilft dabei, die Testaktivitäten vom kritischen Pfad des Projekts fernzuhalten. Die verschiedenen Tests können rechtzeitig geplant und koordiniert werden. Gleichzeitig kann die Zeit, in der sich die Testaktivitäten auf dem kritischen Pfad des Projekts befinden, auf ein Minimum reduziert werden. Eine frühzeitige Einbindung des Testteams in den Softwarelebenszyklus hilft dabei, Fehler so früh und so leicht wie möglich zu finden und eventuell sogar zu vermeiden. Das Testteam unterstützt frühzeitig die Analyse der Projektrisiken sowie das Review der Anforderungen und des Entwurfs.
K03	Teststrategie	SB	Die Teststrategie führt den Testprozess zu einem optimalen Einsatz von Aufwand und Ressourcen. Die Teststrategie definiert die Verteilung des Testaufwands und der Testabdeckung über die zu testenden Teile oder Aspekte des Testobjekts. Ziel der Teststrategie ist es, die wichtigsten Fehler so früh und so kostengünstig wie möglich zu finden. Die Wichtigkeit der Fehler wird durch Testziele wie z.B. Geschäftsprozesse, kritische Erfolgsfaktoren oder bekannte Produktrisiken bestimmt.
K04	Testorganisation	SB	Die Testorganisation stellt den Projekten die benötigten Testressourcen, Testprodukte und Testdienstleistungen zur Verfügung. Testen ist eine Arbeit, die von Menschen geleistet wird. Jeder Teilnehmer am Testprozess verfügt über eigene Fähigkeiten, Aufgaben, Rollen, Befugnisse, Kompetenzen und Interessen, die für alle Beteiligten transparent sein müssen. Die Testorganisation behandelt all diese verschiedenen Aspekte und Beziehungen, um reibungslose Kommunikation und Abläufe zu gewährleisten. →

#	Kernbereich	Kategorie	Bedeutung
K05	Kommunikation	SB	Eine eindeutige Kommunikation schafft ein gemeinsames Verständnis und aufeinander abgestimmte Erwartungen der beteiligten Parteien. In einem Testprozess ist eine klare und effektive Kommunikation zwischen den beteiligten Personen notwendig, um die richtigen Bedingungen zu schaffen, die Teststrategie zu koordinieren, Aktivitäten abzustimmen, Prioritäten festzulegen usw. Kommunikation findet in verschiedenen Richtungen statt – vom und zum Testteam sowie innerhalb des Teams. Optimale Kommunikation fördert den lebendigen Dialog und ermöglicht Feedback.
K06	Berichterstattung	SB	Die Berichterstattung versorgt die Stakeholder mit Informationen zur Entscheidungsfindung und Überwachung der Testprojekte. Das Ziel der Berichterstattung ist es, fundierte Informationen über und Einblick in die Qualität von sowohl Testobjekt als auch Testprozess zu liefern. Die Berichterstattung ermöglicht die Überwachung des Testprojekts und unterstützt die Entscheidungsfindung. Berichte zählen aus diesem Grund zu den wichtigsten Testprodukten.
K07	Testprozessmanagement	TM	Das Testprozessmanagement optimiert die Ausführung des Testauftrags im Rahmen der festgelegten Zeit, Kosten und der geforderten Ergebnisse. Durch das Testprozessmanagement werden die Ressourcen, die Einbindung der Stakeholder, die Infrastruktur, die Techniken sowie der Zyklus aus Planung, Vorbereitung, Aktionen und Kontrollen überwacht und aufeinander abgestimmt. Ein sachgemäßes Testmanagement stellt einen effektiven und effizienten Testprozess sicher.
K08	Kostenschätzung und Planung	TM	Der richtige Einsatz geeigneter Techniken ermöglicht eine realistische und verlässliche Kostenschätzung und Planung des Testprozesses. Kostenschätzung und Planung des Testprozesses zeigen auf, welche Aktivitäten ausgeführt werden müssen, welcher Arbeitseinsatz erforderlich ist und wann er benötigt wird. Ein richtiger Einsatz von Kostenschätzungs- und Planungsverfahren sorgt für einen vorhersehbaren, verlässlichen Testprozess.
K09	Metriken	TM	Metriken ermöglichen Objektivität durch die Quantifizierung von Beobachtungen. Metriken sind quantifizierte, objektive Beobachtungen der Merkmale eines Produkts oder eines Prozesses. Sie werden eingesetzt, um den Testprozess zu steuern, sie untermauern die Testberatung und finden beim Vergleich von Systemen und/oder Prozessen Anwendung. Bei der Testprozessverbesserung spielen Metriken eine wichtige Rolle bei der Bewertung von Ergebnissen bestimmter Verbesserungsmaßnahmen, indem die Daten vor und nach der Durchführung einer Maßnahme verglichen werden. →

#	Kernbereich	Kategorie	Bedeutung
K10	Fehlermanagement	TM	Das Fehlermanagement behandelt sowohl den einzelnen Fehler als auch Fehlergruppen. Es werden Grundursachen analysiert und Empfehlungen geliefert. Die Verwaltung und das Management von Fehlern betrifft zwar das gesamte Softwareentwicklungsprojekt und ist daher nicht allein eine Angelegenheit des Testteams, jedoch sind es die Tester, die am stärksten in diese Aktivitäten eingebunden sind. Eine gute Fehlerverwaltung kann den Lebenszyklus eines Fehlers überwachen und verschiedene statistische Übersichten und Berichte wie z.B. Qualitätsempfehlungen liefern.
K11	Testwaremanagement	TM	Das Testwaremanagement gewährleistet die Stimmigkeit zwischen den einzelnen Testprodukten sowie zwischen den Testprodukten und den zugehörigen Entwurfsdokumenten. Zur Sicherstellung von Wartbarkeit und Wiederverwendbarkeit der Eingangsprodukte (wie z.B. Entwurf, Testobjekt) sowie der Ausgangsprodukte des Testens (wie z.B. Testfälle, Skripte, Testpläne, Berichte) ist es erforderlich, diese geeignet zu verwalten. Darüber hinaus gewährleistet das Testwaremanagement einerseits die Stimmigkeit zwischen unterschiedlichen Testprodukten und andererseits zwischen Testprodukten und den zugehörigen Entwurfsdokumenten.
K12	Methodisches Vorgehen	TK	Eine beschriebene Testmethode lenkt und unterstützt die Testprojekte. Für jede Testaktivität oder jeden Testprozess wird eine bestimmte Arbeitsmethode verwendet, die unter anderem aus Aktionen, Vorgängen, Regelungen und Verfahren besteht. Diese Testmethode muss allgemein genug sein, um in jeder Situation anwendbar zu sein, muss jedoch gleichzeitig detailliert genug sein, um die tägliche Arbeit der Tester zu leiten und zu unterstützen.
K13	Professionalität der Tester	TK	Zur Professionalität der Tester gehört die geeignete Mischung aus verschiedenen Fähigkeiten, Kompetenzen, Fachgebieten, Funktionen und Kenntnissen, die notwendig sind, um die Testaktivitäten auf dem geforderten Niveau durchzuführen. Das Testen erfordert eine breite Palette an Fähigkeiten: Vertrautheit mit dem jeweiligen Geschäftsfeld sowie dem jeweiligen Unternehmen, Kenntnis des Testobjekts, allgemeine Kenntnisse im IT-Bereich sowie technische Fähigkeiten. Zusätzlich müssen Tester über testspezifische Kenntnisse verfügen, von der Expertise bei Testmethoden bis hin zur Fähigkeit, effektiv mit den Stakeholdern zu kommunizieren (soziale Kompetenz). Die Professionalität der Tester wird durch die geeignete Mischung dieser Fähigkeiten und Kompetenzen bestimmt, die notwendig sind, um die Testaktivitäten auf dem geforderten Niveau durchzuführen. →

#	Kernbereich	Kategorie	Bedeutung
K14	Testfalldesign	TK	Das Testfalldesign steuert die Testdurchführung mit dem Ziel, die Fehlersuche nach der Teststrategie auszurichten. Testfälle werden auf standardisierte Weise von Informationsquellen (der Testbasis) abgeleitet. Diese Herangehensweise liefert Informationen über die Abdeckung und Intensität der Tests und erleichtert den (erneuten) Entwurf und die (wiederholte) Ausführung der Testfälle.
K15	Testwerkzeuge	TK	Testwerkzeuge ermöglichen oder beschleunigen testspezifische Aktivitäten. Testwerkzeuge sind automatisierte Hilfsmittel für den Testprozess. Ihre Stärke liegt in der systematischen Ausführung sich wiederholender Vorgänge, unabhängig von Komplexität und Volumen. Dies trifft insbesondere auf Situationen zu, in denen manuelle Aktivitäten zu viel Zeit erfordern, fehleranfällig oder gar nicht durchführbar sind. Testwerkzeuge ermöglichen oder beschleunigen bestimmte Testaktivitäten, was unter anderem zu einer verkürzten Durchlaufzeit, einer gesteigerten Testintensität und einer höheren Motivation der Tester führt.
K16	Testumgebung	TK	Die Testumgebung ist in Entwurf, Implementierung und Wartung auf die Ziele der jeweiligen Teststufe abgestimmt. Die Testumgebung besteht aus den folgenden Hauptkomponenten: ■ Testarbeitsplatz ■ Netzwerk ■ Speicher ■ (Enterprise) Server ■ Middleware ■ Testdaten Die Zusammenstellung und der Aufbau der Testumgebung sollten die Testziele widerspiegeln. Die Testumgebung hat einen bedeutenden Einfluss auf die Qualität, die Durchlaufzeit und die Kosten des Testprozesses. Wichtige Aspekte der Testumgebung sind Verantwortlichkeiten, Management, rechtzeitige und ausreichende Verfügbarkeit, Repräsentativität und Flexibilität.

Tab. 3–1 *Beschreibung der Kernbereiche*
SB = Stakeholderbeziehungen; TM = Testmanagement; TK = Testkompetenz

3.3 Reifegrade

Jeder Testprozess kann in einen bestimmten Reifegrad eingestuft werden.

Beginnend beim Reifegrad »Initial« kann sich ein Testprozess über die Reifegrade »Kontrolliert« über »Effizient« bis hin zu »Optimierend«, dem höchsten Reifegrad, entwickeln. Mit Erreichen eines höheren Grads nimmt die Reife des Testprozesses zu und der geschäftliche Mehrwert steigt.

1. **Initial:** Der Testprozess besteht aus Ad-hoc-Aktivitäten.

   Ein Testprozess, der den Reifegrad »Initial« hat, besteht aus verschiedenen, unzulänglich dokumentierten Testaktivitäten, die ad hoc durchgeführt werden. Der Blick ist darauf gerichtet, ob (oder wie) eine Software überhaupt funktioniert, und nicht darauf, ob sie anforderungs- und spezifikationsgemäß funktioniert. Ein solcher Testprozess bietet nur unzureichende oder unsystematische Informationen über bestehende Risiken und die Qualität des Testobjekts sowie über die Qualität des Testprozesses selbst. Die Testaktivitäten befinden sich oft auf dem kritischen Pfad des Projekts und verursachen häufig Projektverzögerungen, insbesondere dann, wenn Fehler erst spät gefunden werden. Die Qualität des Testprozesses hängt typischerweise von einer oder mehreren »heldenhaften« Schlüsselpersonen ab.

   Einige typische Nachteile des Ad-hoc-Testens sind in Abschnitt 2.2.2 aufgeführt.

2. **Kontrolliert:** Alle wichtigen Aktivitäten des Testprozesses werden geplant und durchgeführt.

   Der erste wichtige Schritt zu einem reifen Testprozess widmet sich den Aktivitäten, die durchgeführt werden müssen. Ein Testprozess dieses Reifegrads bietet Mittel und Wege, den Prozess zu kontrollieren und zu steuern. Er liefert ausreichende Transparenz über die Qualität des Testobjekts. Die Effektivität des Testprozesses ist dadurch erhöht, dass er einen früheren und besseren Einblick in die Qualität ermöglicht, was rechtzeitige Korrekturmaßnahmen zulässt und das Risiko von Verzögerungen aufgrund unzureichender Produktqualität verringert.

   Die Kontrollpunkte des Geschäftsbasierten TPI-Modells für den Reifegrad »Kontrolliert« zielen darauf ab, dass die Wichtigkeit von Aktivitäten erkannt wird, und nicht auf die Art und Weise, wie diese Aktivitäten ausgeführt werden. Letzterer Aspekt wird im Reifegrad »Effizient« adressiert.

Im Detail – Der Reifegrad »Kontrolliert« in der Praxis

Viele Unternehmen setzen den Reifegrad »Kontrolliert« als ihr Ziel an. Sie streben damit einen vollständig kontrollierten und effektiven Testprozess an.

Die Reifegrade »Effizient« und »Optimierend« sind an Testorganisationsheiten gerichtet, die durch noch ausgereiftere Testprozesse steigenden Erwartungen und Zielsetzungen gerecht werden müssen.

3. **Effizient:** Die Aktivitäten des Testprozesses werden so aufeinander abgestimmt, dass es zu einem günstigeren Kosten-Nutzen-Verhältnis kommt.

   Wenn die richtigen Aktivitäten durchgeführt werden, besteht der nächste Schritt darin, die Art ihrer Durchführung zu verbessern. Die verschiedenen Elemente und Aspekte des Testprozesses können auf eine Weise kontrolliert und gesteuert werden, dass Kosten und Nutzen optimiert werden. Die kritischsten Fehler (die das höchste Geschäftsrisiko in sich tragen) werden bei minimalen Kosten und einem minimalen Zeitaufwand gefunden.

   Ein Testprozess muss den Reifegrad »Kontrolliert« erreicht haben, bevor er effizient ablaufen kann. Ein Beispiel: Um Testtechniken oder -werkzeuge effizient nutzen zu können, muss man wissen, wie sie einzusetzen und zu kontrollieren sind. Der Blick weitet sich auch auf die Schnittpunkte mit dem Softwareentwicklungsprozess aus. Dies bedeutet im Allgemeinen erhöhte Anforderungen an die Kernbereiche. Hierbei ist es entscheidend, in welchem Umfeld der Testprozess stattfindet. Die Anforderungen an die Planung in einer agilen Umgebung unterscheiden sich wesentlich von denen bei einem traditionellen Vorgehensmodell. In beiden Situationen muss die Planung jedoch eine Referenzkonfiguration aus Aktivitäten und Meilensteinen enthalten, die es dem für den Testprozess verantwortlichen Testmanager ermöglichen, die Einhaltung des Terminplans zu überwachen.

4. **Optimierend:** Der erreichte Zustand des Testprozesses wird gepflegt, analysiert und sich ändernden Erfordernissen stetig angepasst

   Wenn die richtigen Aktivitäten auf die richtige Art durchgeführt werden, verschiebt sich der Blickpunkt darauf, dieses Niveau auch in Zukunft zu halten. Dies sollte zu einer Selbstüberprüfung führen, die mithilfe des Demingkreises[1] dargestellt werden kann (siehe Abb. 3–2 und [Deming 1982]). Beim Reifegrad »Optimierend« findet dieser Prozess kontinuierlich statt. Der Demingkreis definiert einen Verbesserungsprozess mit den inkrementellen Stufen Planen, Ausführen, Überprüfen und Agieren. Die Kontrollpunkte des Reifegrads »Optimierend« spiegeln die Maßnahmen wider, die notwendig sind, um die Prozessqualität auf dem erreichten Niveau zu halten, insbesondere bei sich verändernden Situationen und Rahmenbedingungen. Zum Beispiel kann nach der erfolgreichen Fertigstellung eines Release die verwendete Teststrategie als Grundlage für ein neues Release dienen. Dabei werden Änderungen der Stakeholder oder Änderungen der Einschätzung der Stakeholder über akzeptable Risiken berücksichtigt.

---

1. Der Demingkreis wurde in den 50er-Jahren von W. Edwards Deming entwickelt. Er stellt eine kontinuierliche Rückmeldungsschleife dar, der Managern ermöglicht, verbesserungsbedürftige Teile eines Prozesses zu erkennen und zu verändern. Dieser Kreislauf ist auch unter dem Namen PDCA-Zyklus bekannt (engl.: Plan, Do, Check, Act).

Im Detail – Der Reifegrad »Optimierend« in der Praxis

Das Erreichen des Reifegrads »Optimierend« ist zwar eine hervorragende Leistung, stellt jedoch nicht in jedem Fall den besten Ansatz dar, um das Testen zu verbessern. Ein Testprozess des Reifegrads »Optimierend« kann wahrscheinlich nicht so effizient wie möglich ablaufen, wenn der Softwareentwicklungsprozess nur geführt ist entsprechend dem Reifegrad 2 des CMMI-Modells [Chrissis 2009]. Anstatt den höchstmöglichen Reifegrad für den Testprozess anzustreben, sollten sowohl die Reife des Testprozesses als auch die des Softwareentwicklungsprozesses kontinuierlich verbessert und im Gleichgewicht gehalten werden.

Für diesen Zweck verbinden die Enabler im Geschäftsbasierten TPI-Modell die Kernbereiche mit Aspekten des Softwareentwicklungsprozesses.

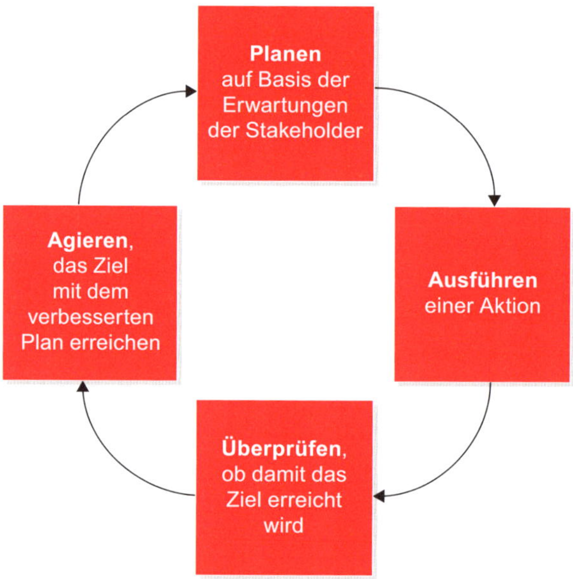

Abb. 3–2 *Der Demingkreis der kontinuierlichen Verbesserung*

Reifegrade der Kernbereiche

Innerhalb des Testprozesses hat jeder Kernbereich eine bestimmte Reife, wobei jeder Reifegrad durch bestimmte Aspekte charakterisiert ist. Diese Aspekte werden in Kapitel 4 behandelt, in dem die verschiedenen Kernbereiche, Reifegrade, Kontrollpunkte, Enabler und Verbesserungsmaßnahmen beschrieben werden.

3.4 Kontrollpunkte

Um die Reife eines Kernbereichs objektiv bestimmen zu können, stellt das Geschäftsbasierte TPI-Modell für jeden Kernbereich Kontrollpunkte zur Verfügung. Zur Erreichung der Reifegrade »Kontrolliert«, »Effizient« oder »Optimierend« müssen die jeweils dazugehörenden Kontrollpunkte des Kernbereichs erfüllt werden. Für den Reifegrad »Initial« gibt es keine Kontrollpunkte.

Ein Reifegrad kann nur dann erreicht werden, wenn auch der vorangehende Reifegrad erlangt wurde. Um den Reifegrad »Kontrolliert« zu haben, muss ein Kernbereich alle zugehörigen Kontrollpunkte erfüllen. Das Gleiche gilt für die Reifegrade »Effizient« und »Optimierend«. Ein Kernbereich kann nicht »Effizient« sein, wenn noch nicht alle Kontrollpunkte des Reifegrads »Kontrolliert« erfüllt sind. Genauso wenig kann ein Kernbereich »Optimierend« sein, wenn er nicht zuerst »Effizient« ist.

Die Anzahl der Kontrollpunkte pro Kernbereich/Reifegrad-Kombination liegt bei den Reifegraden »Kontrolliert« und »Effizient« bei 3 oder 4. Beim Reifegrad »Optimierend« sind es 2 oder 3 Kontrollpunkte. Die Kontrollpunkte beziehen sich darauf, *was* erreicht werden soll, nicht *wie* es erreicht werden soll. Die Verbesserungsvorschläge bieten praktische Ratschläge, wie ein bestimmter Reifegrad für einen Kernbereich erreicht werden kann.

3.5 Testreifematrix

Die Testreifematrix (siehe Abb. 3–3) liefert eine Übersicht über alle Kernbereiche mit ihren jeweiligen Reifegraden.

Die Kontrollpunkte sind in der Testreifematrix in einer festgelegten Reihenfolge eingetragen. Dies führt zu sichtbaren Lücken in der Testreifematrix, wenn die erfüllten Kontrollpunkte markiert werden, die noch offenen Kontrollpunkte jedoch unmarkiert bleiben (siehe Beispiel in Abb. 3–4).

Die 16 Kernbereiche sind in der Testreifematrix in den Zeilen der Tabelle aufgeführt; die Reifegrade (»Initial«, »Kontrolliert«, »Effizient« und »Optimierend«) sind in den Spalten dargestellt. Wie bereits erwähnt sind die Kernbereiche einer der drei Kategorien »Stakeholderbeziehungen«, »Testmanagement« oder »Testkompetenz« zugeordnet.

Für jede Kombination aus Kernbereich und Reifegrad werden in der Testreifematrix die zugehörigen Kontrollpunkte dargestellt.
Ein Beispiel: Der Kernbereich »Engagement der Stakeholder« hat für den Reifegrad »Kontrolliert« 4 Kontrollpunkte, für den Reifegrad »Effizient« 3 Kontrollpunkte und für den Reifegrad »Optimierend« ebenfalls 3 Kontrollpunkte. Die Kontrollpunkte sind in der Matrix entsprechend nummeriert.

		Initial	Kontrolliert	Effizient	Optimierend
1	Engagement der Stakeholder		1 2 3 4	1 2 3	1 2 3
2	Grad der Beteiligung		1 2 3 4	1 2 3	1 2
3	Teststrategie		1 2 3 4	1 2 3	1 2
4	Testorganisation		1 2 3 4	1 2 3 4	1 2 3
5	Kommunikation		1 2 3 4	1 2 3	1 2
6	Berichterstattung		1 2 3	1 2 3	1 2
7	Testprozessmanagement		1 2 3 4	1 2 3	1 2
8	Kostenschätzung und Planung		1 2 3 4	1 2 3 4	1 2 3
9	Metriken		1 2 3	1 2 3 4	1 2
10	Fehlermanagement		1 2 3 4	1 2 3 4	1 2 3
11	Testwaremanagement		1 2 3 4	1 2 3	1 2 3
12	Methodisches Vorgehen		1 2 3	1 2 3 4	1 2
13	Professionalität der Tester		1 2 3 4	1 2 3 4	1 2 3
14	Testfalldesign		1 2 3	1 2 3 4	1 2 3
15	Testwerkzeuge		1 2 3	1 2 3 4	1 2 3
16	Testumgebung		1 2 3 4	1 2 3 4	1 2 3

Abb. 3–3 *Testreifematrix*

- ***Anmerkung:*** *Wie in Abbildung 3–3 zu sehen ist, variiert in der Testreifematrix die Breite der Darstellung der einzelnen Kontrollpunkte. Diese Breite wird durch die Anzahl der Kontrollpunkte pro Kernbereich/Reifegrad bestimmt, da die Gesamtheit der Kontrollpunkte jeweils die Spalte eines Reifegrads ausfüllt. Die Breite der Darstellung eines Kontrollpunkts trifft daher keine Aussage über seine Komplexität oder Wichtigkeit.*

3.6 Darstellung des Istzustands in der Testreifematrix

Das Ergebnis der Analyse eines spezifischen Testprozesses kann anhand der Kontrollpunkte in der Testreifematrix dargestellt werden. Die erfüllten Kontrollpunkte werden hierzu farbig markiert. In Abbildung 3–4 sind die erfüllten Kontrollpunkte rosafarben hinterlegt, wodurch der Istzustand des Testprozesses visualisiert wird.

Für einen Testprozess kann die Testreifematrix eines früheren Zustands mit der des aktuellen Zustands verglichen werden, um den Fortschritt bei der Testprozessverbesserung eines Unternehmens oder einer Organisationseinheit herauszustellen. Ebenso können die Testreifematrizen zweier Testprozesse verschiedener Projekte, Organisationseinheiten oder Unternehmen als Maßstab eines Vergleichs dienen.

Im Detail – Vergleich zweier Testreifematrizen

Zwar lassen sich durch die Testreifematrix zwei verschiedene Istzustände leicht vergleichen, jedoch ist dieser Vergleich irrelevant, wenn nicht auch der Betrachtungsbereich und/oder die Organisationseinheiten vergleichbar sind. Ein Vergleich des Istzustands einer großen Testabteilung mit dem Istzustand eines kleinen Testteams auf einer einzelnen Teststufe ist daher nutzlos.

		Initial	Kontrolliert				Effizient				Optimierend		
1	Engagement der Stakeholder		1	2	3	4	1	2	3		1	2	3
2	Grad der Beteiligung		1	2	3	4	1	2	3		1	2	
3	Teststrategie		1	2	3	4	1	2	3		1	2	
4	Testorganisation		1	2	3	4	1	2	3	4	1	2	3
5	Kommunikation		1	2	3	4	1	2	3		1	2	
6	Berichterstattung		1	2	3		1	2	3		1	2	
7	Testprozessmanagement		1	2	3	4	1	2	3		1	2	
8	Kostenschätzung und Planung		1	2	3	4	1	2	3	4	1	2	3
9	Metriken		1	2	3		1	2	3	4	1	2	
10	Fehlermanagement		1	2	3	4	1	2	3	4	1	2	3
11	Testwaremanagement		1	2	3	4	1	2	3		1	2	3
12	Methodisches Vorgehen		1	2	3		1	2	3	4	1	2	
13	Professionalität der Tester		1	2	3	4	1	2	3	4	1	2	3
14	Testfalldesign		1	2	3		1	2	3	4	1	2	3
15	Testwerkzeuge		1	2	3		1	2	3	4	1	2	3
16	Testumgebung		1	2	3	4	1	2	3	4	1	2	3

Abb. 3–4 *Darstellung eines Istzustands in der Testreifematrix*

Diese fiktive Testreifematrix liefert die folgenden Informationen:

- Sieben Kernbereiche sind als »Kontrolliert« eingestuft: Teststrategie, Testprozessmanagement, Kostenschätzung und Planung, Fehlermanagement, Testwaremanagement, Methodisches Vorgehen und Testwerkzeuge.
- Der Kernbereich »Metriken« hat den Reifegrad »Effizient«.
- Die übrigen acht Kernbereiche sind als »Initial« eingestuft. Obwohl im Kernbereich »Kommunikation« alle Kontrollpunkte des Reifegrads »Effizient« erfüllt sind, kann dieser Kernbereich lediglich als »Initial« eingestuft werden, da 3 Kontrollpunkte des Reifegrads »Kontrolliert« noch nicht erfüllt sind.
- Die Kategorie »Testmanagement« (Kernbereiche 7–11) hat den Reifegrad »Kontrolliert« erreicht und ist daher stärker entwickelt als die Kategorien »Stakeholderbeziehungen« (Kernbereiche 1–6) und »Testkompetenz« (Kernbereiche 12–16).

3.7 Gruppierung der Kontrollpunkte

Die Gruppierung der Kontrollpunkte macht das Geschäftsbasierte TPI zu einem kontinuierlichen Modell. Eine erfolgreiche Prozessverbesserung vollzieht sich in kleinen, kontinuierlichen Schritten. Wenn ständig Erfolge vermeldet werden, kann die Prozessverbesserung nicht so leicht in der Alltagsroutine untergehen. Die Entwicklung vom Reifegrad »Initial« hin zu »Kontrolliert« erfordert eine bedeutende Investition von Zeit und Ressourcen: Die Kontrollpunkte können nicht von einem Tag auf den anderen erfüllt werden. Das Gleiche gilt für ein Fortkommen vom Reifegrad »Kontrolliert« hin zu »Effizient« oder von »Effizient« hin zu »Optimierend«.

Um die Entwicklung in kleinen Schritten vollziehen zu können, werden Gruppen gebildet. Eine Gruppe besteht aus Kontrollpunkten aus mehreren Kernbereichen, die einen kleinen Verbesserungsschritt ergeben. Jede Gruppe ist durch einen Buchstaben gekennzeichnet, sodass die Gruppen in ihrer alphabetischen Reihenfolge einen Verbesserungspfad mit festgelegten Prioritäten bilden. In der Testreifematrix wird jeder Kontrollpunkt mit dem Buchstaben der Gruppe gekennzeichnet, der er angehört.

Die in Abbildung 3–5 dargestellte Basisgruppierung beruht auf der Annahme, dass der Testprozess in seiner Gesamtheit über die Reifegrade »Kontrolliert«, »Effizient« und »Optimierend« fortschreiten muss.

Jeder Kontrollpunkt wird genau einer Gruppe zugeordnet; jede Gruppe enthält in der Basisgruppierung zwischen 10 und 14 Kontrollpunkte. Es ist zu empfehlen, dass die Kontrollpunkte der Gruppe A zuerst erfüllt werden, dann die Kontrollpunkte der Gruppe B usw. Das Geschäftsbasierte TPI-Modell stellt eine schrittweise Implementierung bereit, die nachvollziehbar und bedeutsam ist. Die Basisgruppierung beruht auf weitreichenden Erfahrungen auf dem Gebiet des Testens.

		Initial	Kontrolliert				Effizient				Optimierend		
1	Engagement der Stakeholder		A	B	B	C	F	H	H		K	M	M
2	Grad der Beteiligung		A	B	C	E	H	H	J		L	L	
3	Teststrategie		A	A	B	E	F	F	H		K	L	
4	Testorganisation		A	D	D	E	I	I	J	J	K	L	L
5	Kommunikation		B	C	C	D	F	F	J		M	M	
6	Berichterstattung		A	C	C		F	G	G		K	K	
7	Testprozessmanagement		A	A	B	B	G	H	J		K	M	
8	Kostenschätzung und Planung		B	B	C	C	G	H	I	I	K	L	L
9	Metriken		C	C	D		G	H	H	I	K	K	
10	Fehlermanagement		A	A	B	D	F	F	H	J	K	L	L
11	Testwaremanagement		B	B	D	E	I	I	J		L	L	L
12	Methodisches Vorgehen		C	D	E		F	H	J	J	M	M	
13	Professionalität der Tester		D	D	E	E	G	G	I	I	K	K	M
14	Testfalldesign		A	A	E		F	I	I	J	K	K	M
15	Testwerkzeuge		E	E	E		F	G	G	I	L	M	M
16	Testumgebung		C	D	D	E	G	H	J	J	L	M	M

Abb. 3–5 *Darstellung der Basisgruppierung (mit den Gruppen A, B, C usw.) in der Testreifematrix*

Ebenso wichtig wie die Implementierung der nächsten Schritte in der Testprozessverbesserung ist die Festigung der bereits erreichten Ergebnisse. Diese müssen in den täglichen Testprozess integriert werden, um eine schleichende Verringerung der Testprozessreife zu verhindern.

Basisgruppierung und geschäftsbasierte Gruppierung

Bei der Basisgruppierung haben alle Geschäftstreiber die gleiche Gewichtung: Die Testprozessverbesserung wird als allgemeiner Verbesserungsprozess betrachtet. Jedem Kernbereich kommt die gleiche Wichtigkeit im Erreichen einer höheren Reife zu. In der Basisgruppierung sind jedoch Beziehungen zwischen den unterschiedlichen Kernbereichen und/oder Kontrollpunkten berücksichtigt.

In vielen Situationen wird eine andere Vorgehensweise vorgezogen, bei der die Gruppierung an eine spezifische Geschäftssituation und an bestimmte Geschäftstreiber angepasst wird. Diese Gruppierung bildet dann den Kern der geschäftsbasierten Aspekte im BDTPI-Modell. Ist die Kostensenkung der wichtigste Treiber der Testprozessverbesserung, gelten andere Prioritäten als bei einer Konzentration auf »Time-to-Market«. Zunächst wird festgestellt, welche Kernbereiche mehr und welche weniger für die gewünschte Ausrichtung (je nach Geschäftstreibern wie z.B. Kosten, Zeit und Qualität) relevant sind. In einem zweiten Schritt wird bestimmt, welchen Einfluss diese Gewichtung auf die Einteilung der Kontrollpunkte in verschiedene Gruppen hat. Auf diese Weise können neue, auf die spezifischen Geschäftstreiber eingestellte Gruppen definiert werden. In dieser Situation kann eine Gruppe reifegradüberschreitend sein, d.h., sie kann Kontrollpunkte mehrerer Reifegrade enthalten. Kapitel 6 beschreibt den Einfluss verschiedener Geschäftstreiber auf die Zusammenstellung der Gruppen. Anhang B liefert ein Verfahren zur Umgruppierung der Kontrollpunkte zu einer neuen, geschäftsbasierten Gruppierung sowie ein Beispiel einer Gruppierung, die auf den Geschäftstreiber »Kostensenkung« ausgerichtet ist.

- ***Anmerkung:*** *Der Einsatz einer geschäftsbasierten Gruppierung ändert nichts an der Position einzelner Kontrollpunkte in der Testreifematrix.*

3.8 Darstellung des Ist- und Sollzustands in der Testreifematrix

Projiziert man den in Abbildung 3–4 dargestellten Istzustand in die Basisgruppierung der Abbildung 3–5, erhält man die Darstellung in Abbildung 3–6. Zusätzlich wird in der Testreifematrix der Sollzustand dargestellt, für den zwei Verbesserungsschritte vollzogen werden müssen, um die kontrollierte Stufe für den gesamten Testprozess zu erreichen.

		Initial	Kontrolliert	Effizient	Optimierend
1	Engagement der Stakeholder		A B B C	F H H	K M M
2	Grad der Beteiligung		A B C E	H H J	L L
3	Teststrategie		A A B E	F F H	K L
4	Testorganisation		A D D E	I I J J	K L L
5	Kommunikation		B C C D	F F J	M M
6	Berichterstattung		A C C	F G G	K K
7	Testprozessmanagement		A A B B	G H J	K M
8	Kostenschätzung und Planung		B B C C	G H I I	K L L
9	Metriken		C C D	G H H I	K K
10	Fehlermanagement		A A B D	F F H J	K L L
11	Testwaremanagement		B B D E	I I J	L L L
12	Methodisches Vorgehen		C D E	F H J J	M M
13	Professionalität der Tester		D D E E	G G I I	K K M
14	Testfalldesign		A A E	F I I J	K K M
15	Testwerkzeuge		E E E	F G G I	L M M
16	Testumgebung		C D D E	G H J J	L M M

Abb. 3–6 *Darstellung des Sollzustands in der Testreifematrix mit Basisgruppierung und Istzustand*

- Diese fiktive Testreifematrix liefert die folgenden Informationen:
- Die rosafarben hinterlegten Kontrollpunkte sind erfüllt (Istzustand). Sie sind Abbildung 3–4 entnommen.
- Die grau hinterlegten Kontrollpunkte stellen den ersten Verbesserungsschritt dar, den die Testorganisationseinheit auf dem Weg zum Reifegrad »Kontrolliert« festgelegt hat. Dieser Verbesserungsschritt besteht aus den noch fehlenden Kontrollpunkten der Gruppen A, B und C.
- Die rot hinterlegten Kontrollpunkte bilden den zweiten und letzten Verbesserungsschritt auf dem Weg zum Reifegrad »Kontrolliert«. Dieser Verbesserungsschritt besteht aus den noch zu erfüllenden Kontrollpunkten der Gruppen D und E.

3.9 Verbesserungsvorschläge

Wird der Entwicklungsbedarf eines einzelnen Kernbereichs erkannt, muss man sich zunächst die Kontrollpunkte ansehen, die noch erfüllt werden müssen, um den geforderten Reifegrad zu erreichen. Eine zusätzliche Unterstützung bieten die für jeden Reifegrad bereitgestellten Verbesserungsvorschläge.

Während sich die Kontrollpunkte darauf beziehen, was erreicht werden muss, wird in den Verbesserungsvorschlägen beschrieben, wie diese Ziele erfüllt werden können. Die Verbesserungsvorschläge geben nicht nur an, wie die Kontrollpunkte erfüllt werden können, sondern enthalten auch zusätzliche, hilfreiche Tipps, die sich nicht direkt auf die Kontrollpunkte beziehen, jedoch im Zusammenhang mit dem Kernbereich stehen.

Die Verbesserungsvorschläge sind praxisbezogen, anpassbar und optional. Sie sind als Hinweise und Tipps gemeint, und nicht als zwingende Schritte zum Erreichen eines Reifegrads. Die Liste der Vorschläge erhebt keinen Anspruch auf Vollständigkeit und die Effektivität der einzelnen Vorschläge variiert je nach Umfeld im praktischen Einsatz. Zusätzlich zu den Verbesserungsvorschlägen sollten Informationen aus weiteren Quellen genutzt werden. Beispiele für Informationsquellen sind Fachbücher zum Thema Testmethoden und -techniken, wie z. B. TMap Next [Koomen 2006].

3.10 Enabler

Der Testprozess ist eng mit anderen Prozessen innerhalb des Softwarelebenszyklus (SDLC) verknüpft. Das Element der Enabler verdeutlicht, wie der Testprozess und andere SDLC-Prozesse von den Best Practices des jeweils anderen sowie einer engen Zusammenarbeit profitieren können. Ein Enabler kann einerseits den Verbesserungsprozess des Testens stärken und beschleunigen und andererseits Verbesserungsmaßnahmen in anderen SDLC-Prozessen anstoßen.

Enabler liefern interessante Anhaltspunkte für den SDLC-Prozess. Es ist beispielsweise möglich, ein hocheffizientes Testwaremanagement zu implementieren, ohne dass ein ausreichendes Konfigurationsmanagement für Artefakte außerhalb des Testprozesses besteht. Setzt ein Unternehmen jedoch routinemäßig ein Konfigurationsmanagement der Entwicklungsdokumente um, wird das Testwaremanagement erheblich vereinfacht. Dieser Zusammenhang wird im Kernbereich »Testwaremanagement« behandelt.

Ausführlichere Informationen über die Wechselwirkung zwischen Testprozess und anderen Prozessen liefert die Erläuterung zum Geschäftsbasierten TPI-Modell und der Softwareprozessverbesserung in Abschnitt 7.6.

4 Kernbereiche

In diesem Kapitel werden abschnittsweise die Kernbereiche des Geschäftsbasierten TPI-Modells detailliert beschrieben.

Jeder Abschnitt beginnt mit einer kurzen Aussage zum Leitgedanken des Kernbereichs, gefolgt von einer Einführung.

Anschließend werden die vier Reifegrade »Initial«, »Kontrolliert«, »Effizient« und »Optimierend« für diesen Kernbereich ausführlich behandelt. Pro Reifegrad beschreibt wiederum ein kurzes Statement die wesentliche Errungenschaft, die mit dem Erreichen des jeweiligen Reifegrads verbunden ist.

Kontrollpunkte bilden die Bewertungsgrundlage, ob ein bestimmter Reifegrad erreicht ist.

Die Enabler machen deutlich, wie die Reife eines Kernbereichs von anderen Bereichen und Prozessen der IT profitieren kann (und umgekehrt).

Die Verbesserungsvorschläge geben an, wie ein Reifegrad erreicht werden kann, beziehen sich jedoch nicht auf einzelne Kontrollpunkte. Es handelt sich um allgemeine Vorschläge für den jeweiligen Reifegrad, die auf die verwendete Testmethode abgestimmt werden müssen.

4.1 Engagement der Stakeholder

Engagierte, proaktive Stakeholder schaffen gute Voraussetzungen für effiziente Kommunikation und Zusammenarbeit.

Neben dem Testteam gibt es noch zahlreiche andere Parteien, die am Testen beteiligt sind und bestimmte Interessen vertreten. Dies können zum Beispiel Linienmanager, Projektmanager oder ein Lenkungsausschuss sein. Ihr Ziel besteht unter anderem darin, Vorgaben oder Beschränkungen an den Prozess zum Beispiel in zeitlicher und finanzieller Hinsicht durchzusetzen. Auch gibt es Stakeholder, die mit den Testern interagieren und mit ihnen zusammenarbeiten, wie z.B. Anforderungsmanager, Softwarearchitekten und Entwickler. Da sie wertvolle Eingangsprodukte wie z.B. das Testobjekt und die Testbasis liefern, sind sie für den Testprozess unerlässlich. Schließlich gibt es noch weitere Stakeholder außerhalb des

Testprozesses, wie z. B. die Marketingabteilung, Fachabteilungen und die Qualitätssicherungsabteilung, deren Interesse beispielsweise an der Einhaltung von Regeln und Vorschriften bestehen kann.

Im Detail – Der Auftraggeber

Für das Testprojekt gibt es immer einen Auftraggeber unter den Stakeholdern – die Person, die den Auftrag für die Ausführung der Tests erteilt und an die das Testen direkt berichtet. Der Auftraggeber vertritt zwei Interessen: Zum einen legt er die (Vor-)bedingungen für das Testen fest, zum anderen ist er selbst stark auf die Ergebnisse und den Ausgang des Testprozesses angewiesen. Diese Rolle kann von verschiedenen Personen eingenommen werden: einem Projektmanager, einem Linienmanager oder dem Vorsitzenden eines Lenkungsausschusses. Andere Bezeichnungen für diese Rolle sind Kunde oder Sponsor.

Das Testen hängt vom Engagement der Stakeholder ab, da sie die Vorbedingungen des Testens verantworten: Sie stellen sicher, dass die Testressourcen (Personal und technische Ausrüstung) sowie Zeit und Budget für das Testen zur Verfügung stehen.

Zusätzlich ist die Interaktion des Testens mit (Stakeholdern aus) anderen Bereichen innerhalb oder außerhalb des Projekts notwendig, sofern sich ihre Prozesse gegenseitig beeinflussen.

Nicht zuletzt kann die Verbesserung des Testprozesses zusätzliche Anforderungen an andere Bereiche stellen. Für den Erfolg dieses Vorhabens ist das Engagement der betroffenen Stakeholder erforderlich, damit sie die Anforderungen akzeptieren und Verantwortung dafür übernehmen.

Reifegrad »Initial«

Auf diesem Reifegrad ist das Engagement der Stakeholder eher gering. Es kann beispielsweise vorkommen, dass es zunächst kein festgelegtes Budget gibt, die Testressourcen nicht rechtzeitig zur Verfügung stehen oder mangelnde Kommunikation vom Projekt zu den Testern zu (häufig negativen) Überraschungen beim Testen führt. Demzufolge können die Tester ihre Aufgabe trotz aller Bemühungen nicht sachgemäß durchführen. Das Testen wird häufig als ein notwendiges Übel betrachtet und hat oft einen niedrigen Status innerhalb des Projekts und der Linienorganisation. Die Qualität des Testobjekts vor dem Testen wird überbewertet und die beim Testen gefundenen Fehler werden nicht als bedeutend angesehen.

4.1.1 Engagement der Stakeholder auf dem Reifegrad »Kontrolliert«

Stakeholder setzen sich für den Testprozess ein und unterstützen ihn, indem sie die vereinbarten Ressourcen bewilligen und zur Verfügung stellen.

Auf dem Reifegrad »Kontrolliert« erkennen die Stakeholder die Wichtigkeit des Testens und seiner Ergebnisse an. Sie sind sich darüber bewusst, dass Ressourcen wie z. B. Personal, Testumgebungen, Testwerkzeuge und, falls verfügbar, Testmethoden und wiederverwendbare Testware für das Testen notwendig sind.

Das Testteam und die Stakeholder verhandeln über die Ressourcenanforderungen. Letztere sichern zu, die vereinbarten Ressourcen rechtzeitig zur Verfügung zu stellen. Diese Zusicherung gewährleistet auch eine gewisse Unabhängigkeit der Testaktivitäten vom laufenden Geschäft, insbesondere dann, wenn Testen neben weiteren Tätigkeiten nur einen Teil der Arbeit ausmacht.

Das Bewusstsein der Stakeholder für den Wert des Testens spiegelt sich auch in ihrem Beitrag zur Produktrisikoanalyse und zur Teststrategie wider. Die Interessen der verschiedenen Stakeholder werden in dieser Teststrategie berücksichtigt.

Kontrollpunkte

1. Der Auftraggeber ist definiert (jedoch nicht zwangsläufig dokumentiert) und den Testern bekannt.
2. Das Budget für die Testressourcen wird vom Auftraggeber bewilligt und kann mit ihm verhandelt werden.
3. Die Stakeholder stellen die vereinbarten Ressourcen tatsächlich zur Verfügung.
4. Der Auftraggeber ist für die dokumentierte Produktrisikoanalyse (Eingangsprodukt für die Teststrategie) verantwortlich.

Enabler

- Projektmanagementmethode:
  Viele Projektmethoden behandeln das Engagement der Stakeholder und das Management.
- Qualitätssicherung in der Linien- und Projektorganisation:
  Dieses erfordert das Engagement der gleichen Stakeholder wie das Testen.

Verbesserungsvorschläge

- Der erste Schritt hin zu einem stärkeren Engagement kann darin bestehen, die Person zu ermitteln, die den Auftrag für die Testaktivitäten erteilt und/oder selbst stark auf die Testergebnisse angewiesen ist.
- Ein wichtiger Aspekt in diesem Kernbereich ist das Bewusstsein, z. B. für die Konsequenzen inkorrekt ausgeführter Tests. Untersuchen Sie die Folgen unzu-

reichender oder ungenauer Tests für die Produktion (wie z.B. Qualitätsprobleme und mögliche Schäden für das Unternehmen), aber auch die Auswirkungen auf das Projekt selbst.
- Zeigen Sie den Stakeholdern, wie das Testen zum Vermeiden solcher Probleme beitragen kann. Führen Sie konkret auf, welche Fehler früher hätten gefunden werden können und wie viele Probleme hätten vermieden werden können.
- Verdeutlichen Sie, welche Voraussetzungen das Testen braucht, um solche Probleme zu vermeiden. Was hätten die Stakeholder tun können, um diese konkreten Probleme zu vermeiden, und was können die Stakeholder jetzt tun, um ähnliche Probleme in naher Zukunft zu vermeiden?
- Wählen Sie pragmatische, realistische Beispiele und konzentrieren Sie sich auf kurzfristige Investitionen und kurzfristige Ergebnisse.

4.1.2 Engagement der Stakeholder auf dem Reifegrad »Effizient«

Stakeholder sehen die Auswirkungen von Veränderungen voraus und ermöglichen dadurch eine angemessene Anpassung des Testprozesses.

Projektänderungen und Abweichungen von ursprünglichen Plänen kommen in der Praxis sehr häufig vor. Es kann zu Verzögerungen des Projekts sowie zu Änderungen des Projektumfangs kommen. Beide Arten der Veränderung wirken sich auf das Testen aus. Auf dem Reifegrad »Effizient« sind sich die Stakeholder darüber bewusst (oder es wird ihnen bewusst gemacht), dass sich diese Änderungen auf das Testen auswirken. Sie sorgen daher dafür, dass die Tester entsprechend informiert sind. Die Auswirkungen auf das Testen werden mit dem Testteam besprochen und es werden Änderungen im Testplan (Planung oder Umfang) vereinbart.

Manchmal kann durch Projektänderungen und ihre Auswirkungen der Anschein erweckt werden, dass ein mangelndes Engagement für das Testen besteht. Wenn die für das Testen vorgesehene Zeit aufgrund von Entwicklungsverzögerungen auf ein absolutes Minimum reduziert ist oder die Tester mit einem Testobjekt arbeiten müssen, das nicht von den Entwicklern getestet worden ist, kann das Testteam den Eindruck gewinnen, dass das Testen nicht ernst genommen wird. Es ist jedoch auch möglich, dass andere Interessen eine höhere Priorität haben als die Produktqualität und das Testen. In solchen Fällen zeigt sich die Verantwortung der Stakeholder in ihrer Bereitschaft, offen mit dem Testmanager über die Auswirkungen zu sprechen.

Beispiel – Änderungen im Projektumfang

Im Laufe des Projekts können Änderungen angefordert werden, die zusätzlichen Projektaufwand, erneuten Entwurf, Entwicklung und Testzeit erfordern können. Ein verantwortungsvoller Projektmanager verhandelt nicht nur mit seinem Kunden. Er bezieht auch die Tester mit ein, da eine Änderungsanforderung folgende Faktoren beeinflussen kann:

- Risikoanalyse:
  neue Risiken, geänderte Prioritäten?
- Teststrategie:
  neue Verteilung verfügbarer Ressourcen auf die Teststufen?
- Ressourcenplanung:
  weitere Ressourcen, andere Fähigkeiten?
- Testplanung:
  Fehlernachtest zuvor getesteter Objekte?

Kontrollpunkte

1. Alle relevanten Stakeholder sind definiert (jedoch nicht zwangsläufig dokumentiert) und den Testern bekannt.
2. Die Stakeholder besorgen sich aktiv Informationen über die Qualität des Testprozesses und des Testobjekts.
3. Die Stakeholder handeln in Angelegenheiten, die den Testprozess betreffen, proaktiv, etwa bei Änderungen in der Lieferfolge des Testobjekts oder Änderungen im Projektumfang.

Enabler

- Änderungsmanagementprozess:
  Ist ein guter Änderungsmanagementprozess implementiert und wird er gelebt, fällt es den Stakeholdern leichter, auch den Testprozess zu unterstützen.

Verbesserungsvorschläge

- Sorgen Sie dafür, dass das Testen in den Änderungsmanagementprozess eingebunden ist. Wenn es zu Änderungen von Projektinhalten kommt, kann das Testteam auf diese Weise die wahrscheinlichen Auswirkungen auf das Testen selbst beurteilen. Weisen Sie das Projektmanagement und den Lenkungsausschuss soweit erforderlich auf diese Auswirkungen und ihre Konsequenzen hin.
- Liefern Sie gleichzeitig mit dem Hinweis auf die Auswirkungen auf das Testen und deren Konsequenzen Vorschläge, wie mit diesen umgegangen werden kann. Stellen Sie Ihre Vorschläge auf transparente Weise dar, indem Sie angeben, welche Vorschläge vom Testteam selbst umgesetzt werden können, und indem Sie Empfehlungen für das Projektmanagement formulieren.
- Beziehen Sie die Stakeholder in die Bewertung des (Test-)Projekts mit ein.

4.1.3 Engagement der Stakeholder auf dem Reifegrad »Optimierend«

Stakeholder akzeptieren und fördern Prozessverbesserung in gemeinschaftlicher Verantwortung.

Die Wirkung der Testprozessverbesserung ist eingeschränkt, wenn andere Prozesse im SDLC nicht angemessen mitziehen. Früher oder später wird die Testprozessverbesserung Anforderungen an andere Prozesse wie z.B. das Anforderungs- und Konfigurationsmanagement stellen. Die Verantwortlichen anderer Prozesse im SDLC müssen sich diesen Anforderungen stellen und ihre eigenen Prozesse anpassen.

Diese Anpassung kostet Zeit und kann zu verringerter Produktivität führen. Engagement der Stakeholder ist erforderlich, um diesen vorübergehenden Produktivitätsverlust zu akzeptieren.

Beispiel – Bereitstellen zusätzlicher Einarbeitungszeiten

Es soll eine neue Testdesigntechnik eingeführt werden, um eine bestimmte Abdeckungsart zu erreichen.

Die Verwendung dieser neuen Testdesigntechnik kann bedeuten:

- Das Testen benötigt am Anfang länger, um Testfälle zu entwerfen, oder muss eine geringere Testabdeckung akzeptieren.
- Es werden bestimmte (zusätzliche) Informationen in der Testbasis benötigt, wie z.B. Entscheidungspunkte.

Die Stakeholder müssen bereit sein, den Testern die Zeit zur Einarbeitung zu gewähren und ebenso anderen Prozessen die Zeit zugestehen, um deren Abläufe an die Verbesserung anzupassen.

Kontrollpunkte

1. Das Linienmanagement akzeptiert, dass die Testprozessverbesserung mit einem Bedarf an zusätzlicher Einarbeitungszeit einhergeht und stellt dafür Ressourcen zur Verfügung.
2. Die Stakeholder sind bereit, ihre Arbeitsweise an Belange des Testprozesses anzupassen. Dies betrifft auch die Softwareentwicklung und das Anforderungsmanagement.
3. Eine an die Belange des Testprozesses angepasste Arbeitsweise der Stakeholder wird von der Testorganisation und den Stakeholdern gemeinsam bewertet.

Enabler

- Projekte und Methoden zur Softwareprozessverbesserung wie z.B. CMMI oder SPICE (ISO 15504).

Verbesserungsvorschläge

- In einem optimierenden Prozess ist es unbedingt erforderlich, Kosten und Nutzen der Verbesserungen aufzuzeigen. Eine Möglichkeit, dies zu erreichen, besteht darin, Statistiken und Metriken (z.B. aus vergleichbaren Gegebenheiten und Situationen) zusammenzutragen, um darzustellen, dass sich Anstrengungen bezahlt machen bzw. sich positiv auf die Rendite auswirken.

4.2 Grad der Beteiligung

Ein hoher Einbindungsgrad des Testens in das Projekt unterstützt die Verbesserung der Produktqualität von Anfang an und hilft dabei, die Testaktivitäten vom kritischen Pfad des Projekts fernzuhalten.

Dieser Kernbereich beschreibt sowohl den Zeitpunkt als auch den Grad der Beteiligung des Testprozesses am Softwarelebenszyklus.

Der Zeitpunkt der Beteiligung gibt an, wann die Testaktivitäten geplant und gestartet werden. Mit der Durchführung der Tests kann zwar erst begonnen werden, wenn die Entwickler das Testobjekt ausgeliefert haben, jedoch gibt es Testaktivitäten, die vorher, oder besser so früh wie möglich, ausgeführt werden sollten. Oft macht deren Anteil mehr als 60 % aller Testaktivitäten aus. So sollte zum Beispiel die Testplanung parallel zur Projektplanung stattfinden. Das Testen kann durch Testbarkeitsreview s zur Erhöhung der Qualität der Testbasis beitragen. Das Testdesign kann beginnen, sobald die Testbasis erstellt ist. Abschlussaktivitäten, wie z.B. die Konservierung der Testware für künftige Wiederverwendung, können parallel zur Inbetriebnahme des Produkts durchgeführt werden. Durch diese Vorgehensweise wird die Durchführung der Tests zur einzigen Testaktivität, die sich noch auf dem kritischen Pfad des Projekts befindet.

Der Grad der Beteiligung bezieht sich auf den Grad der tatsächlichen Einbindung der Testaktivitäten in das Projekt oder in den Entwicklungsprozess. Die Tester können beispielsweise ihre Erfahrung in die Analyse und Begrenzung von Produkt- und Projektrisiken einbringen, womit sie Projektmanager und andere Stakeholder unterstützen. Testen hilft bei der Kontrolle und Verbesserung der Produktqualität von Anfang an. Da dadurch weniger Nacharbeit erforderlich ist, werden auf diese Weise qualitätsbedingte Projektverzögerungen vermieden.

Eine frühzeitige und starke Beteiligung des Testens an der Entwicklung macht deutlich, dass das Testen einen Mehrwert bringt und ernst genommen wird. Zusätzlich sorgt sie für eine Transparenz der Rollen und Verantwortlichkeiten von Testern und Stakeholdern sowie der Testziele.

Reifegrad »Initial«

Auf diesem Reifegrad wird das Testen erst in einem eher späten Stadium an der Entwicklung beteiligt, z.B. erst nach Lieferung des Testobjekts. Es fällt typischerweise eine große Menge an Nacharbeit aufgrund der späten Aufdeckung von Fehlern sowie ungewünschter und fehlender Funktionen an. Da die Qualität der Tests selbst unzureichend ist (es werden z.B. viele Fehler zu einem späten Zeitpunkt im Softwareprozess gefunden), leidet das Projekt unter den Verzögerungen, die aufgrund der unerwarteten Menge an Nacharbeit entstehen. Sowohl die Entwickler als auch die Tester arbeiten unter Zeitdruck und machen in der Regel Überstunden, um die Projektverzögerungen zu reduzieren, während sie gleichzeitig versuchen, die Qualität des Systems auf ein akzeptables Niveau anzuheben.

4.2.1 Grad der Beteiligung auf dem Reifegrad »Kontrolliert«

Testaktivitäten werden frühzeitig gestartet, um eine systematische Vorbereitung zu ermöglichen.

Auf dem Reifegrad »Kontrolliert« wird das Testen frühzeitig am Projekt beteiligt, um angemessene Vorbereitungen durchzuführen: Testplanung, Festlegen einer Teststrategie und Entwurf von Testfällen. Eine der ersten Testaktivitäten sollte darin bestehen, den Testauftrag mit dem Auftraggeber zu besprechen: Warum soll getestet werden? Was muss getestet werden? Wie ist der Betrachtungsbereich definiert? Wenn der Testprozess gleich zu Beginn eines Projekts eng eingebunden wird, kann das wesentlich zur Reduzierung der Projekt- und Produktrisiken beitragen. Darüber hinaus steht Zeit zur Verfügung, um alle benötigten Ressourcen, Personal und technische Ausrüstung, zu organisieren. All diese Schritte führen dazu, dass sich die Mehrzahl der Testaktivitäten nicht mehr auf dem kritischen Pfad der Entwicklung befindet.

Kontrollpunkte

1. Als eine der ersten Testaktivitäten werden Testauftrag, Betrachtungsbereich und Vorgehen frühzeitig mit dem Auftraggeber vereinbart.
2. Testaktivitäten werden frühzeitig und rechtzeitig vor der Durchführung der Tests begonnen. Das Ziel dabei ist es, Testaktivitäten vom kritischen Pfad des Projekts fernzuhalten.
3. Ein Tester ist in die Projektplanung eingebunden: Abhängigkeiten zwischen dem Testprozess und anderen Prozessen werden berücksichtigt.
4. Ein Tester ist in die Analyse und Begrenzung allgemeiner Projektrisiken eingebunden.

Enabler

- Methoden des Projektmanagements:
  Projektmethoden beschreiben eine Vielzahl von Aktivitäten, Rollen, Verantwortlichkeiten und anderen Aspekten. Das unterstützt den Aufbau eines Testprozesses. Umgekehrt können Testmethoden zum besseren Projektmanagement beitragen.

Verbesserungsvorschläge

- Sprechen Sie sowohl mit dem Linienmanager als auch dem Projektmanager und betonen Sie die Notwendigkeit einer (frühzeitigen) Einbindung des Testens.
- Beginnen Sie mit der Planung der Testaktivitäten so früh wie möglich, und zwar möglichst:
  - beim Start des Projekts, andernfalls:
  - zu Beginn der Festlegung der Anforderungen, andernfalls:
  - zu Beginn des Aufbaus der Testbasis, andernfalls:
  - bei Fertigstellung der Testbasis.
- Klären Sie die folgenden Aspekte: Stakeholder, Rollen und Verantwortlichkeiten (insbesondere für das Testen), Betrachtungsbereich, mögliche Projektrisiken, Ziele und Aufgaben des Testprozesses.

4.2.2 Grad der Beteiligung auf dem Reifegrad »Effizient«

Die Einbindung des Testens ermöglicht ein zuverlässiges Ergebnis des Testprozesses und das Vermeiden von Fehlern.

Wenn das Testen rechtzeitig und in erheblichem Maße in das Projekt eingebunden wird, kann es seinen Nutzen durch Verbesserung der Qualität der Testbasis und damit der Entwicklungsprodukte deutlich machen. Die Rückmeldung der Tester wird berücksichtigt, bevor die Referenzkonfiguration der Testbasis festgelegt wird. Dies kann erreicht werden, indem Tester die Testbasis in einem Review prüfen. Darüber hinaus können die Tester auch das Entwurfsteam bei der Erstellung klarer und eindeutiger Dokumente unterstützen, indem sie auf Widersprüche, z.B. im funktionalen Design, hinweisen. Eine solche Inkonsistenz kann zu Fehlern in jedem davon abgeleiteten Produkt, wie z.B. einem detaillierten Entwurf, Testobjekt und/oder einem Testfall, führen.

Entwurfsdokumente sind von anderen Dokumenten abgeleitet. So leitet sich zum Beispiel der technische Entwurf aus dem funktionalen Entwurf ab. Allen Entwurfsdokumenten ist jedoch gemein, dass sie letztendlich auf dem gleichen Ursprungsdokument, den Anforderungen, beruhen. Auf dem Reifegrad »Effizient« ist es daher eine bewährte Verfahrensweise, nicht nur die spezifischen Entwurfsdokumente der jeweiligen Teststufe, sondern auch die Anforderungen einem Review zu unterziehen.

Durch ihre Erfahrung und ihre Kenntnis des zu testenden Produkts sind die Tester gut vorbereitet, um zur Analyse der Fehlerwirkungen beizutragen. Ihre Beteiligung unterstützt die Analyse der Schwere der Fehler und stärkt dadurch die Strategie für Fehlernachtests.

Kontrollpunkte

1. Die Tester tragen zur Analyse der Auswirkungen und Risiken von Änderungsanforderungen und Änderungen der Testbasis bei.
2. Die Tester tragen zur Analyse der Fehlerwirkungen bei.
3. Die Tester sind aktiv an der Optimierung der Testbasis beteiligt (über ein Testbarkeitsreview hinausgehend), in der das zu testende Objekt beschrieben wird.

Enabler

- Projektmanagement:
  Entscheidung, welche der gefundenen Fehler in den Anforderungen korrigiert werden sollten und welche aufgeschoben werden können. Dies trägt auch zur Verkürzung des Testprozesses bei.
- Entwicklung der Anforderungen und des funktionalen Entwurfs:
  Die Tester nehmen an den Reviewsitzungen dieser Dokumente teil und bringen ihr Wissen ein, um mögliche Fehler zu beheben.

Verbesserungsvorschläge

- Informieren Sie die Ersteller der Testbasis darüber, auf welche Punkte Sie in Ihrer Evaluation achten werden. Zeigen Sie ihnen die Checklisten, mit denen Sie arbeiten werden, damit sie im Vorfeld informiert sind.
- Neben einem besseren gegenseitigen Verständnis besteht der gemeinsam erzielte Erfolg des Reviewteams in der Anzahl und Schwere der gefundenen Fehler. Berichten Sie diese Statistiken an die Stakeholder, die die Ressourcen für die Evaluation zur Verfügung gestellt haben.
- Machen Sie deutlich, dass die Testbasis – und nicht ihr Ersteller – dem Review unterzogen wird.
- Tragen Sie Metriken oder andere erfahrungsbasierte Daten zusammen, zum Beispiel zu den Folgen eines frühen Fehlers. Diese Daten helfen Ihnen, Hinweise und Vorschläge zu begründen.
- Beteiligen Sie sich an den Komponententests. Eine gegenseitige Unterstützung zwischen Programmierern und Testern stellt eine effizientere Verfahrensweise (und eine höhere Qualität) des gesamten Projekts sicher.
- Führen Sie nach Abschluss des Projekts eine Analyse aller Fehler durch, um eine Abgrenzung zwischen Anforderungsfehlern, Entwicklungsfehlern, Test-

fehlern und Produktionsfehlern zu erzielen. Dadurch können Sie den Nutzen einer frühzeitigen Einbindung des Testens noch besser darstellen. Ihre Analyse kann beispielsweise zeigen, dass in der Produktion gefundene Fehler schon sehr viel früher oder durch ein (besseres) Review der Testbasis hätten gefunden werden können.

4.2.3 Grad der Beteiligung auf dem Reifegrad »Optimierend«

Die Einbindung des Testens in das Projekt ermöglicht es, sowohl den Projekt- als auch den Testprozess zu optimieren.

Auf dem Reifegrad »Optimierend« nimmt das Testen einen festen Platz im Projektfahrplan ein. Seine frühzeitige und enge Einbindung ermöglicht allen Beteiligten, ihren Beitrag zu optimieren. Hierzu ist es notwendig, dass das Testen seinen Nutzen deutlich macht und sich auf verschiedenen Ebenen und Stufen des SDLC beteiligt.

Kontrollpunkte

1. Das Testteam ist an der Projektbewertung beteiligt. Die gewonnenen Erfahrungen aus dem Testprozess werden bewertet und fließen in zukünftige Projekte oder deren Vorbereitung ein.
2. Das Testteam spielt eine selbstverständliche Rolle in allen relevanten Entwicklungsaktivitäten und wird anerkannt und geschätzt.

Enabler

- Prozessmanagement auf der Organisationsebene:
  Prozessgebiete konzentrieren sich auf kontinuierliche Prozessverbesserung und Wissensmanagement.

Verbesserungsvorschläge

- Sammeln Sie Beispiele für Verzögerungen beim Testen oder Vorfälle in einer Produktionsumgebung, die durch angemessene Vorbereitung hätten vermieden werden können.
- Streben Sie eine Beteiligung an der Phase des Projekts an, in der der Business Case definiert wird. In dieser Phase wird der Nutzen des Projekts gegen die benötigte Investition bewertet. Diese Beteiligung stellt sicher, dass mehr (Investitions-) Aktivitäten in Betracht gezogen werden, was für einen Business Case nach SMART-Kriterien[1] sorgt und einen guten Ausgangspunkt für die Teststrategie liefert.

---

1. SMART: Akronym für Spezifisch, messbar, annehmbar, realistisch und zeitlich terminiert. Dient im Projektmanagement als Kriterium zur eindeutigen Definition von Projektzielen. (A.d.Ü.)

4.3 Teststrategie

Die Teststrategie sorgt im Testprozess für einen optimalen Einsatz von Aufwand und Ressourcen.

Die Teststrategie unterstützt die optimale Aufteilung des Testaufwands und der verfügbaren Ressourcen auf verschiedene Arten von Tests und Teile des Systems. Darüber hinaus hilft die Teststrategie bei der Entscheidung, in welchem Umfang die einzelnen Teile des Systems getestet werden sollen, was sicherstellt, dass die wichtigsten Fehler so früh wie möglich gefunden werden. Dies macht die Teststrategie zum idealen Instrument der Entscheidungsfindung bei Fragen bezüglich Zeit, Geld und Qualität. Sie ist daher der wichtigste Kernbereich für die Steuerung des Testprozesses.

Die »optimale« Aufteilung des Aufwands und der Ressourcen richtet sich nach den (Produkt-)Risiken, die für das Unternehmen mit der Inbetriebnahme des zu testenden Produkts oder Systems verbunden sind. Solche Risiken basieren auf dem möglichen Schaden für das Unternehmen, wenn Fehler beim produktiven Einsatz des Systems auftreten.

Im Detail – Projektrisiken versus Produktrisiken

Projektrisiken

Projektrisiken können die planmäßige Durchführung eines Projekts behindern. Beispiele:

- Die Testbasis wird nicht rechtzeitig fixiert, sondern ist laufend Änderungen unterworfen, z.B. aufgrund sich ändernder Kundenanforderungen.
- Die Testumgebung steht nicht rechtzeitig zur Verfügung, z.B. aufgrund einer Unterbesetzung im Testumgebungsmanagement.

Solche Risiken werden im Testplan identifiziert und innerhalb des Testprojekts behandelt. Nach Abschluss des Projekts sind diese Risiken nicht mehr relevant.

Produktrisiken

Produktrisiken können den sachgemäßen Einsatz oder das korrekte Funktionieren eines Produkts behindern. Sie bilden die eigentliche Basis für die Teststrategie. Es handelt sich um die Risiken, denen der Kunde bei Inbetriebnahme des Systems oder bei der Einführung des Produkts auf dem Markt ausgesetzt ist. Beispiele:

- Die Leistungsfähigkeit ist zu niedrig, was dazu führen kann, dass sich potenzielle Kunden für ein Konkurrenzangebot entscheiden.
- Hacker haben Zugang zu vertraulichen Informationen, was enorme Schadensersatzforderungen an das Unternehmen zur Folge haben kann.

Diese Risiken stehen in direktem Zusammenhang mit Fehlern, die auftauchen, wenn sich das System in Produktion befindet (oder das Produkt auf dem Markt ist).

In die Teststrategie fließt eine Produktrisikoanalyse ein, die über die Risiken der verschiedenen Merkmale und Komponenten des zu testenden Produkts informiert. Von diesen Risiken werden verschiedene Arten des Testens mit unterschiedlicher Testintensität und/oder unterschiedlichen Techniken abgeleitet.

Eine Voraussetzung für eine fundierte Produktrisikoanalyse und Teststrategie ist die Zusammenarbeit zwischen den Stakeholdern und dem Testteam. Die Stakeholder weisen nicht nur auf mögliche Risikofaktoren hin (wie z.B. mögliche Schäden oder Auftrittswahrscheinlichkeit eines Fehlers), sondern entscheiden auch über die benötigten Ressourcen: Zeit, Geld, Material und Personal.

Reifegrad »Initial«

Auf diesem Reifegrad basiert die Teststrategie häufig auf der Erfahrung der einzelnen Tester und deren Kenntnissen des Systems oder des Geschäfts. Der Testprozess wird nur durch die Ressourcen und die Zeit reguliert. In der Regel wird eine einfache Testtechnik eingesetzt und es wird lediglich die Funktionalität getestet. Es findet keine Abstimmung zwischen den unterschiedlichen Teststufen darüber statt, wie verschiedene Produktrisiken abgedeckt werden.

4.3.1 Teststrategie auf dem Reifegrad »Kontrolliert«

> Die Teststrategie ermöglicht die Aufteilung des Testaufwands und der Ressourcen auf die Teststufen und -aktivitäten.

Auf diesem Reifegrad basiert die Priorisierung und Aufteilung des Testaufwands auf den Produktrisiken eines Testobjekts, die von den Stakeholdern identifiziert und in eine Rangfolge gebracht werden. Die Verantwortung für die Bestimmung der Produktrisiken liegt beim Auftraggeber. Die Teststrategie gibt an, was, wo, in welchem Umfang und wie häufig (bei Fehlernachtests) im Hinblick auf diese Produktrisiken getestet werden muss. Dies wird umgesetzt, indem die Testaktivitäten über mehrere Teststufen und Testarten verteilt werden, deren jeweilige Testintensität und Abdeckung aus der festgelegten Teststrategie resultiert. Die Anzahl der Testfälle steht ebenfalls in direktem Zusammenhang mit dieser Strategie.

Zukünftige Produktrisiken werden im Projekt dadurch minimiert, dass die wichtigsten (d.h. die mit den höchsten Produktrisiken verbundenen) Fehler gefunden und behoben werden. Die Teststrategie richtet die Testabdeckung nach den Produktrisiken aus.

Kontrollpunkte

1. Der Auftraggeber stimmt der dokumentierten Teststrategie zu.
2. Die Teststrategie basiert auf einer Produktrisikoanalyse.
3. In Abhängigkeit von den analysierten Risiken wird nach Teststufen, Testarten, Testabdeckung und Testintensität differenziert.
4. Bei Fehlernachtests und Regressionstests findet eine einfache Strategiefestlegung statt.

Enabler

- Das Risikomanagement ist ein wichtiger Teil des Projekts, jedoch häufig auf Projektrisiken bezogen. Wenn eine Risikoanalyse des Produkts in einer frühen Projektphase durchgeführt wird, steht dem Projekt ein Steuerungsinstrument zur Verfügung und das Testen bekommt eine gute Grundlage für die Teststrategie.

Verbesserungsvorschläge

- Beziehen Sie die verschiedenen Stakeholder, wie z.B. den Geschäftskunden, Anwender, Produktmanager, Projektmanager, die Softwarewartung und (Senior-) Entwickler, in die Produktrisikoanalyse und die Teststrategie ein.
- Schaffen Sie Bewusstsein für eine Textstrategie, indem Sie die möglichen Risiken der anfälligeren Teile des Systems aufzeigen und indem Sie angeben, wie viel Zeit gespart werden könnte, wenn die weniger risikoanfälligen oder risikolosen Teile vom Testen ausgeschlossen werden.
- Überzeugen Sie Projekt- und Linienmanagement, eine Produktrisikoanalyse durchzuführen und dabei Personen einzubeziehen, die mit den möglichen Auswirkungen eines Fehlers vertraut sind (wie z.B. die Fachseite oder die Vertriebsleitung), die Auftrittswahrscheinlichkeit eines Fehlers kennen (z.B. Softwareingenieure und -architekten) und die Nutzungshäufigkeit einschätzen können (Anwender).
- Besprechen Sie die im laufenden oder vorhergehenden Projekt gefundenen Fehler mit den Stakeholdern und entwickeln Sie eine Methode, die Fehler nach den festgestellten Risiken zu kategorisieren. Definieren Sie auf der Grundlage dieser Kategorien eine Strategie für Fehlernachtests und legen Sie für jedes System oder jede Funktion fest, ob eine komplette Testwiederholung (alles nochmals testen), ein »schlanker« Fehlernachtest (nur behobene Fehler oder einen Teil davon testen) oder gar keine Testwiederholung durchgeführt wird.
- Sorgen Sie für den Aufbau und die Wartung eines Satzes von Testfällen für Regressionstests neuer Releases. Dieser Satz setzt sich meist aus bestehenden Testfällen zusammen und eignet sich oft zur Automatisierung.
- Legen Sie die Teststrategie fest, indem Sie einige oder alle der folgenden Schritte umsetzen:
    - *Ermitteln Sie die Produktrisiken*:
    Identifizieren Sie die Auftrittswahrscheinlichkeit von Fehlern sowie den voraussichtlichen Schaden bei ihrem Auftreten in der Produktion. Betrachten Sie diese differenziert nach den Testzielen, Teilen des Systems und/oder Qualitätsmerkmalen. Erwägen Sie, verschiedene Stakeholder in diese Aufgabe einzubeziehen: Stakeholder auf der Fachseite können den voraussichtlichen Schaden identifizieren; die IT kann die Auftrittswahrscheinlichkeit eines Fehlers bestimmen.

- *Ermitteln Sie die relative Wichtigkeit der Testziele*:
  Ordnen Sie jedem Testziel eine relative Wichtigkeit zu, zum Beispiel als hohes, mittleres oder niedriges Risiko. Beachten Sie, dass auch das Gesamtsystem ein Testziel für einen möglichen integrativen Test sein kann.
- *Ermitteln Sie den Testaufwand pro Risikokategorie/Testziel*:
  Als Ausgangspunkt können Sie allen Testzielen die gleiche Zeit und den gleichen Aufwand zuordnen. Bestimmen Sie Auf-/Abschläge für die verschiedenen Kategorien (hoch, mittel und niedrig). Setzen Sie diese Kategorien zur Planung der Aktivitäten ein: Teile, die mit einem höheren Risiko verbunden sind, sollten zuerst getestet werden.
- *Legen Sie die einzusetzenden Messtechniken fest*:
  Als letzter Schritt in der Teststrategie werden die Messtechniken und insbesondere die Testdesigntechniken ausgewählt, die dann auf die ausgewählten Testziele angewandt werden.

4.3.2 Teststrategie auf dem Reifegrad »Effizient«

Die Teststrategie wird eingesetzt, um unter Einbindung aller Stakeholder einen angemessenen Ausgleich zwischen den analysierten Produktrisiken, der Testabdeckung und dem verfügbaren Aufwand und den Ressourcen zu erzielen.

Zur effizienten Anwendung der Teststrategie ist die Beteiligung aller Stakeholder notwendig – nicht nur zur Unterstützung bei der Bestimmung der Risiken, sondern auch zur gemeinsamen Abstimmung der Testvorgehensweise. Auf dem Reifegrad »Effizient« ist die Teststrategie eine übergeordnete Strategie, von der sich Strategien für einzelne Teststufen oder Testarten ableiten. Ein gegenseitiger Abgleich aller Testaktivitäten in der übergeordneten Teststrategie verhindert Lücken und auch Überschneidungen zwischen den Tests. Dadurch wird gleichzeitig die Möglichkeit erhöht, die Tests zum richtigen Zeitpunkt durchzuführen, d.h. dann, wenn (bei gleicher Testabdeckung) die Kosten des Testens und die Kosten der Nacharbeit und Fehlernachtests am geringsten sind.

Die Festlegung der Teststrategie für die einzelnen Teststufen folgt strukturierten, nacheinander durchgeführten Schritten. Die Teststrategie enthält sowohl Entwicklertests (häufig von den Programmierern durchgeführt) als auch System- und Abnahmetests (häufig von der Fachseite oder Anwendern durchgeführt). Evaluationen und Reviews der Testbasis, z.B. der funktionalen oder technischen Spezifikationen, bilden ebenfalls Teile der Teststrategie.

Auf der Grundlage der festgelegten Testabdeckung oder -intensität werden eine oder mehrere geeignete Testdesigntechniken angewandt. Neben der geforderten Testintensität kann die Wahl einer bestimmten Designtechnik beispielsweise auch auf den zu testenden Qualitätsmerkmalen, dem Wissen und der Erfahrung der Tester und der Testbasis beruhen.

Kontrollpunkte

1. Alle relevanten Stakeholder stimmen der definierten (und dokumentierten) Teststrategie zu.
2. Überschneidungen oder Lücken in der Testabdeckung zwischen den Teststufen oder Testarten werden sorgfältig geprüft.
3. Die Teststrategie enthält geeignete Testdesigntechniken.

Enabler

- Integriertes Projektmanagement:
  Eine enge Abstimmung und reibungslose Integration mit dem Projektmanagement erhöht auch die Effizienz des Testens.

Verbesserungsvorschläge

- Untersuchen Sie die Testaktivitäten verschiedener Tester in den Teststufen oder Testarten sowie in der Evaluation, falls diese durchgeführt wird. Was tun die Tester? Wie arbeiten sie? Wie erreichen sie die Intensität und Vollständigkeit der Tests? Zeigen Sie die möglichen Risiken der Vorgehensweise auf und heben Sie die Stärken hervor. Diskutieren Sie Möglichkeiten und Vorteile, eine übergreifende Strategie festzulegen.
- Definieren Sie die Aufgaben in der Koordination zwischen den Teststufen und legen Sie fest, wer diese Aufgaben übernimmt. Überwachen Sie die Abstimmung kontinuierlich. Diese Rolle muss im Mastertestplan dokumentiert sein. Die verantwortliche Person berichtet an den Projektmanager und andere Stakeholder. Um einen Interessenkonflikt zu vermeiden, sollte diese Person nicht in die Aufgaben der verschiedenen Teststufen involviert sein.
- Führen Sie eine Inspektion der Testware vorhergehender Testaktivitäten oder Reviews durch. Aus dem Systemtest geht ein funktional getestetes System hervor – sowie Testfälle bis hin zum Abnahmetest. Im Abnahmetest werden diese Testfälle (vollständig oder stichprobenartig) bewertet und im Zweifelsfall werden einige dieser Testfälle auf der gelieferten Software ausgeführt. Der Schwerpunkt des Abnahmetests kann daher auf das Testen der Angemessenheit und/oder Benutzbarkeit des Systems für das Unternehmen gelegt werden.
- Falls es erhebliche Überschneidungen zwischen den Teststufen gibt, kann auch ein kombinierter Test infrage kommen, z.B. indem Systemtest und Abnahmetest zu einem integrierten Test zusammengefasst werden. Es sollte jedoch die Eignung der Testumgebung, der verschiedenen Testwerkzeuge sowie die Expertise und Fähigkeiten der Anwender bzw. Tester berücksichtigt werden.

4.3.3 Teststrategie auf dem Reifegrad »Optimierend«

Die Vorgehensweise bei der Teststrategie wird gepflegt, um ihre einfache und zuverlässige Anwendung zu gewährleisten.

Auf dem Reifegrad »Optimierend« wird die Teststrategie grundsätzlich in jedem Projekt oder Testprozess eingesetzt. Die Strategie (bestehend aus aufeinanderfolgenden Schritten, beteiligten Personen, Feinabstimmung usw.) wird durch den Einsatz von Best Practices bewertet und verbessert und bildet einen wesentlichen Bestandteil aller unternehmensinternen Steuerungsinstrumente des SDLC. Gegebenenfalls werden Erfahrungen aus der Produktionsumgebung verwendet, um die Schlussfolgerungen zu begründen und anzupassen.

Kontrollpunkte

1. Der Prozess zur Erstellung der Teststrategie wird regelmäßig bewertet und, falls erforderlich, für die zukünftige Verwendung angepasst.
2. Die Teststrategie selbst wird anhand von Metriken über Störfälle in der Produktion bewertet.

Enabler

- Prozessmanagement auf Unternehmensebene.
- Messungen und Analysen:
  Messziele und -aktivitäten werden mit dem identifizierten Informationsbedarf und den gesteckten Zielen abgestimmt.
- Die Messergebnisse, die dem identifizierten Informationsbedarf und den Zielen entsprechen, werden bereitgestellt.

Verbesserungsvorschläge

- Legen Sie die Rolle eines Test- und Evaluationskoordinators fest, der alle Test- und Evaluationsaktivitäten koordiniert und überwacht. Dieser Koordinator berichtet an die Vertreter der Fachseite. Zu beachten ist hierbei die Unabhängigkeit des Koordinators von laufenden Projekten.
- Machen Sie den Test- und Evaluationsplan zum festen Bestandteil des Projektplans.

4.4 Testorganisation

Die Testorganisation stellt den Projekten die benötigten Testressourcen, Testprodukte und Testdienstleistungen zur Verfügung.

Den Begriff »Testorganisation« verwenden wir in diesem Buch im Sinne einer betrieblichen Einheit. Sie umfasst alle Testfunktionen, Einrichtungen, Abläufe, Aktivitäten, Verantwortlichkeiten und Befugnisse sowie deren jeweilige Beziehung zueinander. Eine Testorganisation setzt Mittel und Aktivitäten ein, um Testprodukte und/oder Testdienstleistungen anzubieten. Wie jede Organisation verfolgt sie gemeinschaftliche Ziele, kontrolliert ihre eigene Leistung und trägt Verantwortung für die eigenen Ergebnisse.

In einer Testorganisation geht es in erster Linie um »die richtige Kompetenz und Erfahrung an der richtigen Stelle«, aber natürlich auch um die Beziehungen zwischen den einzelnen Personen hinsichtlich ihrer Rollen, Aufgaben, Verantwortlichkeiten und Befugnisse. Eines der Ziele der Testorganisation besteht in der Verankerung des Wissens. Darüber hinaus sollte die Testorganisation in einem Unternehmen als Einheit erkennbar sein. Auf diese Weise wird das Testen »greifbar«, indem zum Beispiel eine Anlaufstelle zur Verfügung steht und den anderen Projektbeteiligten der Stellenwert und die Anerkennung des Testens bewusst gemacht wird.

Um sich schnell an veränderte Gegebenheiten anpassen zu können, muss die Testorganisation flexibel aufgebaut und an den Testprozess angepasst sein.

Laut EFQM[2] können Organisationen aktivitätsorientiert (z.B. Regierungsorganisationen), prozessorientiert, systemorientiert oder prozesskettenorientiert sein (z.B. japanische Automobilhersteller). Reifeprozesse in Unternehmen tendieren dazu, genau diese Reihenfolge zu durchlaufen. Daher ist es wichtig, sich die Position der Testorganisation innerhalb der SDLC-Organisation bewusst zu machen. Es gibt eine Vielzahl verschiedener Möglichkeiten, die Testorganisation zu positionieren, z.B.:

- Innerhalb einer Projektorganisation
- Als Personalorganisation (unterstützende Organisation mit eingeschränkter Verantwortung und Beratungsauftrag)
- Als Linienorganisation (klassische Organisationsform): die Personalführung ist hierarchisch aufgebaut; die Organisation ist nach rein operativen Gesichtspunkten ausgerichtet.
- Extern
- Teilweise als Linienorganisation, teilweise extern

2. Die EFQM (European Foundation for Quality Management) ist eine gemeinnützige Organisation, die Unternehmen und deren Geschäftsführung bei der Implementierung von Strategien unterstützt. Die Mitgliedsunternehmen kooperieren, um ihre Fähigkeiten zu verbessern, Faktoren zu erkennen und umzusetzen, die für höhere Leistungsfähigkeit sorgen.

Letztendlich ist die Testorganisation unabhängig von anderen Prozessen innerhalb des SDLC und selbst für die von ihr erzielten Ergebnisse verantwortlich. Es gibt jedoch keine direkte Beziehung zwischen der Positionierung einer Testorganisation und ihrer Reife. Beispielsweise kann es vorkommen, dass die verschiedenen Bereiche innerhalb des SDLC nicht als eigenständige Einheiten definiert sind. Wenn Anwendungsmanager, die auf funktionale Aspekte spezialisiert sind, gleichzeitig die Rolle von Designern und Entwicklern einnehmen, stellt sich die Frage, ob es effizient und effektiv ist, die Testorganisation als unabhängige Test Factory zu gestalten.

Beispiel – Positionierung von End-to-End-Tests innerhalb der Unternehmensstruktur [Smit 2009]

End-to-End-Testen konzentriert sich auf die Integration von Prozessketten. Diese können projekt-, programm-, abteilungs- und sogar unternehmensübergreifend sein. Im Idealfall entspricht die Struktur des End-to-End-Testens der End-to-End-Organisation des Programms oder der Linienorganisation.

Eine Testorganisation bietet verschiedene Produkte und Dienstleistungen, z.B.:

- Tester, ausgestattet mit Testkenntnissen und spezifischer Expertise, z.B. im Anwendungsbereich oder mit testspezifischem Wissen:
  - Unterstützung der Produktrisikoanalyse
  - Entwicklung einer Testvorgehensweise für das gesamte Projekt (Mastertestplan)
  - Erfahrung mit Testschätzungen
  - Koordination von Testprojekten
  - Testautomatisierung
- Beschreibung des Testprozesses; Vorlagen und Schulungsunterlagen für strukturiertes Testen
- Testwerkzeuge, Werkzeuglizenzen und Skripte
- Kommunikations- und Berichtsstrukturen
- Grundsätzliche Verfahren für das Fehlermanagement (was jedoch unter der Verantwortung des Projekts verbleibt)
- Testprozessverbesserung

Viele der aufgeführten Testprodukte und -dienstleistungen sind in gewissem Umfang auch in anderen Kernbereichen relevant. Die Testorganisation stellt dadurch die Verbindung zwischen den verschiedenen Kernbereichen her. Daher sind Positionierung und Aufbau der Testorganisation als strategische Entscheidungen zu betrachten.

Reifegrad »Initial«

Auf diesem Reifegrad sind die am Testen beteiligten Personen über größtenteils fachlich orientierte Abteilungen verteilt. Ihre Rollen betreffen häufig spezifische Teilaufgaben. Die Verantwortlichkeiten sind weder klar noch gut organisiert. Die Tester haben nur selten gemeinsame Ansichten über Qualität und Testen. Die Weitergabe von Informationen ist mangelhaft und die Ergebnisse der Testaktivitäten werden kaum verglichen (z.B. mit Standards oder in Bezug auf die Fehleranzahl). Es liegt keine richtige Organisation für das Testen vor, lediglich eine zufällige Zusammenstellung von Personen, die einen Teil ihrer Arbeitszeit der Durchführung unterschiedlicher Aktivitäten auf ihre eigene Initiative hin widmen.

4.4.1 Testorganisation auf dem Reifegrad »Kontrolliert«

Die Testorganisation ermöglicht Einheitlichkeit bei der Testvorgehensweise, den Testprodukten und Testabläufen sowie Vereinbarungen und klare Testergebnisse.

Innerhalb des Softwarelebenszyklus können verschiedene Testaktivitäten und die zugehörigen Verantwortlichkeiten identifiziert werden. In den meisten Fällen sind Entwurf, Entwicklung und Wartung in gewissem Umfang organisiert und als spezifische Funktionen anerkannt. Ebenso ist auch das Testen (innerhalb eines Projekts) zu einem gewissen Grad organisiert, hängt jedoch sehr stark vom Reifegrad der anderen Prozesse im SDLC und deren Organisation ab.

Auf dem Reifegrad »Kontrolliert« gibt es in der Testorganisation eindeutig benannte Verantwortliche für das Testen. Sie werden von den anderen Organisationseinheiten anerkannt, sowohl auf der Fachseite als auch auf der Lieferantenseite. Es besteht Klarheit darüber, welche Testprodukte und -dienstleistungen die Tester anzubieten haben und was vom Testen erwartet werden kann.

Kontrollpunkte

1. Alle Beteiligten wissen, wer (oder welche Abteilung) für die Testdienstleistungen verantwortlich ist.
2. Innerhalb der Testorganisation gibt es eine Struktur der Kontrolle und Verantwortlichkeit.
3. Testaufgaben und Verantwortlichkeiten sind definiert und dokumentiert und einer Person oder Organisationseinheit zugewiesen.
4. Die Produkte und Dienstleistungen der Testorganisation sind deren Kunden bekannt.

Enabler

- Wissensmanagement:
  In einem Unternehmen muss ein gutes Wissensmanagement etabliert sein, das die Testorganisation für die Wissenskonsolidierung nutzen kann.

Verbesserungsvorschläge

- In einem kleinen Unternehmen ernennen Sie eine für das Testen verantwortliche Person. Diese sollte Ansprechpartner für alle testbezogenen Fragen sein.
- In einem größeren Unternehmen oder einer größeren Organisationseinheit kann, basierend auf der Art der etablierten Testorganisation, über die bestmögliche (örtliche) Platzierung des Testteams entschieden werden.
- Ermöglichen Sie den Austausch von Wissen, Erfahrungen und Best Practices zwischen Testern und anderen Personen, die Testaufgaben wahrnehmen, z.B. durch regelmäßige Workshops oder Besprechungen.
- Erklären Sie den Stakeholdern die Notwendigkeit, verschiedene Rollen und Verantwortlichkeiten für das Beauftragen der Tests, die Abnahme des Produkts und für die Testdurchführung zu unterscheiden.
- Führen Sie mögliche Produkte und/oder Dienstleistungen einer Testorganisation auf, z.B. »Ausführen einer Teststufe«, »Erstellen eines Testplans« oder »Testberatung«.
- Erstellen Sie einen Marketing- und Kommunikationsplan: Was verkaufen wir? Wen spricht unser Produkt an? Zu welchem Preis verkaufen wir es? Unter welchen Voraussetzungen? Usw.

4.4.2 Testorganisation auf dem Reifegrad »Effizient«

Die Testorganisation stellt die richtige Testkompetenz und Testerfahrung an der richtigen Stelle zur Verfügung.

Es können verschiedene Personen aus unterschiedlichen Abteilungen am Testen beteiligt sein, die möglicherweise nicht wissen, welche Testaktivitäten an anderer Stelle im Unternehmen ausgeführt werden. Sie können vollkommen anders arbeiten und ihre Vorlagen, Abläufe und Werkzeuge können verschieden sein. Der erste Schritt hin zu einer effizienten Testorganisation kann darin bestehen, diese separaten Testaktivitäten ganzheitlich zu koordinieren.

In einer effizienten Testorganisation werden den Projekten Testressourcen in Form von Dienstleistungen zur Verfügung gestellt, die folgende Aktivitäten abdecken:

- Durchführung
- Support (Coaching und Schulungen)
- Kontrolle (Audit und Review)

- Wartung
- Forschung und Entwicklung

Testdienstleistungen, einschließlich Ressourcen und Support, können auch von externen Dienstleistern zur Verfügung gestellt werden. Im Falle von Outsourcing kann die Testverantwortung sogar ganz oder teilweise extern übernommen werden. Wenn sich der Ressourcenbedarf der einzelnen Projekte ändert, findet eine Neuverteilung der Ressourcen auf die verschiedenen Projekte statt.

Auf diesem Reifegrad ist die Testorganisation im Vergleich zum Reifegrad »Kontrolliert« stärker auf die tatsächlichen Anforderungen eines Kunden ausgerichtet, was dazu führt, dass weniger die Aktivitäten, sondern verstärkt die Resultate im Mittelpunkt stehen. Die Testaktivitäten werden dahingehend identifiziert, strukturiert und überwacht.

Um Umfang und Qualität der Ergebnisse planbar zu machen, werden bestimmte Verfahren definiert und durch (interne) Schulungen vermittelt. Der Bedarf an Werkzeugen und anderen Hilfsmitteln wird untersucht und entsprechend abgedeckt.

Die Testpolitik eines Unternehmens wird von der Unternehmensführung und der Testorganisation erarbeitet und in einer Testrichtlinie festgehalten. Die Unternehmensführung ist für die Testrichtlinie verantwortlich.

Kontrollpunkte

1. Verschiedene Personen oder Abteilungen, die Testdienstleistungen zur Verfügung stellen, stimmen die Organisation ihrer Arbeit miteinander ab.
2. Die Testorganisation stellt den Projekten die vereinbarten Testressourcen und Testdienstleistungen zur Verfügung.
3. Die Entscheidung, wo und wie die Testorganisation positioniert werden soll, ist wohldurchdacht.
4. Die Testrichtlinie wird befolgt.

Enabler

- Organisationseinheiten zur Projektunterstützung:
  Organisationseinheiten, die Dienstleistungen in den Bereichen Personal, Entwicklungsumgebungen, Werkzeuge und Prozesse anbieten, können auch Dienstleistungen und Ressourcen im Bereich Testen bereitstellen.

Verbesserungsvorschläge

- Untersuchen Sie den Bedarf der verschiedenen Testprojekte. Kategorisieren Sie den Bedarf nach Arten von Ressourcen und Arten von Dienstleistungen pro Ressource. Stellen Sie ein Leistungsverzeichnis mit verschiedenen Arten von Ressourcen und Dienstleistungen zusammen. Entscheiden Sie auf der

Grundlage eines einfachen Business Case, welche Dienstleistungen von der Testorganisation zur Verfügung gestellt werden sollen.
- Definieren Sie eine Vision und einen Wachstumspfad für die Testorganisation.

4.4.3 Testorganisation auf dem Reifegrad »Optimierend«

Die Testorganisation trägt durch ihre Testdienstleistungen zu einer kontinuierlichen Verbesserung der Resultate bei.

Auf diesem Reifegrad sind sowohl Verbesserung und Innovation als auch die Beziehungen zu Gruppen und Personen außerhalb der Testorganisation von großer Wichtigkeit. Die Testorganisation funktioniert auf allen Stufen und bei den wichtigsten Prozessen.

Auf dem Reifegrad »Optimierend« führt die Konzentration auf die interne und externe Qualität zu besseren Ergebnissen. Hierzu zählt auch die Pflege des Leistungsverzeichnisses, insofern als es den Anpassungsbedarf des Angebots an die Nachfrage widerspiegelt. Die Testorganisation konzentriert sich darauf, bei Bedarf das geeignete Personal mit entsprechender Expertise und Erfahrung zur Verfügung zu stellen.

Die Testorganisation verbessert sich kontinuierlich selbst, indem interne Prozesse bewertet und angepasst werden. Es werden Vergleiche mit externen Dienstleistern durchgeführt und diese zur Unterstützung herangezogen, wenn sie bessere Leistungen anbieten können.

Kontrollpunkte

1. Die Produkte und Dienstleistungen der Testorganisation werden regelmäßig bewertet; es werden neue Dienstleistungen hinzugefügt, wenn diese wirtschaftlich sind.
2. Die Testorganisation trägt die Verantwortung für das Gelingen und Misslingen von Testaufträgen.
3. Die Leistung der Testorganisation wird regelmäßig mit der Leistung externer Dienstleister oder ähnlichen Testorganisationen verglichen.

Enabler

- Eine Testorganisation kann eine bessere Leistung erzielen, wenn die in Wechselbeziehung zueinander stehenden Teile des Unternehmens den gleichen Reifegrad haben und proaktiv zusammenarbeiten.

Verbesserungsvorschläge

- Beobachten Sie die Nachfrage nach den angebotenen Dienstleistungen und passen Sie Ihre Dienstleistungen an Bedarfsänderungen an.

- Überprüfen Sie in regelmäßigen Abständen, ob eine Nachfrage nach neuen Testdienstleistungen besteht, und entscheiden Sie, ob diese Dienstleistungen in das Leistungsverzeichnis aufgenommen werden sollten.
- Kontrollieren Sie regelmäßig die Kosten der Dienstleistungen und stellen Sie einen Vergleich mit externen Dienstleistern und/oder Testorganisationen (eines ähnlichen Reifegrads) in ähnlichen Unternehmen an.
- Prüfen Sie die internen Prozesse der Testorganisation und suchen Sie nach Möglichkeiten der Optimierung.

4.5 Kommunikation

Eine eindeutige Kommunikation schafft ein gemeinsames Verständnis und aufeinander abgestimmte Erwartungen der beteiligten Parteien.

Kommunikation kann sehr formlos und inoffiziell stattfinden, was sich darin äußert, dass mögliche Vereinbarungen nicht formalisiert werden. Sie kann jedoch auch eine feste Struktur haben in Form von offiziellen Besprechungen oder Berichten. In sehr formalen Organisationsformen werden Entscheidungen ausschließlich auf der Basis von Berichten getroffen. In den meisten Situationen kann jedoch jede Form der Kommunikation zu einer Entscheidung führen, die in einem Bericht bestätigt werden kann. Es gibt verschiedene Wege, auf denen Kommunikation stattfinden kann, z.B. auf direktem persönlichem Weg oder per E-Mail, Telefonkonferenz, Intranet oder Wiki.

Eine eindeutige Kommunikation ist notwendig, um die richtigen Bedingungen für die Testdurchführung zu schaffen, die Teststrategie zu koordinieren, Aktivitäten abzustimmen, Prioritäten festzulegen usw. Eine optimale Kommunikation fördert den lebendigen Dialog und ermöglicht Feedback. Eine mangelhafte Kommunikation kann zu falschen Entscheidungen führen (aufgrund von Informationen, die nicht korrekt oder nicht verifiziert sind oder nicht beim Empfänger ankommen), die wiederum zu einer wenig ausgeprägten Motivation der Tester und/oder einem geringen Engagement der Stakeholder für die Testaktivitäten führen können.

Alles in allem unterscheidet sich die Kommunikation innerhalb des Testprozesses nicht erheblich von der Kommunikation in anderen Prozessen. Es gibt jedoch ein paar Aspekte, die zu beachten sind. Wie bei allen anderen Prozessen ist die Kommunikation vom und zum Testprozess auf den Projektfortschritt ausgerichtet. Gleichzeitig befasst sie sich jedoch mit der Produktqualität und dient der proaktiven Informationsvermittlung über bestehende Chancen und Risiken. Das Testteam teilt diese Informationen den verschiedenen Stakeholdern mit, die in den Testprozess eingebunden sind, z.B. Entwicklern, Unternehmensführung und Kunden. Die Stakeholder halten wiederum das Testteam auf dem Laufenden. Allzu oft wird das Testteam bei bestimmten Projektangelegenheiten jedoch nicht informiert oder befragt, was an einem mangelnden Engagement der Stakeholder oder einer Unterschätzung der Auswirkungen auf das Testprojekt liegen kann.

Mit der Verbesserung des Testprozesses ändern sich auch die Anforderungen an die Kommunikation. Formale Aspekte der Kommunikation gewinnen an Bedeutung. Dies führt nicht zwangsläufig zu einer verstärkten Kommunikation, sondern bedeutet lediglich, dass die Zusammenstellung der Teilnehmer, die Häufigkeit und die Agenda festgelegt sind.

Reifegrad »Initial«

Auf diesem Reifegrad findet lediglich eine spontane, zufällige Kommunikation statt. Diese Ad-hoc-Kommunikation kann in der Praxis zwar sehr effektiv sein, jedoch reichen auf dem Reifegrad »Initial« die vom und zum Testteam vermittelten Informationen nicht aus, um den Testprozess angemessen zu steuern und zu überwachen.

4.5.1 Kommunikation auf dem Reifegrad »Kontrolliert«

Der Informationsaustausch zwischen allen Beteiligten ermöglicht eine angemessene Entscheidungsfindung.

Auf dem Reifegrad »Kontrolliert« erhalten die Tester genügend Informationen, um ihre Testaufgaben zu bewältigen. Stakeholder bekommen neben Berichten auch weitere Informationen zur Entscheidungsfindung. Es besteht sowohl innerhalb des Testteams als auch zwischen den Testern und Stakeholdern ein ausreichendes Verständnis in Bezug auf den Testprozess.

Der Grad der Kommunikation innerhalb des Testteams sowie zwischen dem Testteam und anderen Parteien führt zu einer guten gegenseitigen Beziehung, erhöhter Motivation und einem gemeinsamen Verständnis. Eine weitere positive Auswirkung besteht in der frühzeitigen Erkennung von (entstehenden) Problemen: Bei Bedarf können rechtzeitig Maßnahmen ergriffen werden.

Kontrollpunkte

1. Jedes Teammitglied ist über getroffene Entscheidungen und den Projektfortschritt informiert.
2. Das Testteam holt die relevanten Informationen aktiv von den Stakeholdern ein.
3. Es ist möglich, Aktionen, Vereinbarungen und Entscheidungen des Testteams zurückzuverfolgen.
4. Das Testteam berät sich mit den Stakeholdern über Projektfortschritt, Produktqualität und Risiken und weist proaktiv auf mögliche Verzögerungen hin.

Enabler

- Projektmanagement:
  Projektbesprechungen bzw. ihre Protokolle liefern Informationen für die Entscheidungsfindung innerhalb des Testprozesses.

Verbesserungsvorschläge

- Erstellen Sie eine Übersicht aller Informationen, die für das Testmanagement benötigt werden, und geben Sie an, durch wen oder in welcher Besprechung sie bereitgestellt werden können. Wählen Sie die geeignetsten Kommunikationsmittel mit den größten Vorteilen.
- Nehmen Sie an Besprechungen teil.
- Richten Sie regelmäßige Besprechungen des Testteams zu festen Terminen ein und bereiten Sie diese Besprechungen vor. Die Agenda dieser Besprechungen ist festgelegt. Die Hauptinhalte sind der Projektfortschritt (Zeitbedarf und investierte Zeit) und die Qualität des Testobjekts. Sehen Sie daneben auch Zeit für Ad-hoc-Besprechungen vor. Die Besprechungen sollten protokolliert werden.
- Wenn es nicht möglich ist, das ganze Testteam zu versammeln, sollte jedes Teammitglied in regelmäßigen Abständen an den Besprechungen teilnehmen. Um jedem Mitglied ein Mitspracherecht zu gewähren, können Sie das Team auch in kleinere Gruppen aufteilen, die sich jeweils auf einen bestimmten Teil des Testprozesses konzentrieren.
- Die aus den Besprechungen hervorgehenden Aktionen sollten konsequent gehandhabt werden.
- Halten Sie das Testteam insbesondere in der Durchführungsphase immer auf dem neuesten Informationsstand, zum Beispiel mit einem kurzen täglichen Kick-off-Meeting.
- Sorgen Sie dafür, dass projektbezogene Neuigkeiten in der Besprechung des Testteams bekannt gegeben werden.
- Stellen Sie sicher, dass die Testergebnisse bei Besprechungen der Projekt- und Lenkungsgruppen auf dem Programm stehen.
- Kommunizieren Sie über den Fehlerfortschritt; dieser spielt eine wesentliche Rolle bei der Steuerung des Testprozesses.

4.5.2 Kommunikation auf dem Reifegrad »Effizient«

Eine präzise Aufbereitung der Informationen für den Adressaten trägt zu erhöhter Produktivität bei.

Wie in jedem Prozess gibt es auch innerhalb des Testprozesses verschiedene Ziele der Kommunikation. Form und Medium müssen entsprechend den Zielen und Adressaten gewählt werden. Für Testprojekte und auch für Testorganisationen kann ein Kommunikationsplan vorliegen, der auch einen Berichtsplan enthalten kann.

Es gibt verschiedene Möglichkeiten, Grenzen in der Kommunikation zu überwinden. Sehr große Teams können sich nicht immer persönlich versammeln, insbesondere dann nicht, wenn die einzelnen Mitglieder geografisch weit verteilt sind. Damit verbundene Probleme wie z.B. unterschiedliche Zeitzonen sind nicht zu unterschätzen. Hinzu kommt, dass manche Teammitglieder an wechselnden Orten arbeiten können.

Im Detail – Neue Kommunikationsmöglichkeiten

Im Zeitalter des Internets entwickeln sich ständig neue Kommunikationsmittel. Die Möglichkeiten des Chattens, der Audio- und Videokonferenzen, der Online-Plattformen für Dokumentenaustausch und Präsentationen verbessern sich mit erhöhter Netzwerkkapazität. Es entstehen neue Phänomene und Dienstleistungen wie z.B. soziale Netzwerke, Blogs oder Wikis, die neue Möglichkeiten für eine effektivere und effizientere Kommunikation bieten.

Nicht jede Information ist für jeden Beteiligten von Relevanz. Je nach Verantwortlichkeit müssen manche Personen vielleicht nur informiert oder zurate gezogen, jedoch nicht in die Entscheidung einbezogen werden. Personen, die eine Verantwortung tragen oder rechenschaftspflichtig sind, haben hingegen einen anderen Informationsbedarf. In manchen Fällen ist es trotzdem notwendig, alle Beteiligten in eine Besprechung einzubeziehen, um gemeinsam über mögliche Lösungen oder Entscheidungen nachzudenken.

Wenn Besprechungen stattfinden, dann ist eine Teilnahme des Testteams die beste Möglichkeit für den Informationsaustausch. Relevant sind beispielsweise Projekt- und Fehlerbesprechungen oder Besprechungen des Änderungsausschusses.

Eine effiziente Kommunikation kann eine zusätzliche Anstrengung des Verfassers (z.B. des Testmanagers) erfordern, da eine für den Empfänger maßgeschneiderte Aufbereitung der Informationen aufwendiger ist, als einfach alle Daten oder Informationen zur Verfügung zu stellen. Neben der eher formalen Kommunikation bleibt auch immer Zeit für Ad-hoc-Kommunikation.

Kontrollpunkte

1. Das Testteam erkennt, welche Informationen mit welchen Stakeholdern geteilt werden müssen.
2. Das Testteam nimmt an relevanten Besprechungen mit anderen Stakeholdern teil.
3. Dem Testteam stehen die verschiedenen (Kommunikations-)Mittel zur Verfügung, die für eine angemessene Kommunikation mit den Stakeholdern erforderlich sind.

Enabler

- Stakeholdermanagement:
  Wenn die Zielgruppen, deren Informationsbedarf und deren Autoritätsebenen identifiziert sind, dann ist auch eine effektivere Kommunikation möglich.

Verbesserungsvorschläge

- Nehmen Sie an Projektbesprechungen teil, um z.B. Informationen über den Fortschritt, die Erfüllung von Vorbedingungen oder Projektänderungen auszutauschen.
- Laden Sie Fachleute anderer Bereiche zur Besprechung des Testteams ein, um ein gemeinschaftliches Verständnis zu schaffen und einen schnellen Einblick zu erhalten.
- Falls Ihre Teilnahme an einer bestimmten Projektbesprechung aus irgendeinem Grund nicht möglich ist, teilen Sie die relevanten Testangelegenheiten dem Projektmanager mit und stellen Sie sicher, dass diese in die Agenda aufgenommen werden. Sorgen Sie dafür, dass der Projektmanager das Testteam über die besprochenen Punkte informiert.
- In den regelmäßig stattfindenden Fehlerbesprechungen wird der Fortschritt bei der Fehlerbehebung diskutiert. Das Testteam ist hierfür zwar nicht verantwortlich, hängt jedoch stark von ihm ab. Führen Sie regelmäßige Fehlerbesprechungen mit festem Ablauf durch.
- Erstellen Sie eine Liste der verfügbaren Kommunikationsmittel, die für ein spezifisches Testprojekt eingesetzt werden sollen. Denken Sie insbesondere an Intranet- oder Sharenet-Lösungen.
- Unterschätzen Sie nicht das Potenzial der direkten persönlichen Kommunikation und Interaktion. Selbst unter Zeitdruck kann diese Form der Kommunikation effektiver sein als eine SMS oder E-Mail.
- Fördern Sie Feedback, das auf gegenseitigem Respekt basiert – sowohl innerhalb als auch außerhalb des Testprozesses. Bitten Sie jedes Teammitglied, die Kommunikation mit ihren Stärken und Schwächen regelmäßig zu bewerten.

4.5.3 Kommunikation auf dem Reifegrad »Optimierend«

Die Kommunikation fördert die Teamentwicklung.

Um mögliche Fehlkommunikation in der Zukunft zu vermeiden, wird die gesamte Kommunikation in regelmäßigen Abständen analysiert. Erfolgsmethoden (Best Practices) und gewonnene Erfahrungen werden für die künftige Verwendung zusammengetragen.

Im Detail – Vorbereiten der Besprechungen

Um effektive Besprechungen zu erzielen, werden die Entscheidungsunterlagen und das Protokoll der vorhergehenden Besprechung verschickt und im Vorfeld gelesen. Jeder Teilnehmer sollte sich auf die Besprechung vorbereiten.

Kontrollpunkte

1. Best Practices und Erfahrungen in den Bereichen Kommunikation und Kommunikationseffizienz werden sowohl während als auch am Ende eines Testprojekts für die künftige Verwendung bewertet.
2. Das Unternehmen evaluiert den Einsatz neuer Kommunikationsmittel und legt Regeln für deren Nutzung fest.

Enabler

- Keine.

Verbesserungsvorschläge

- Organisieren Sie Schulungen für effektive Kommunikation. Konzentrieren Sie sich hierbei nicht nur auf Präsentationen, Berichte und Dokumentation, sondern auch auf die direkte persönliche Kommunikation wie z. B. Besprechungstechniken.
- Das Testteam oder die Testorganisationseinheit kann auf Kommunikationsmittel stoßen, die theoretisch zwar zur Verfügung stehen, jedoch aktuell vom Unternehmen nicht genutzt werden. Informieren Sie das restliche Unternehmen über die möglichen Vorteile dieser Kommunikationsmittel und erklären Sie, wie sie im Unternehmen verwendet werden könnten.

4.6 Berichterstattung

Die Berichterstattung versorgt die Stakeholder mit Informationen zur Entscheidungsfindung und Überwachung der Testprojekte.

Die Berichterstattung wird als wichtigstes Ausgangsprodukt des Testprozesses betrachtet. Ihr tatsächlicher Stellenwert basiert auf dem Grad der Formalisierung und der Testüberwachung, die im Projekt erforderlich ist oder erwartet wird. Das Ziel des Testprozesses besteht darin, einen Einblick in das Qualitätsniveau des Produkts (Testobjekts) zu liefern, was mehr bedeutet als »Fehler zu finden«. Die Berichterstattung sollte daher darauf konzentriert sein, dem Auftraggeber konkrete Belege über die Produktqualität und die gegenübergestellten Risiken unzureichender Qualität zu liefern.

Die Berichterstattung ist eine Form der schriftlichen Kommunikation, die in eine Richtung verläuft: vom Testprojekt zum Auftraggeber oder zu mehreren Stakeholdern. Anhand der Berichterstattung gewährt der Testprozess Einblick in eine Anzahl verschiedener Aspekte:

- *Fortschritt*:
  Die am Testen beteiligten Personen müssen über Status und Fortschritt der Testaktivitäten informiert sein, und zwar nicht nur in Bezug auf Zeit (geplante, verbrauchte und prognostizierte Stundenzahl) oder finanzielle Mittel (budgetiert und ausgegeben). Es wird auch anhand der geplanten und ausgeführten Testfälle, der Anzahl offener und behobener Fehler und nicht zuletzt der Erfolge über den Verlauf des Testprozesses berichtet.
- *Produktrisiken*:
  Die Priorität und die Schwere von (behobenen und nicht behobenen) Fehlern können kennzeichnend für die Qualität des Testobjekts sein. Diese Fehler stehen in enger Verbindung mit den erkannten und analysierten Produktrisiken: Gehören die Fehler zu einer hohen oder niedrigen Risikokategorie? Erfordern die behobenen Fehler erneutes Testen? Usw. Der Status dieser Risiken muss im Bericht angegeben werden.
- *Projektrisiken*:
  Das Testprojekt berichtet über Projektrisiken, Engpässe und mögliche Maßnahmen der Schadensbegrenzung. Ein bedeutendes Projektrisiko kann darin bestehen, dass der Termin, an dem das Testobjekt in Produktion gehen soll, nicht eingehalten wird. Darüber hinaus muss der Bericht mögliche Maßnahmen und Empfehlungen enthalten, um diesen Risiken zu begegnen. Es kann z.B. empfohlen werden, in den risikoreichen Bereichen eine komplette Testwiederholung und in den risikofreien Bereichen eine schlanke oder gar keine Testwiederholung durchzuführen.

- *Freigabeempfehlung*:
  Das Testteam trifft selbst keine Entscheidung über die Freigabe eines Produkts, sollte jedoch dem Auftraggeber und anderen Stakeholdern ausreichende Informationen zur Verfügung stellen, um diese Entscheidung zu treffen. Wenn die nächste Stufe nach dem Testen die Produktion ist, wird der Bericht über die Produktqualität als Freigabeempfehlung bezeichnet. Er enthält außer den Daten über die Produktqualität auch Informationen über das mögliche Verhalten des Produkts in der Produktion. Eine klare Produktrisikoanalyse und Teststrategie sind für diese Empfehlung unerlässlich.

Eine sachgerechte Berichterstattung ermöglicht den Stakeholdern, rechtzeitig Maßnahmen zu ergreifen. Werden Empfehlungen mit Trendanalysen untermauert, liefert dies den Stakeholdern Argumente für die Durchführung der (häufig teuren) Maßnahmen.

Reifegrad »Initial«

Auf diesem Reifegrad wird die Berichterstattung ad hoc durchgeführt und den wichtigsten Stakeholdern reichen die Testberichte für ihre Entscheidungsfindung nicht aus.

4.6.1 Berichterstattung auf dem Reifegrad »Kontrolliert«

Das Testteam und die Stakeholder vereinbaren, was und wie berichtet wird, und verhindern dadurch Informationslücken oder eine Informationsüberflutung.

Die Vorgehensweise für die Berichterstattung ist eindeutig und wird vorzugsweise formal festgehalten, zum Beispiel in einem (Master-)Testplan oder in einem separaten Berichtsplan. Diese Vorgehensweise für die Berichterstattung enthält die Adressaten der Berichte, die Häufigkeit, die Mittel und den Inhalt der Berichte.

Kontrollpunkte

1. Die Berichterstattung enthält Aspekte der Zeit und/oder Kosten, Ergebnisse und Risiken.
2. Die Häufigkeit und der Inhalt der Berichterstattung entsprechen den Grundforderungen der Stakeholder für die Entscheidungsfindung.
3. Die Berichterstattung erfolgt schriftlich.

Enabler

- Projektmanagement:
  Die Struktur der Berichterstattung und die eingesetzten Metriken können zwischen Testprojekt und Projekt ausgetauscht werden.

Verbesserungsvorschläge

- Vereinbaren Sie mit den Stakeholdern (zumindest mit dem Auftraggeber), wie und wie häufig sie informiert werden möchten und welche Informationen gewünscht sind. Machen Sie den Stakeholdern bewusst, dass sie diese Informationen benötigen, um Maßnahmen in Bezug auf die Qualität des Testobjekts zu beschließen.
- Erstellen Sie einen Berichtsplan und legen Sie darin die Art der Berichterstattung fest. Der Plan sollte die Adressaten der Berichte, ihre Häufigkeit, ihren Inhalt und die Berichtsmittel enthalten. Der Berichtsplan kann Teil des (Master-)Testplans sein.
- Einigen Sie sich auf Vorlagen für die Berichterstattung, die im Testprozess eingesetzt werden. Auf diese Weise können Teile der Berichterstattung (wie z.B. Tabellen zur Risikobegrenzung) wiederverwendet werden.
- Führen Sie ein, dass die Berichterstattung sowohl die Qualität des Testobjekts als auch den Status des Testprozesses enthält.
- Verwenden Sie diejenigen Inhalte der Berichterstattung wieder, die nur begrenzt angepasst werden müssen. Schaffen Sie ein Bewusstsein dafür, dass Berichte Teil der Testware und des Testwaremanagements sind und daher für eine Wiederverwendung zur Verfügung stehen sollten.

4.6.2 Berichterstattung auf dem Reifegrad »Effizient«

Die Berichterstattung ist zur Unterstützung der Entscheidungsfindung auf spezifische Adressaten abgestimmt.

Die Berichterstattung ist auf spezifische Adressaten zugeschnitten, wie z.B. die Teilnehmer der Fehlerbesprechung, das Projekt, Vertreter der Fachseite und Unternehmensführung. Das Projektmanagement ist an einer detaillierten Gegenüberstellung der geplanten Aktivitäten mit der tatsächlichen Situation interessiert. Das Interesse der Fachseite konzentriert sich in der Regel auf die Qualität des Testobjekts, während die Unternehmensführung meist einen Überblick über den Testprozess von einer höheren Warte aus haben möchte.

Die Aufbereitung der gleichen Basisdaten in verschiedenen Ansichten (etwa durch Aggregation) oder Berichten für verschiedene Adressaten bringt voraussichtlich einen zusätzlichen Arbeitsaufwand für den Testmanager mit sich. Das Ziel der Berichterstattung ist es jedoch, verlässliche Informationen für die Entscheidungsfindung zur Verfügung zu stellen, und mit einer auf den Leser abgestimmten Berichterstattung lässt sich dieses Ziel effizienter erreichen. Der Testmanager muss den Aufwand, der durch die Erstellung separater Berichte für spezifische Adressaten entsteht, gegen den Nutzen für die Entscheidungsfindung abwägen.

Im Detail – Feinabstimmung der Berichte

Zwei Berichte, die sehr gut auf spezifische Adressaten abgestimmt werden können, sind der Fortschritts- und der Risikobericht. Dies kann erreicht werden, indem der Detaillierungsgrad des Fortschrittsberichts entsprechend angepasst oder die Risiken im Risikobericht für verschiedene Adressaten »gefiltert« werden.

Ein Fortschrittsbericht enthält in der Regel den Status des Testobjekts (Ergebnisse), die Anpassungen der Produktrisiken und der Strategie, den Fortschritt des Testprozesses (Zeit und Kosten) und Problembereiche/Diskussionspunkte.

Ein Risikobericht enthält typischerweise eine Beschreibung des Ereignisses/Szenarios, seine Auswirkungen auf das Testprojekt, seine Bedeutung im Hinblick darauf, inwieweit es verschiedene Produktrisiken betrifft, mögliche Gegenmaßnahmen und Empfehlungen.

Eine intensive Berichterstattung an die Stakeholder kann den Testmanager von der eigentlichen Steuerung des Testprojekts ablenken, insbesondere bei sehr dynamischen Testprojekten oder bei der Betreuung mehrerer Testprojekte. Um ein gutes Gleichgewicht zu schaffen, können auch andere Kommunikationswege gewählt werden, um den Informationsbedarf der Stakeholder zu decken. Alternative Kommunikationsmittel werden im Kernbereich »Kommunikation« besprochen.

Kontrollpunkte

1. Der für eine effiziente Entscheidungsfindung erforderliche Aufwand zur Deckung des Informationsbedarfs der Stakeholder und der Aufwand der Berichterstattung werden gegeneinander abgewogen.
2. Die Berichterstattung enthält Trends und Empfehlungen zum Verlauf des Testprozesses und zu den Projektrisiken.
3. Die Berichterstattung enthält Trends und Empfehlungen zu den Testzielen und Produktrisiken.

Enabler

- Keine.

Verbesserungsvorschläge

- Stimmen Sie Ihre Berichte auf die spezifischen Adressaten ab.
- Unterscheiden Sie zwischen Informationen, die von den Stakeholdern benötigt werden, und Informationen, die für die Stakeholder zwar interessant, aber nicht unbedingt notwendig sind. Letztere könnten auf Anfrage zur Verfügung gestellt werden und brauchen nicht in die Standardberichterstattung aufgenommen zu werden.

4.6.3 Berichterstattung auf dem Reifegrad »Optimierend«

Die Berichterstattung stellt Informationen zur Verfügung, die zur Optimierung des Softwarelebenszyklus eingesetzt werden können.

Die Berichterstattung wird eingesetzt, um die verschiedenen Adressaten über Möglichkeiten zu informieren, den Softwarelebenszyklus zu verbessern. Dieses Ziel wird am besten erreicht, wenn die zur Verfügung gestellten Informationen sachlich und nachweisbar sind, was durch den Einsatz von Metriken sehr unterstützt wird.

Ein Beispiel ist die Berichterstattung über den Vergleich von Schätzungen mit tatsächlichen Ergebnissen, über Trendanalysen und das Benchmarking von Testprojekten bzw. den Vergleich mit anderen Testprojekten. Die Schlussfolgerung auf Grundlage der Berichterstattung könnte beispielsweise sein, dass der Testprozess keine adäquate Planung geliefert hat und anders geschätzt werden muss. Die Ursachenanalyse kann mit weiteren Metriken untermauert werden, z.B. über Ausfallzeiten der Testumgebung oder den langsamen Fortschritt des Testdesigns.

Bei dieser Form der Berichterstattung betreffen die Empfehlungen nicht nur die Testaktivitäten, sondern auch die Aktivitäten außerhalb des Testprozesses, d.h. im Softwarelebenszyklus. Ein Beispiel sind Empfehlungen zur Durchführung (zusätzlicher) Reviews der funktionalen Spezifikationen.

Kontrollpunkte

1. Die Berichterstattung stellt Daten und/oder Messwerte zur Verfügung, die für aktuelle und zukünftige Verbesserungen des Testprozesses und des Softwarelebenszyklus genutzt werden können.
2. Die Daten und/oder Messwerte für die Softwareprozessverbesserung werden bei Abschluss des Testprojekts einer Linienorganisation übergeben.

Enabler

- Softwareprozessverbesserung:
  Stimmen Sie die Verbesserungsmöglichkeiten mit einer aktuellen Verbesserungsinitiative des Softwareprozesses ab.

Verbesserungsvorschläge

- Sammeln Sie während des Testprojekts Informationen, die als Grundlage für die Verbesserung des Softwarelebenszyklus dienen können.

4.7 Testprozessmanagement

Das Testprozessmanagement optimiert die Ausführung des Testauftrags im Rahmen der festgelegten Zeit und Kosten sowie der geforderten Ergebnisse.

Die Ziele des Testens sind zu komplex, als dass sie innerhalb einer einfachen Aktivität erreicht werden könnten. Die Aktivitäten werden aufgeteilt, indem zwischen verschiedenen Phasen unterschieden wird, z. B. der Planung, Vorbereitung, Spezifikation, Durchführung und dem Abschluss. Jede Phase besteht aus festgelegten Aktivitäten mit etlichen Aktionen und Arbeitsergebnissen.

Das Testen sollte als Prozess organisiert sein, entweder innerhalb des Softwareentwicklungsprojekts oder als separates Projekt. Eines der ersten und wesentlichen Arbeitsergebnisse des Testprozesses ist ein Testplan, in dem die Erwartungen aller Stakeholder festgelegt sind: Welches Ergebnis erwartet der Auftraggeber? Wie kann das Testteam diese Ziele erreichen und was erwartet das Testteam von anderen Stakeholdern, um die Ziele erreichen zu können? Es ist entscheidend, dass alle Stakeholder mit dem Testplan einverstanden sind.

Wenn die Aktivitäten plangemäß durchgeführt werden, werden die Ziele erreicht – jedoch nur theoretisch. In der Praxis wird die Ausführung des Testplans immer wieder von Projektrisiken beeinflusst, die nichtgeplante Maßnahmen erforderlich machen. Das Testprozessmanagement überprüft, in welchem Umfang der Testplan umgesetzt werden kann, und die Stakeholder erhalten regelmäßige Berichte über den Fortschritt. Wenn es zu Abweichungen zwischen dem tatsächlichen und geplanten Fortschritt kommt, werden diese in den Bericht aufgenommen. Darüber hinaus enthält der Bericht Maßnahmen, die das Testteam trifft, um die Aktivitäten plangemäß fortführen zu können. Ist das Testteam dazu nicht allein in der Lage, wird die Unterstützung von Stakeholdern in Anspruch genommen und der Testplan gegebenenfalls angepasst.

Reifegrad »Initial«

Auf dem Reifegrad »Initial« scheint der Testprozess nur aus einer Phase zu bestehen: der Testdurchführung. Das Testteam hat einen unzureichenden Einblick in die Erwartungen der Stakeholder, und es ist durchaus möglich, dass die Stakeholder nicht wissen, was sie vom Testen zu erwarten haben. Umfang und Betrachtungsbereich des Testens können falsch gewählt sein, die Testaktivitäten beginnen erst nach der Lieferung des Testobjekts und manche Aktivitäten werden zu spät oder gar nicht durchgeführt. Andere Aktivitäten können im Nachhinein zu viel Zeit in Anspruch nehmen, da sie nicht vorbereitet wurden und keine Kosten- und Zeitschätzung zur Verfügung steht. Eine angemessene Steuerung und das Management des Testprozesses werden dadurch erheblich erschwert.

4.7.1 Testprozessmanagement auf dem Reifegrad »Kontrolliert«

Ein proaktives Management des Testprozesses ermöglicht die Erfüllung des Testauftrags.

Auf dem Reifegrad »Kontrolliert« tritt anstatt der reaktiven eine proaktive Haltung in den Vordergrund. Die Aktivitäten werden geplant, vorbereitet, zeitlich festgelegt, überwacht und bei Bedarf angepasst. Bevor das Testen beginnt, wird ein Testplan erstellt, in dem die Aktivitäten in einem Projektstrukturplan beschrieben werden. Der Plan wird dem Auftraggeber vorgelegt, der ihm zustimmt und sich ihm verpflichtet fühlt.

Die Testaktivitäten widmen sich dem Kerngeschäft des Testens (Erstellung und Ausführung von Testfällen), schließen jedoch auch Nebenaktivitäten wie die Berichterstattung und die Installation und Wartung von Umgebungen ein. Die Arbeitsergebnisse sind definiert und daher für alle Beteiligten prognostizierbar. Der Zeitplan für die Arbeitsergebnisse ist eindeutig und für alle Beteiligten zugreifbar.

Der Testplan wird auch anderen Stakeholdern vorgelegt – nicht nur um die Voraussetzungen zu vereinbaren, die von den Stakeholdern zu erfüllen sind, sondern auch, um sich auf eine Testvorgehensweise zu einigen.

Dieser Vorgehenspfad wird im Testplan festgelegt, aber das Testteam muss – mit der Unterstützung aller Stakeholder – sicherstellen, dass es diesem Pfad auch folgt. Dies bedeutet, dass die Testaktivitäten überwacht werden müssen. Abweichungen vom Pfad können mithilfe von grundlegenden Metriken ermittelt werden (siehe Abschnitt 4.9). Dem Auftraggeber sollten mögliche Gegenmaßnahmen zu diesen Abweichungen vorgelegt werden, sodass er die notwendigen Anpassungen einleiten kann.

Kontrollpunkte

1. Zu Beginn des Testprojekts wird ein Testplan erstellt. Der Testplan enthält mindestens den Testauftrag, den Betrachtungsbereich des Tests, die Testplanung, die Rollen und die Verantwortlichkeiten.
2. Der Testplan ist mit dem Auftraggeber abgestimmt.
3. Jede Testaktivität wird überwacht und bei Bedarf werden Anpassungen eingeleitet.
4. Der Testplan wird mit den relevanten Stakeholdern abgestimmt.

Enabler

- Prozess- und Produktqualitätssicherung, da diese dem Unternehmen einen Einblick in den Prozess und die erstellte Testware liefert.

- Projektmanagement:
  Das Projektmanagement plant, überwacht und steuert das Projekt. Das Testen ist ein integraler Bestandteil des Projekts und ist in vielerlei Hinsicht von anderen Entwicklungsbereichen abhängig. Ein gutes Projektmanagement erleichtert daher nicht nur das Management des Testprozesses, sondern übernimmt auch eine Mitverantwortung dafür. Projekt- und Testprozessmanagement sind sich in vielen Aspekten ähnlich und können ihre jeweiligen Best Practices austauschen.

Verbesserungsvorschläge

- Legen Sie innerhalb des Entwicklungsprojekts Budget und Zeit für das Testen fest.
- Organisieren Sie das Testen als separates Teilprojekt und unterteilen Sie es in logische Phasen (mindestens in Planung, Vorbereitung und Durchführung).
- Ernennen Sie einen Verantwortlichen für das Testprojektmanagement (vorzugsweise nicht den Projektmanager).
- Definieren und vereinbaren Sie Ziele für das Testen.
- Suchen Sie aus den vorhandenen Testmethoden geeignete Testaktivitäten aus und ordnen Sie diese den einzelnen Phasen zu.

4.7.2 Testprozessmanagement auf dem Reifegrad »Effizient«

> Ein Testprozessmanagement mit eindeutigen Befugnissen ermöglicht sofortige Anpassungen, um das Testprojekt auf Kurs zu halten.

Der Fortschritt aller Aktivitäten wird genau verfolgt. Der Testmanager sagt Entwicklungen und Abweichungen schnell und treffsicher voraus. Er verfügt über eindeutig definierte Befugnisse, um innerhalb bestimmter Grenzen auf diese Entwicklungen und Abweichungen einwirken zu können. Die Nähe der Entscheidungskompetenz zum Ursprung der Schwierigkeiten ermöglicht es dem Testmanager beispielsweise, Ressourcen neu zuzuordnen, Probleme direkt an die Stakeholder zu berichten und Absprachen zu treffen.

Projektprobleme, die zu erheblichen Abweichungen führen und den Testauftrag gefährden, werden mit dem Auftraggeber besprochen. Zusammen mit anderen relevanten Stakeholdern werden Lösungen beschlossen. Alle Anpassungen des Testplans werden aus Gründen der Rückverfolgbarkeit und Verantwortlichkeit dokumentiert (z.B. durch Änderungen im Testplan oder Erstellen eines Ausnahmeberichts).

Um den Testprozess detaillierter steuern und kontrollieren zu können, muss auch der Testplan detaillierter sein. Aktivitäten des Tagesgeschäfts müssen so organisiert sein, dass Daten, die zur Begründung entsprechender Maßnahmen benötigt werden, von den normalen Arbeitsergebnissen abgeleitet werden können. Es ist nicht notwendig, zusätzliche Untersuchungen anzustellen oder Daten zu sammeln.

Kontrollpunkte

1. (Vorausgesehene) Abweichungen vom Testplan werden mit dem Auftraggeber und anderen relevanten Stakeholdern besprochen.
2. Anpassungen des Testplans sind dokumentiert.
3. Der Testmanager hat die Befugnis zur (Neu-)Zuordnung der Ressourcen.

Enabler

- Keine.

Verbesserungsvorschläge

- Reservieren Sie im Testplan Zeit für das Testprozessmanagement. Nutzen Sie diese Zeit, selbst wenn die Belastung im Projekt hoch ist. Seien Sie sich bewusst, dass wenn Sie bei hoher Belastung auf die Überwachung des Testprozesses verzichten, Sie zwar Zeit gewinnen, die Probleme jedoch durch diese gewonnene Zeit wahrscheinlich nicht gelöst werden können. Für die Lösung der Probleme ist es produktiver, wenn Sie sich die Zeit für die Problemanalyse nehmen.
- Identifizieren Sie die Projektrisiken im Testplan sowie die Maßnahmen zur Risikominimierung oder -vermeidung. Überprüfen Sie die Projektrisiken während des Testprozesses: Fügen Sie neu erkannte Risiken hinzu und streichen Sie die Risiken, die nicht eingetreten sind. Informieren Sie die Stakeholder über alle Risiken, insbesondere jene, die ein Eingreifen Ihrerseits bedürfen.
- Überprüfen Sie, ob der erwartete Fortschritt tatsächlich erzielt wird. Falls dies nicht der Fall ist, finden Sie die Ursache des Problems. Wenn Sie das Problem selbst lösen können, sollten Sie es tun. Falls nicht, eskalieren Sie das Problem.
- Bei jeder Abweichung des tatsächlichen Fortschritts vom Plan sollten Sie die Planung überprüfen: Was müssen wir tun, um plangemäß fortfahren zu können? Muss der Plan aktualisiert werden?
- Informieren Sie die Stakeholder immer über den Fortschritt im Vergleich zum Plan, über Risiken, Maßnahmen sowie über aufgetretene Störungen des Testprozesses.

4.7.3 Testprozessmanagement auf dem Reifegrad »Optimierend«

Gewonnene Erkenntnisse im Testprozessmanagement fördern die Effektivität und Effizienz der Steuerung von Testprojekten hin zum geforderten Endergebnis.

Aus der Praxis des Testprozessmanagements können wichtige Erkenntnisse gezogen werden. Es findet eine regelmäßige Rückschau statt, die Teil der Bewertung von Testprojekten sein kann. Diese kann während und/oder am Ende des Tests stattfinden. Was funktioniert gut und was könnte verbessert werden? Um einen breit gefächerten und offenen Blick zu erhalten, werden die relevanten Stakeholder in die Bewertung mit einbezogen. Die gewonnenen Erkenntnisse werden dokumentiert und stehen allen Testprojekten zur Verfügung.

Am Anfang eines Testprojekts macht sich der Testmanager die Erkenntnisse aus früheren Testprojekten bewusst, um ähnliche Fallen zu vermeiden und sich an bewährte Verfahren (Best Practices) zu halten. Ziel ist es, die Wiederholung positiver Ergebnisse zu fördern und die Wiederholung negativer Ergebnisse zu vermeiden. Dies sollte zu einer immer effektiveren und effizienteren Herangehensweise bei der Erfüllung von Testaufträgen führen.

Kontrollpunkte

1. Das Testprozessmanagement wird regelmäßig bewertet, sowohl intern (durch die Testorganisationseinheit) als auch zusammen mit den Stakeholdern.
2. Gewonnene Erkenntnisse aus früheren Testprojekten werden zur Verbesserung des Testprozessmanagements genutzt.

Enabler

- Projektabschlussbericht:
  Falls das Softwareentwicklungsprojekt eine Selbstbewertung durchführt, kann das Testen Teil dieser Bewertung sein. Die Ergebnisse können in den Projektabschlussbericht des Projekts aufgenommen werden.

Verbesserungsvorschläge

- Seien Sie offen für Veränderungen! Ermutigen Sie die Beteiligten, über ihr eigenes Projekt hinauszuschauen und das Testen in anderen Projekten, Abteilungen oder sogar in anderen Unternehmen zu studieren.
- Ernennen Sie eine Person in der Linienorganisation, die für die Bewertung der Testprojekte oder zumindest für die Bewertungsergebnisse verantwortlich ist.

4.8 Kostenschätzung und Planung

Der richtige Einsatz geeigneter Techniken ermöglicht eine realistische und verlässliche Kostenschätzung und Planung des Testprozesses.

Dieser Kernbereich gibt an, wie und welche Aktivitäten, Techniken und Methoden eingesetzt werden, um die korrekte Kostenschätzung und Planung des Testprojekts zu definieren. Schätz- und Planungstechniken von hoher Qualität sind sehr wichtig, da diese die Grundlage für die Zuteilung der richtigen Ressourcenkapazität bilden.

Dieser Kernbereich ist eng mit dem Testprozessmanagement verknüpft, da er die Basis für die Überwachung des Testprozesses liefert. Der Unterschied zwischen den beiden Kernbereichen besteht darin, dass sich die Kostenschätzung und Planung dem Thema widmet, wie man Budget- und Planungsthemen aufstellt, diskutiert und vereinbart, während das Testprozessmanagement das Ergebnis der Kostenschätzung und Planung als gegeben betrachtet und sich damit befasst, wie es überwacht wird und wie Abweichungen behandelt werden.

Eines der Ziele der Planung ist es, Eingriffsmöglichkeiten für das Management zu schaffen. Dazu muss die Planung fein genug sein, um mögliche Abweichungen erkennen zu können, jedoch gleichzeitig grob genug, um nicht zu schnell zu veralten. Eine verlässliche Planung und Kostenschätzung trägt dazu bei, Verzögerungen zu vermeiden, da ausreichende Ressourcen zum richtigen Zeitpunkt zugewiesen worden sind. In der Praxis wird das Budget häufig vom Kunden festgelegt oder die Planung kann nur im Rahmen strenger Meilensteine entwickelt werden, die kaum neu verhandelt werden können. Dies bedeutet nicht, dass ein Testmanager unter solchen Rahmenbedingungen auf eine Kostenschätzung und Planung verzichten könnte, sondern dass er Ressourcenanforderungen realistisch definieren sollte.

Reifegrad »Initial«

Auf dem Reifegrad »Inital« wird ein Testprojekt in der Regel auf relativ unstrukturierte Weise geschätzt und geplant. Dies führt dazu, dass die benötigten Ressourcen und geplanten Aktivitäten grob geschätzt und in manchen Fällen nicht sorgfältig geplant werden.

4.8.1 Kostenschätzung und Planung auf dem Reifegrad »Kontrolliert«

Der benötigte Umfang an Ressourcen pro Aktivität wird prognostiziert.

Ein Testprojekt umfasst mehrere Phasen oder Aktivitäten, die einzeln budgetiert, zeitlich eingeplant und überwacht werden können (wie z.B. die Testvorbereitung oder Testdurchführung). Jeder Phase oder Aktivität des Testprojekts wird ein Budget zugewiesen. Die Zuweisung basiert auf einfachen Techniken wie z.B. der Verwendung bestimmter Verhältniswerte. Welche Aktivitäten ausgewählt werden, hängt unter anderem von der eingesetzten Entwicklungsmethode und der jeweiligen Teststufe oder Testart ab. Für eine Teststufe, die von einem eigens dafür zuständigen Testteam ausgeführt wird, können andere Aktivitäten berücksichtigt werden als für den Entwickler- oder Unit-Test in einem agilen Projektteam. Der Umfang der Aktivitäten soll weder zu klein noch zu groß sein. Als Faustregel gilt, dass Aktivitäten unter 40 Stunden nicht separat budgetiert werden sollten.

Ein wichtiger erster Schritt zur Erlangung der Kontrolle über die Kostenschätzung und Planung des Testaufwands besteht darin, die Ergebnisse dieser Aktivitäten zu begründen. Dies verbessert in der Regel die Qualität der Kostenschätzung und Planung und erhöht die Verlässlichkeit und Prognostizierbarkeit bei der Zuweisung der Ressourcen.

Kontrollpunkte

1. Für die Schätzung des Testaufwands werden einfache Techniken eingesetzt, wie z.B. Verhältniswerte.
2. Bei jeder Aktivität ist bekannt, in welchem Zeitraum sie durchgeführt wird, welche Ressourcen benötigt werden und welche Produkte geliefert werden sollen. Folgende Aktivitäten sind erkennbar: Testplanung und -management, Definition von Testfällen und ihre Ausführung.
3. Die Abhängigkeiten zwischen Testphasen oder Testaktivitäten werden in der Testplanung dargestellt. Eine gewisse Überschneidung von Testphasen und Testaktivitäten ist zugelassen.
4. Testschätzungen und Testplanung werden mit dem Auftraggeber besprochen.

Enabler

- Das Projektmanagement kann Informationen über Zeit und Budget liefern, die den verschiedenen Arbeitspaketen zugewiesen sind. Diese Informationen können zur Schätzung des Testprojekts eingesetzt werden. Es könnte auch die umgekehrte Situation eintreffen, in der die Schätzung des Testprojekts die Projektschätzung unterstützen kann.
- Informationen über den Umfang der Entwicklung.

Verbesserungsvorschläge

- Verschaffen Sie sich einen Einblick in die Qualität und Technik der Kostenschätzung und Planung, z.B. indem Sie die Kostenschätzung und Planung von früheren Projekten analysieren: Wie wurden sie begründet und wie verlässlich waren sie?

  Überprüfen Sie die Schätzungen auf verschiedene Arten, unter anderem:

  - Betrachten Sie den prozentualen Anteil am Gesamtaufwand, basierend auf der Erfahrung mit ähnlichen Projekten. Zum Beispiel:

Funktionales Design:	20 %
Technisches Design, Realisierung und Unit-Test:	40–45 %
Systemtest:	15–20 %
Abnahmetest:	20 %

  - Verwenden Sie Standardverhältniswerte, basierend auf der Erfahrung mit ähnlichen Testprojekten. Ein Beispiel für Sogetis eigene Erfahrungswerte:

Vorbereitung:	10 %
Spezifikation:	40 %
Durchführung einschließlich eines Fehlernachtests:	45 %
Abschluss:	5 %

    Die Durchführung eines Fehlernachtests nimmt nur 50 % des Aufwands eines ersten Tests in Anspruch, da die Testware nun »getestet« und wiederverwendbar ist.

    Budgetieren Sie die Gemeinkosten mit zusätzlichen 10–20 % der oben aufgeführten Phasen.

  - Schätzen Sie die Stundenzahl der einzelnen Aktivitäten und extrapolieren Sie diese. Ein Beispiel: Die Spezifikation von Testfällen für eine Funktion nimmt 4 Stunden in Anspruch. Es gibt 100 Funktionen, daher werden 400 Stunden benötigt. Fügen Sie geschätzte 50 Stunden für andere Aktivitäten in der Spezifikationsphase hinzu (z.B. Infrastruktur!). Dies ergibt eine Gesamtzahl von 450 Stunden. Eine weitere Extrapolation ist mithilfe der Standardverhältniswerte möglich (siehe vorheriger Punkt).

- Erarbeiten Sie ein Verfahren für die Testschätzung (z.B. sollten mindestens zwei Faustregeln zum Schätzen angewandt werden).
- Führen Sie nach Abschluss des Projekts eine Neubewertung der Schätzungen und der Schätzverfahren durch und nehmen Sie bei Bedarf Anpassungen für zukünftige Projekte vor.
- Vereinbaren Sie im Vorfeld, wie mit Einarbeitungszeit, Mehrarbeit und Wartezeiten umgegangen werden soll.

- Berücksichtigen Sie in der Planung die benötigte Zeit für:
  - den Transfer aus einer vorhergehenden Phase und die Installation des Testobjekts sowie
  - Nacharbeit und Fehlernachtests.
- Eine gute praktische Arbeitsweise bei der Planung besteht darin, das gesamte Testprojekt umfassend zu planen und einen detaillierten Plan für die folgenden 3 bis 4 Wochen zu erstellen, der regelmäßig auf den neuesten Stand gebracht wird.

4.8.2 Kostenschätzung und Planung auf dem Reifegrad »Effizient«

Formale Techniken machen die Kostenschätzung und Planung verlässlich.

Die Schätzungen für alle Testphasen und/oder Testaktivitäten basieren auf dem Einsatz formaler Techniken wie z.B. der Funktionspunktanalyse und Testpunktanalyse. Vorzugsweise sollten Erfahrungswerte aus vorhergehenden Projekten analysiert und genutzt werden, um die Schätz- und Planungstechniken oder -verfahren zu aktualisieren.

Wenn ein Projekt aufgrund von Verzögerungen erneut geschätzt werden muss, sollten bisherige Erkenntnisse aus dem Projekt berücksichtigt werden.

Kontrollpunkte

1. Um ein möglichst zuverlässiges Ergebnis zu erzielen, kommen mindestens zwei Schätztechniken zum Einsatz.
2. Die Testphasen und/oder Testaktivitäten werden mithilfe formaler Techniken geschätzt und geplant.
3. Es werden Metriken eingesetzt, um die Kostenschätzungs- und Planungsaktivitäten zu unterstützen.
4. Die Testplanung sieht ein Testbarkeitsreview der Testbasis und die Bewertung des Testprojekts vor.

Enabler

- Das Projektmanagement kann Informationen über Zeit und Budget liefern, die den verschiedenen Arbeitspaketen zugewiesen sind. Diese Informationen können zur Schätzung des Testprojekts eingesetzt werden. Es könnte auch die umgekehrte Situation eintreten, in der die Schätzung des Testprojekts die Projektschätzung unterstützen kann.
- Funktionspunktanalyse oder eine andere formale Schätztechnik für die Softwareentwicklung.

Verbesserungsvorschläge

- Legen Sie einen Satz formaler Schätz- und Planungstechniken fest, die sich für den Einsatz innerhalb des Projekts eignen.
- Tragen Sie Zahlen aus dem Gesamtprojekt zusammen, die als Basis für die Planung und Kostenschätzung des Testprojekts eingesetzt werden können.
- Definieren Sie Meilensteine im Zeitplan des Testprojekts, um die durchgeführten Kostenschätzungen und Planungen zu bewerten. Dadurch können die Werte bei Bedarf rechtzeitig angepasst werden.

4.8.3 Kostenschätzung und Planung auf dem Reifegrad »Optimierend«

Die Kostenschätzung basiert auf den Erfahrungswerten des Unternehmens.

Das Unternehmen hat die zu verwendenden Schätztechniken festgelegt und wird auch Schlüsseldaten zur Verfügung stellen, um die eingesetzten Techniken zu untermauern.

Kontrollpunkte

1. Die Testplanung beinhaltet die Konservierung der Testware für künftige Wiederverwendung.
2. Ein Satz von Schätztechniken und Prinzipien wird auf Unternehmensebene gepflegt.
3. Schlüsselzahlen/-daten für die festgelegten Schätztechniken werden auf Unternehmensebene zur Verfügung gestellt.

Enabler

- Unternehmensweite Messung und Analyse unterstützt das Testen bei der Festlegung und Überwachung eines Satzes an Metriken zum Testprojektaufwand.

Verbesserungsvorschläge

- Legen Sie einen Satz von Techniken fest, die eingesetzt und an die spezifischen Anforderungen des Unternehmens angepasst werden können.
- Sammeln Sie Schlüsselzahlen/-daten für den Einsatz in Verbindung mit den festgelegten Verfahren.

4.9 Metriken

Metriken ermöglichen Objektivität durch die Quantifizierung von Beobachtungen.

Metriken sind quantifizierte Beobachtungen der Merkmale eines Produkts oder Prozesses. Sie werden im Testprozess verwendet, um diesen zu bewerten und zu steuern, ihn zu rechtfertigen, Testempfehlungen zu begründen und um Systeme oder Testprozesse zu vergleichen.

Metriken spielen auch bei der Verbesserung des Testprozesses eine wichtige Rolle. Die Ergebnisse bestimmter Verbesserungsmaßnahmen können bewertet werden, indem man Metriken vor und nach der Durchführung einer Maßnahme miteinander vergleicht. Dieser Aspekt wird in Abschnitt 6.4.4 näher erläutert.

Der hier beschriebene Kernbereich befasst sich mit der Definition und Verwaltung von Metriken, die sich auf den Testprozess selbst beziehen (z.B. auf das Testobjekt, den Fortschritt, die Testware oder das Testprojekt). Beispiele für Metriken, die verwendet werden können, werden im Rahmen der Verbesserungsvorschläge der einzelnen Reifegrade beschrieben.

Das Engagement des Managements und anderer Stakeholder ist eine notwendige Bedingung für die Erhebung von Metriken. In der Praxis kann es kostspielig oder schwierig sein, die notwendigen Daten aus unterschiedlichen Abteilungen zu sammeln oder Vergleiche zwischen unterschiedlichen Organisationseinheiten großer Unternehmen anzustellen. Relevante Daten können über verschiedene Fachbereiche, Abteilungen oder Organisationseinheiten verteilt sein und auf unterschiedliche Weise erfasst werden.

Der Aufwand der Beschaffung und Analyse von Daten sollte immer berücksichtigt werden, wenn man sich für den Einsatz von Metriken entscheidet. Die Metriken sollten so einfach wie möglich gehalten werden und man sollte mit einem überschaubaren Satz an Metriken beginnen. Wenn man die Wünsche und den Informationsbedarf des Managements als Ausgangspunkt wählt, wird ein stärkeres Engagement erreicht.

Bei der Verwaltung der Metriken wird zwischen den folgenden Aspekten differenziert:

- Definition von Zielen und Ableitung geeigneter Metriken
- Spezifikation der Merkmale dieser Metriken
- Erhebung der Metriken aus Testprojekten
- Analyse und Pflege der gesammelten Metriken
- Darstellung der Metriken
- Umsetzung der durch Metriken gewonnenen Erkenntnisse
- Anpassung und Optimierung der Metriken bei Bedarf

Reifegrad »Initial«

Ein Testprozess hat den Reifegrad »Initial«, wenn es für das Testteam unmöglich oder schwierig ist, fundierte Antworten auf Fragen zur Qualität des Testobjekts oder des Testprozesses zu liefern. Der Vergleich von Projekten oder Testprozessen basiert auf eher subjektiven Beobachtungen.

4.9.1 Metriken auf dem Reifegrad »Kontrolliert«

Die definierten Metriken ermöglichen die Bewertung und Überwachung des Testprozesses.

Im Testprozess sind Metriken definiert, die bei der Bewertung des Testprozesses helfen. Um die richtigen Metriken erheben zu können, müssen die benötigten Informationen einheitlich erfasst und systematisch gespeichert sein. Metriken werden im Rahmen des Prozesses und verwandter Aktivitäten erhoben und analysiert, z.B. erfassen die Tester ihre Arbeitsstunden routinemäßig entsprechend einer Vereinbarung. Darüber hinaus sollten die erfassten Metriken mit den Stakeholdern des Testprozesses abgestimmt sein, da diese möglicherweise Daten für die Metriken bereitstellen müssen und sie zudem von der Relevanz der Metriken überzeugt sein sollten.

Kontrollpunkte

1. Im Testprozess werden Metriken definiert und verwendet, um das Testprojekt zu bewerten und zu überwachen.
2. Die für die Metriken gebrauchten Daten werden einheitlich erfasst und die definierten Metriken systematisch gespeichert.
3. Die Eingabedaten für die Metriken sind nachweislich korrekt.

Enabler

- Messung und Analyse als formalisierter Prozess innerhalb des Softwareentwicklungszyklus: Dieser Prozess liefert Informationen über die spezifischen Metriken, die vom Unternehmen benötigt werden, und
  - spezifiziert die Ziele der Messung und Analyse in Abstimmung mit dem erkannten Informationsbedarf und den Unternehmenszielen,
  - spezifiziert die Maßnahmen, Analysetechniken und Mechanismen der Datenerhebung und -speicherung, Berichterstattung und Rückmeldungen,
  - implementiert die Erhebung, Speicherung, Analyse und die Berichterstattung der Daten,
  - liefert objektive Ergebnisse, die es ermöglichen, fundierte Entscheidungen zu treffen und geeignete Korrekturmaßnahmen zu ergreifen.

Verbesserungsvorschläge

- Bestimmen Sie eine Person, Gruppe oder Abteilung innerhalb der Testorganisation, die für das Definieren und Erheben von Metriken verantwortlich ist.
- Als Nächstes definieren Sie, auf welche Ziele sich die Metriken beziehen und wie diese Metriken das Erreichen der gewünschten Ergebnisse transparent machen. Entscheiden Sie dann, welche Metriken/welcher Satz von Metriken das Ziel am besten unterstützt. Wenn das Ziel zum Beispiel darin besteht, mehr Informationen über die in das Testen investierte Zeit zu gewinnen, definieren Sie Metriken wie z.B. Arbeitsstunden für
  - Testplanung und -steuerung (Erstellen eines Testplans, Abstimmen mit den Stakeholdern usw.),
  - Testvorbereitung (Annahme der Testbasis, Design von Testfällen usw.),
  - Testdurchführung,
  - Besprechungen (innerhalb und außerhalb des Testteams, im Projekt usw.),
  - Wartezeiten (Warten auf die Testumgebung, das Testobjekt usw.).
- Definieren Sie eine Vorgehensweise für die Verwaltung von Metriken. In vielen Situationen reicht die Zeiterfassung des Projekts nicht aus, da sie nicht detailliert genug ist.

Beispiele für Metriken, die sich für den Reifegrad »Kontrolliert« eignen:

Grundlegende Metriken über verbrauchte Ressourcen (Stunden), durchgeführte Aktivitäten (Stunden und Vorlaufzeit) sowie Umfang und Komplexität des Testobjekts (Funktionspunkte, KLOC[3], Anzahl der Funktionen usw.) können zur Überwachung und Steuerung des Testprozesses verwendet werden, um den Testauftrag zu erfüllen. Zusätzliche Metriken sind im Folgenden aufgeführt.

Maß	Metrik	Zweck/Bemerkung
Testüberdeckungs-verhältnis	Durch die Überdeckungsart festgelegter prozentualer Anteil der Testsituationen, die durch die Tests abgedeckt werden.	Anhand dieser Metrik können Sie bestimmen, in welchem Umfang Sie alle in der Testbasis beschriebenen Möglichkeiten getestet haben.
Testdesignverhältnis	Anzahl spezifizierter Testfälle dividiert durch die Anzahl geplanter Testfälle.	Fortschrittsüberwachung des Testfalldesigns, um diese Testphase vom kritischen Pfad des Projekts fernzuhalten.
Testdurchführungs-verhältnis	Anzahl ausgeführter Testfälle dividiert durch die Anzahl spezifizierter Testfälle.	Fortschrittsüberwachung der Testdurchführung, um diese Testphase auf dem kritischen Pfad des Projekts so kurz wie möglich zu halten. →

3. Kilo Lines Of Code.

Maß	Metrik	Zweck/Bemerkung
Fortschritt der Testdurchführung	Anzahl ausgeführter Testfälle, aufgeteilt in: ■ Bestanden (Testfall erfolgreich ausgeführt) ■ Fehlgeschlagen (Testfall führte zu einem oder mehreren Fehlern) ■ Blockiert (Testfall nicht ausführbar)	Diese Metriken geben über die Anzahl der Testfälle Auskunft, die nachgetestet bzw. noch getestet werden müssen.
Schwere der Fehler	Fehler, aufgeteilt nach: ■ Status – behoben/nicht behoben ■ Schwere	Diese Metrik informiert über die Qualität des Testobjekts (oder einiger Teile davon) und über den Fortschritt bei der Behebung der wichtigsten Fehler.
Anzahl von Produktionsfehlern	In der Produktion gefundene Fehler, d.h. die Anzahl der Fehler, die im Testprozess nicht gefunden wurden.	Diese Metrik gibt einen Hinweis auf die Effektivität des Testens.
Verbrauchter Budgetanteil	Verbrauchtes Testbudget (Stunden oder Geld) dividiert durch das zur Verfügung stehende Testbudget.	Diese Metrik unterstützt bei der Ermittlung, ob das verbleibende Testbudget ausreicht, um die geplanten Testaktivitäten durchzuführen.
Verhältnis der Testphasen	Anzahl der verbrauchten Stunden pro Testphase (Vorbereitung, Spezifikation und Durchführung).	Metriken aus früheren Projekten helfen bei der Zuweisung angemessener Ressourcen für jede geplante Testphase.
Leerlaufrate	Wartezeit bzw. Arbeitsstunden im Leerlauf als prozentualer Anteil der gesamten Teststunden.	Metriken aus früheren Projekten ermöglichen, realistische Warte- und Leerlaufzeiten in der Testplanung vorzusehen.
Testendekriterien	Zusammenfassung anderer Metriken, z.B. Fortschritt der Testdurchführung und Schwere der Fehler.	Gibt an, wann das zufriedenstellende Qualitätsniveau erreicht ist, um zur nächsten Teststufe oder zur Produktion überzugehen.

4.9.2 Metriken auf dem Reifegrad »Effizient«

Die durch Metriken erzielte Objektivität rechtfertigt den Aufwand, der bei der Erfassung und Analyse der Messdaten entsteht.

Auf dem Reifegrad »Effizient« besteht ein ausgeglichenes Verhältnis zwischen dem Aufwand für die Erfassung, Analyse und Pflege der Metriken und dem tatsächlichen Ergebnis (z.B. eine fundierte Empfehlung). Der Aufwand für die Erhebung und Analyse von Daten sollte nie größer sein als der Nutzen, der durch eine Metrik gewonnen wird. Falls der Nutzen den Aufwand nicht überwiegt, muss die

Verwendung der betreffenden Metrik zwischen allen beteiligten Parteien neu überdacht werden. Je schwieriger es ist, Daten zu erheben, desto größer ist die Wahrscheinlichkeit, dass die Metrik nicht akzeptiert wird.

Kontrollpunkte

1. Der erforderliche Aufwand für die Erhebung, Analyse und Bewertung der notwendigen Daten wird gegen den Nutzen abgewogen.
2. Die Erhebung von Metriken steht nicht in Konflikt mit dem Fortschritt und der Qualität des Testprozesses.
3. Im Testprozess werden Metriken definiert und verwendet, um die Effizienz des Testprozesses zu messen.
4. Schlussfolgerungen aus analysierten Metriken werden mit den Stakeholdern besprochen und umgesetzt.

Enabler

- Keine.

Verbesserungsvorschläge

- Halten Sie die Metrik einfach. Vermeiden Sie die Anwendung einer Vielzahl von Formeln.
- Verwenden Sie Vorlagen, um die Datenerfassung zu erleichtern.
- Implementieren Sie einen Prozess, der die Erhebung von Metriken aus Projekten, ihren Vergleich, ihre Analyse und die Darstellung der Ergebnisse vorsieht.
- Klären Sie regelmäßig mit den Stakeholdern, ob die Metriken noch notwendig und nützlich sind.

Beispiele für Metriken, die sich für den Reifegrad »Effizient« eignen:

Die folgenden Metriken stellen dem Testteam Mittel zur Verfügung, um den Testprozess so zu überwachen und zu steuern, dass Kosten und Nutzen optimiert werden.

Maß	Metrik	Zweck/Bemerkung
Stabilität der Testbasis	Anzahl der hinzugefügten, überarbeiteten und gestrichenen Testfälle.	Gibt einen Hinweis auf die Qualität und Stabilität der Testbasis. Die Effizienz des Testprozesses profitiert davon, wenn das Testfalldesign dank einer stabilen Testbasis mit ausreichender Qualität von Anfang an richtig durchgeführt werden kann. →

Maß	Metrik	Zweck/Bemerkung
Qualität der Testware	Anzahl gefundener »Fehler« als Folge falschen Testens, verglichen mit der gesamten Anzahl gefundener Fehler (in %).	Ermöglicht den Einblick in die Effizienz der Testdurchführung, insbesondere bei einer Aufgliederung in spezifische Teile der Testbasis und/oder bezogen auf ein spezifisches Testteam.
Budgetverhältnis	Verhältnis zwischen Testkosten und Entwicklungskosten (einschließlich Design).	Dient einer grundlegenden Schätzung des erforderlichen Testaufwands in einem Projekt. Als Richtmaß gilt: *Design* ÷ *Entwicklung* ÷ *Test* = 2 ÷ 5 ÷ 3. Dieses Verhältnis ist unternehmens- und sogar applikationsspezifisch und sollte daher individuell festgelegt werden.
Testanzahl	Anzahl der Tests inklusive der Fehlernachtests.	Gibt an, wie viele Tests inklusive der Fehlernachtests notwendig sind, um ein (Teil-)Produkt zu testen. In manchen Fällen kann die Anzahl der Fehlernachtests durch die Art des Produkts, die Genauigkeit der Tests oder die Historie des Testobjekts bestimmt sein.
Fehlerbehebungs-rückstau	Anzahl der Fehler pro Fehlerstatus (neu, zugewiesen, im Nachtest), die noch offen sind.	Ermöglicht die Bestimmung des Engpasses bei der Fehlerbehebung. Der Engpass kann z.B. bei den Entwicklern in der Fehlerbehebung oder bei den Testern im Fehlernachtest liegen.

4.9.3 Metriken auf dem Reifegrad »Optimierend«

Metriken werden dem sich ständig ändernden Informationsbedarf angepasst.

Der Informationsbedarf ist fortwährenden Änderungen unterworfen. Durch Metriken beantwortete Fragen können zu neuen Fragen führen. Die Verwendung bestimmter Metriken kann überholt sein und es müssen neue eingeführt werden. Es ist außerdem stets die Frage zu stellen, ob die Metriken wahrheitsgetreu sind und ob sie richtig interpretiert werden[4] (z.B. können die falschen Aspekte gemes-

4. Benjamin Disraeli, britischer Premierminister im 19. Jahrhundert, sagte einmal: »Es gibt drei Arten von Lügen: Lügen, verdammte Lügen und Statistiken.« Diese Aussage bezieht sich auf die Überzeugungskraft von Zahlen, den Einsatz von Statistiken zum Stützen schwacher Argumente und die Angewohnheit, Statistiken zu diskreditieren, die nicht die eigene Einstellung bekräftigen.

sen werden oder die zugrunde liegenden Daten können falsch oder unvollständig sein). Daher müssen die Metriken selbst analysiert und möglicherweise angepasst oder optimiert werden.

Kontrollpunkte

1. Die Art und Weise, wie Metriken zur Erfüllung des Informationsbedarfs beitragen, wird überwacht.
2. Änderungen des Informationsbedarfs führen zu neuen Metriken oder zur Optimierung bestehender Metriken.

Enabler

- Keine.

Verbesserungsvorschläge

- Stellen Sie sicher, dass der Prozess die Pflege der Metriken und bei Bedarf die Änderung ihrer Definition vorsieht.

Beispiele für Metriken, die sich für den Reifegrad »Optimierend« eignen:

Die folgenden Metriken stellen dem Testteam Mittel zur Verfügung, um sicherzustellen, dass die richtigen Aktivitäten auch in Zukunft korrekt durchgeführt werden.

Maß	Metrik	Zweck/Bemerkung
Effektivität der Fehlerfindung (Fehlerfindungsrate)	Anzahl der gefundenen Fehler einer Teststufe dividiert durch die Summe aller in dieser und in nachfolgenden Teststufen sowie in der Produktion gefundenen Fehler.	Die Fehlerfindungsrate zeigt die Effektivität der Fehlerfindung pro Teststufe an. Diese Metrik kann verwendet werden, um die Teststrategie und/oder das Testfalldesign zu optimieren. Der Berechnung der Fehlerfindungsrate werden in der Regel die Fehler zugrunde gelegt, die in einem Zeitraum von 1 bis 3 Monaten nach Produktivsetzung gefunden werden. →

Maß	Metrik	Zweck/Bemerkung
Fehlereinbringungs-dichte	Anzahl von Fehlern pro Zeilen von geändertem oder erweitertem Code (d.h. die Anzahl der Fehler, die nach Änderungen am Testobjekt auftreten, und/oder die Anzahl der Fehler, die in früheren Tests nicht gefunden wurden, da sie durch ungelöste Fehler maskiert waren).	Die Fehlereinbringungsdichte kann verwendet werden, um die Anzahl der Fehler zu schätzen, die im Quellcode neu entstehen. Sie wird in der Regel über einen ausreichend langen Zeitraum (z.B. 6 Monate) berechnet. Diese Metrik stellt kein präzises Maß dar. Ihre Schwankungen können auch durch andere Faktoren als die Qualität des gelieferten Codes bestimmt sein, z.B. durch die Teststufe (basierend auf der Teststrategie). Durchschnittlich führt jede sechste Änderung im Code (durch Fehlerbehebung und andere Anpassungen) zu einem neuen oder zuvor unentdeckten Fehler.
Aufwand des Testdesigns	Durchschnittlicher Aufwand, der beim Design eines Testfalls entsteht. Eine Variante dieser Metrik ist der durchschnittliche Aufwand, der bei der Durchführung eines Testfalls entsteht.	Wenn diese Metrik über mehrere Testprojekte hinweg erhoben wird, hilft dies, die Ressourcenschätzung zu optimieren. Erhebliche Abweichungen vom Durchschnitt sollten analysiert werden, um die Ursache dafür zu finden und um mögliche Verbesserungsmaßnahmen festzulegen.
Leerlaufrate pro Ursache	Wartezeiten/Arbeitsstunden im Leerlauf als prozentualer Anteil an den gesamten Teststunden.	Zeigt, an welcher Stelle Maßnahmen ergriffen werden sollten, um künftige Behinderungen des Testprozesses zu beseitigen.

4.10 Fehlermanagement

Das Fehlermanagement behandelt sowohl den einzelnen Fehler als auch Fehlergruppen. Es werden Grundursachen analysiert und Empfehlungen geliefert.

Das BDTPI-Modell bezeichnet jeden Unterschied zwischen dem tatsächlichen und dem erwarteten Verhalten des getesteten Systems als Fehler. Im Fehlermanagement gibt es weitere Begriffe, wie z.B. »Abweichung«, »Fehlverhalten«, »Defekt« oder »Befund«. Im BDTPI-Modell wird zwischen diesen Begriffen nicht differenziert.

Obwohl das Fehlermanagement das gesamte Softwareentwicklungsprojekt und nicht nur das Testen betrifft, sind die Tester meist am stärksten in diese Aufgabe involviert. Ein gutes Fehlermanagement ermöglicht die Überwachung des Lebenszyklus eines Fehlers und die Erstellung verschiedener (statistischer) Übersichten. Diese Übersichten werden z.B. verwendet, um fundierte Aussagen über die Produkt- und Prozessqualität zu treffen. Darüber hinaus sollte der Zugang zu den Fehlern über entsprechende Berechtigungen der Beteiligten hinsichtlich ihrer Projektrolle geregelt sein, um Missbrauch auszuschließen. Wichtig ist dies insbesondere dann, wenn z.B. die Entwicklung extern stattfindet.

In der Praxis herrscht manchmal Verwirrung über den Unterschied zwischen einer Blockierung des Tests und einer Blockierung der Produktion. Ein relativ einfacher Fehler, wie z.B. eine falsche Textpassage auf einer Webseite, kann die Produktion »blockieren«, den Test jedoch nicht.

Es darf nicht vergessen werden, dass das Fehlermanagement ein Mittel zum Zweck ist: Einerseits sollen Fehler so schnell und kostengünstig wie möglich behoben werden, andererseits soll auch aus Fehlern gelernt werden, um diese in Zukunft zu vermeiden.

Fehlermeldungen enthalten verschiedene Attribute. Es sollten mindestens die folgenden Punkte identifiziert werden: Person, die den Fehler entdeckt und berichtet hat, Schweregrad, Priorität, Fehlerbeschreibung und Status. Folgende Informationen können zusätzlich zur Verfügung gestellt werden: die betroffenen Testfälle, das Subsystem, die Testbasis inklusive Version, das Testobjekt inklusive Version, die vorgeschlagene Korrektur, die Version des Testobjekts nach der Korrektur sowie die Person, die den Fehler behoben hat.

Reifegrad »Initial«

Auf dem Reifegrad »Initial« ist das Fehlermanagement recht formlos. Fehlerdaten werden nicht unbedingt auf konsistente Weise erfasst und Fehler werden in der Regel mündlich oder formlos (z.B. per E-Mail) kommuniziert. Der Überblick über die Anzahl der Fehler und ihren Status ist unzureichend. Daher besteht kein klarer Einblick in die Produktqualität.

4.10.1 Fehlermanagement auf dem Reifegrad »Kontrolliert«

Fehler werden einzeln verfolgt und der Fehlerstatus wird überwacht.

Alle während der Testdurchführung gefundenen Fehler werden mithilfe eines einheitlichen Fehlermanagements erfasst. Dieses Fehlermanagement beinhaltet einen vordefinierten Fehlerlebenszyklus und bietet für alle Beteiligten eine effektive Fehlerbehandlung und -überwachung.

Die Entscheidung, ob, wie, wann und durch wen ein gefundener Fehler bearbeitet werden soll, wird von den verantwortlichen Projektmitgliedern gemeinsam getroffen, z.B. dem Projektmanager, dem leitenden Softwarearchitekten und dem Testmanager. Zu diesem Zweck kann das Projekt regelmäßige Fehlerbesprechungen organisieren. Falls keine Einigung über einen Fehler erzielt werden kann oder ein Fehler eine kritische Auswirkung auf den Projekterfolg hat, wird der

Fehler eventuell an ein Entscheidungsforum auf höherer Ebene weitergegeben, in dem der Projektleiter und der Auftraggeber anwesend sein können.

Eine weitere wichtige Funktion des Fehlermanagements besteht darin, einen Überblick über alle gefundenen Fehler (und deren Status) zu erhalten, um dadurch einen Einblick in die Qualität der getesteten Teile des Systems zu bekommen.

Kontrollpunkte

1. Der Fehlerlebenszyklus wird definiert (einschließlich eines Fehlernachtests) und angewandt.
2. Es werden für jeden Fehler die folgenden Attribute erfasst: eindeutige ID, ggf. die ID des zugehörigen Testfalls, Person, die den Fehler meldet, Datum, Schweregrad, Beschreibung (Aktionen zur Reproduktion des Fehlers, erwartetes und beobachtetes Ergebnis) und Fehlerstatus.
3. Für die weitere Fehlerbehandlung sind die Verantwortlichkeiten festgelegt.
4. Alle an der Fehlerbewertung und -behebung beteiligten Personen können auf das vereinbarte Fehlermanagementwerkzeug zugreifen.

Enabler

- Projektmanagement:
  In einer frühen Projektphase müssen die verschiedenen Statusübergänge eines Fehlers definiert und mit den spezifischen Gegebenheiten des SDLC abgestimmt werden. In bestimmten Situationen, wie z.B. bei agiler Entwicklung oder Einbindung externer Dienstleister, kann eine vom Standard abweichende Workflow-Version erforderlich sein.
- Die das Fehlermanagement betreffenden Aufgaben und Verantwortlichkeiten sind definiert.
- Problem-/Störungsmanagement:
  Die Arbeitsvereinbarungen und Terminologie des Problem- und Störungsmanagements können beim Aufbau des Fehlermanagements als Beispiele dienen.

Verbesserungsvorschläge

- Richten Sie auf der Basis einer Tabelle oder eines Textdokuments ein Fehlermanagement ein. Falls eine große Anzahl von Fehlern erwartet wird oder eine komplexere Berichterstattung erforderlich ist, sollten Sie ein umfassenderes Fehlermanagementwerkzeug einsetzen. Dieses kann entweder auf die Fehlerverfolgung spezialisiert oder Teil eines breiter angelegten Testmanagementwerkzeugs sein.
- Definieren Sie im Testteam oder Projekt die Aufgabe des Vermittlers (Intermediärs). Damit wird der Zweck verfolgt, Fehler und die damit verbundenen Lösungen effektiv zu kanalisieren. Der Intermediär pflegt hierzu Kontakte auf der Ebene der Mitarbeiter, die die eigentliche Arbeit verrichten, hat einen

Überblick über alle Fehler und fungiert als Zwischen- und Prüfposten für die Fehler einerseits und deren Behebung andererseits. Daraus ergeben sich folgende Vorteile: Die Qualität der Fehler und Lösungen wird besser überwacht und die Kommunikation verläuft zügig.
- Stellen Sie sicher, dass alle Fehler gemeldet werden, sobald sie gefunden sind. Weisen Sie jedem Fehler eine eindeutige ID zu, um ihn verfolgbar zu machen.
- Aktualisieren Sie die Fehlermeldungen, sobald weitere Informationen zur Verfügung stehen.
- Informieren Sie die Stakeholder über die Produktrisiken, die bestehen, falls ein bestimmter Fehler nicht behoben wird.
- Führen Sie einen Fehlerlebenszyklus mit den folgenden Statuswerten ein:
  - *Neu*:
    Ein Fehler, der beobachtet wurde und gemeldet ist. Es muss entschieden werden, ob, wie, wann und durch wen der Fehler behoben werden soll.
  - *Offen*:
    Ein gemeldeter Fehler, der behoben werden soll.
  - *Abgelehnt*:
    Ein gemeldeter Fehler, der nicht behoben wird, z.B. weil er doppelt erfasst ist oder durch Probleme in der Testumgebung verursacht wurde oder weil die Testfallspezifikation fehlerhaft ist.
  - *Behoben*:
    Ein offener Fehler wurde behoben und steht zum Nachtesten bereit.
  - *Geschlossen*:
    Der Nachtest wurde erfolgreich durchgeführt.
  - *Wiedervorlage*:
    Der nachgetestete Fehler hat sich als nicht (vollständig) behoben erwiesen.

4.10.2 Fehlermanagement auf dem Reifegrad »Effizient«

Gemeinsamkeiten von Fehlern werden analysiert, um ähnliche Fehler zu finden.

Auf dem Reifegrad »Effizient« wird es eher möglich, einen Fehler so entstehungsnah wie möglich zu lösen. Der erste Schritt auf dem Weg zu diesem Ziel ist es, Fehler in der Testbasis zu erfassen und zu korrigieren. Falls dies vor der Entwicklung des Systems geschieht, können potenzielle Fehler im System eher vermieden werden.

Darüber hinaus kann ein detaillierterer Einblick in die Qualität des Systems geliefert werden, insbesondere in Bezug auf Trends. Zum Beispiel könnte der Trend beobachtet werden, dass sich die meisten Fehler auf einen Teil der funktionalen Spezifikationen beziehen oder hauptsächlich auf die Benutzeroberfläche konzentrieren. Anhand dieser Informationen lassen sich dann rechtzeitig Maßnahmen ergreifen. Um solche Trends analysieren zu können, müssen weitere Fehlerinformationen in einem festgelegten Format erfasst werden.

Trendanalysen können auch eingesetzt werden, um fehleranfällige Bereiche des Systems zu identifizieren. Der in diese Bereiche investierte Testaufwand kann dann erhöht werden, um weitere ähnliche Fehler zu finden.

Kontrollpunkte

1. Das Fehlermanagementwerkzeug erlaubt Statusübergänge von Fehlern nur entsprechend autorisierten Personen.
2. Alle Personen, die an der Aufzeichnung und/oder Nachverfolgung von Fehlern beteiligt sind, verwenden entweder das gleiche Fehlermanagementwerkzeug oder separate Fehlermanagementwerkzeuge, die nahtlos inaneinandergreifen.
3. Das Fehlermanagement bietet umfangreiche Möglichkeiten der Berichterstattung, d.h., Berichte können auf verschiedene Arten zusammengestellt und sortiert werden.
4. Trends werden identifiziert. Zu diesem Zweck werden weitere Informationen über einen Fehler, das Subsystem, die Priorität, das Programm inklusive Version, die Testbasis inklusive Version, die Fehlerursache, alle Statusübergänge und die fehlerbehebende Person erfasst.

Enabler

- Keine.

Verbesserungsvorschläge

- Betonen Sie die Wichtigkeit der Fehlerpriorisierung, da diese Besprechungen erleichtert, Abläufe beschleunigt und einen besseren Einblick in die Testergebnisse verschafft. Nehmen Sie die Priorisierung immer auf der Grundlage der Teststrategie vor. Achten Sie besonders darauf, dass Fehler, die den Testfortschritt blockieren, schnell bearbeitet werden.
- Stellen Sie sicher, dass das Fehlermanagementwerkzeug zugänglich ist, die richtigen Berechtigungen konfiguriert sind und dass es von allen Beteiligten eingesetzt wird.

4.10.3 Fehlermanagement auf dem Reifegrad »Optimierend«

Fehler werden nach Gemeinsamkeiten analysiert, um künftige Fehler zu vermeiden.

Auf dem Reifegrad »Optimierend« unterstützt das Fehlermanagement durch die Verfolgung von Fehlern nicht nur die Überwachung der Produktqualität, sondern trägt auch dazu bei, dass Fehler vermieden werden. Fehler aus allen Projekten werden analysiert und auf gemeinsame Grundursachen hin untersucht (wie z.B. Probleme in der Testumgebung). Darüber hinaus werden Richtlinien erstellt, um Einheitlichkeit bei der Fehleraufzeichnung und dadurch die Berichterstattung auf Unternehmensebene zu ermöglichen.

Falls Projekte miteinander verglichen werden sollen, muss die Klassifizierung von Fehlern einheitlich beschrieben sein, einschließlich der Richtlinien, die festlegen, wie bestimmte Attribute von Fehlern, insbesondere Priorität und Schwere, behandelt werden sollen.

Es muss außerdem eine Mindestmenge an Statuswerten vorgegeben sein, die in jeden Workflow integriert werden müssen; falls erforderlich, kann ein Projekt auch zusätzliche projektspezifische Statuswerte hinzufügen, z.B. wenn externe Dienstleister Teil des Workflows sind.

Beispiele für Grundursachen sind:

- Testumgebung
- Fehlen eines Qualitätssystems im Entwicklungsprozess (Unit-Tests und/oder Unit-Integrationstests werden nicht richtig durchgeführt)
- Anforderungen einer bestimmten Fachabteilung

Kontrollpunkte

1. Richtlinien für das Fehlermanagement werden durch die Linienorganisation oder das Projektmanagement bereitgestellt und in jedem Testprojekt angewandt.
2. Das Fehlermanagement liegt in der Verantwortung der Linien- oder Projektorganisation, wobei der Testprozess die notwendigen Daten bereitstellt.
3. Fehler werden nach Gemeinsamkeiten analysiert und es werden Empfehlungen geliefert, um künftige Fehler zu vermeiden.

Enabler

- Ursachenanalyse und Problemlösung:
  Fehler werden strukturiert nach ihren Ursachen analysiert, die dann in der Problemlösung berücksichtigt werden.

Verbesserungsvorschläge

- Definieren Sie mögliche Zielbereiche für die Fehleranalyse; dies könnten unter anderem eine bestimmte Funktionalität, der Entwicklungsprozess oder spezifische Rollen (Analysten, Entwickler) sein.
- Starten Sie ein Projekt, das auf der Unternehmensebene Richtlinien für das Fehlermanagement erstellt.
- Klassifizieren Sie bekannte Fehler, informieren Sie über die Risiken und möglichst auch über die Kosten, die entstehen, wenn das Problem nicht gelöst, sondern z.B. nur durch ein Workaround umgangen wird.

4.11 Testwaremanagement

Das Testwaremanagement gewährleistet die Stimmigkeit zwischen den einzelnen Testprodukten sowie zwischen den Testprodukten und den zugehörigen Entwurfsdokumenten.

Unter Testwaremanagement versteht man die Handhabung (Anlieferung, Erfassung, Verwaltung und Bereitstellung) von Testprodukten, die

- aus Testaktivitäten, wie z.B. einem Testplan oder Testfällen, hervorgehen; dies ist die allgemein übliche Definition von Testware;
- die Grundlage für den Testprozess bilden, wie z.B. die Testbasis und das Testobjekt. Urheberschaft an diesen Produkten und die Verantwortung dafür liegen außerhalb des Testteams. Da sie für den Testprozess unerlässlich sind, fallen sie hier auch unter das Testwaremanagement.

Zu weiteren Beispielen für Testware zählen Testskripte, Regressionstests und eine Beschreibung der Testumgebung. Die Verwaltung der eigentlichen Testumgebungen (die Konfiguration der Testumgebungen) fällt nicht unter das Testwaremanagement.

Eine Vorbedingung für das Testwaremanagement ist die eindeutige Identifizierung jedes einzelnen Testprodukts. Wenn ein Testplan beispielsweise nur aussagt, dass »Anwendungsfälle als Testbasis verwendet werden«, reicht dies nicht aus, um Konsistenz zwischen einem spezifischen, einzelnen Anwendungsfall und den betroffenen Testfällen zu gewährleisten.

Ein gutes Testwaremanagement steigert die Effizienz des Testens

- im Testprojekt, da alle Produkte eindeutig identifiziert werden können; es kann daher überprüft werden, ob in der korrekten oder überholten Version des Testprodukts Änderungen vorgenommen wurden; ein unzureichendes Testwaremanagement birgt das Risiko, dass die in Produktion gehende Softwareversion nicht die getestete Version ist;

- in zukünftigen Testprojekten; wenn die Testware aus früheren, ähnlichen Projekten erhalten wurde, kann sie leicht wiederverwendet werden.

Im Detail – Entwicklungsmethoden

Die Entwicklungsmethode hat einen wesentlichen Einfluss darauf, wie das Testwaremanagement in der Praxis umgesetzt wird. Ein großes Projekt mit Top-down-Management, das auf mehrere Orte verteilt ist, erfordert ein sehr viel strikteres Testwaremanagement als eine typische agile Umgebung. Wichtig ist immer, dass jeder weiß, welche Testprodukte aktuell und relevant sind.

Reifegrad »Initial«

Auf dem Reifegrad »Initial« wird das Testwaremanagement ad hoc und nicht in organisierter Form durchgeführt. Mehrere Versionen von Testprodukten können in Gebrauch sein und keine von ihnen ist formal freigegeben. Wenn sich Anforderungen ändern, ist nicht klar, welche Testprodukte aktualisiert werden müssen oder in welcher Version des Testobjekts diese Änderungen implementiert werden sollen. Es ist auch nicht garantiert, dass die Version des getesteten Systems oder Programms die gleiche Version ist, die in Produktion geht.

4.11.1 Testwaremanagement auf dem Reifegrad »Kontrolliert«

Alle verwendeten und freigegebenen Test- und Entwurfsdokumente werden einzeln identifiziert und erfasst.

Alle für den Testprozess relevanten Objekte unterliegen einem Versionsmanagement und der Zugang ist für alle Beteiligten des Testprojekts gewährleistet.

Wenn ein gutes Testwaremanagement etabliert ist, sollte es möglich sein, Fragen folgender Art zu beantworten: »Verwende ich für mein Testfalldesign die neueste Version der Testbasis?« oder: »Wodurch unterscheiden sich zwei Versionen des gleichen Produkts?«.

Kontrollpunkte

1. Die Testbasis, das Testobjekt und die gesamte Testware werden durch Name und Version identifiziert.
2. Jeder Testfall bezieht sich auf ein Dokument der Testbasis.
3. Das Testteam hat Zugang zu allen Objekten, die dem Testwaremanagement unterliegen.
4. Das Verfahren, mit dem die Testware, die Testbasis und das Testobjekt verwaltet werden, ist explizit dargelegt und dem Testteam bekannt.

Enabler

- Planung:
  Der Produktstrukturplan des Projekts dient als Ausgangspunkt für das Testwaremanagement. Er gibt an, welche testrelevanten Produkte definiert sind und welche verwaltet werden sollten.

Verbesserungsvorschläge

- Ernennen Sie eine Person innerhalb des Testteams, die für das Testwaremanagement verantwortlich ist.
- Sehen Sie in Dokumentvorlagen eine Eintragung über Version, Verfasser usw. vor.
- Sammeln Sie Beispiele für negative Folgen eines schlechten Versionsmanagements, um ein Bewusstsein für gutes Testwaremanagement zu schaffen.
- Nehmen Sie die Anforderungen in die Testbasis auf. Häufig müssen Sie dazu etwas Nachforschung betreiben, um (schriftliche) Anforderungen zu erhalten.
- Überlegen Sie sich den Einsatz eines Versionsmanagementwerkzeugs.
- Sorgen Sie für eine gute Kommunikation mit anderen Fachbereichen des Projekts, da diese bestimmte Produkte erstellen und aktualisieren, die das Testteam benötigt, wie z.B. den Projektplan und das Testobjekt.
- Führen Sie eine Liste aller freigegebenen Produkte, die für die jeweilige Teststufe relevant sind.

4.11.2 Testwaremanagement auf dem Reifegrad »Effizient«

Die Beziehungen zwischen allen (Test-)Produkten sind bekannt und werden auf dem neuesten Stand gehalten.

Es besteht vollkommene Transparenz der Beziehungen und Abhängigkeiten zwischen den Testprodukten. Die wichtigsten sind in Abbildung 4–1 dargestellt.

Es sollte z.B. nachvollziehbar sein, dass sowohl der Testfall X auf dem Testbasisdokument Y basiert als auch das Testobjekt Z auf der gleichen Testbasis Y, und – als Teil des Fehlermanagements – in welchem Testobjekt und mit welchem Testfall der Fehler Q gefunden wurde.

Insbesondere bei der Durchführung von Regressionstests wird ein klarer Überblick darüber benötigt, welche Testergebnisse zu welcher Version des Testobjekts gehören. Wenn Tests automatisiert durchgeführt werden, müssen mehrere Versionen der werkzeugspezifischen Testskripte mit den Testfällen, die sie implementieren, und mit den Versionen des Testobjekts, zu dem sie gehören, synchronisiert werden.

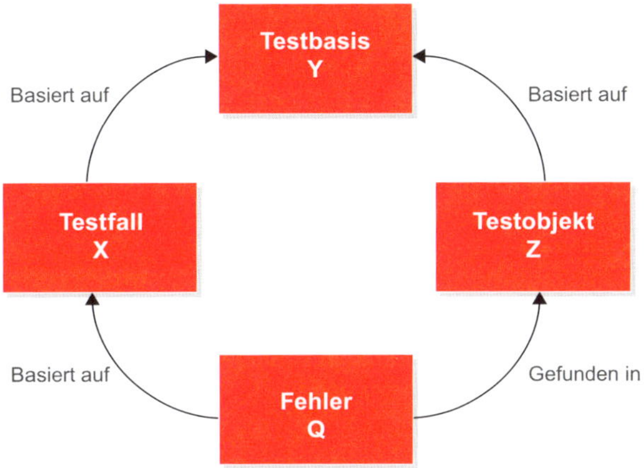

Abb. 4–1 *Vollständige Rückverfolgbarkeit bis zur Testbasis*

Durch die Rückverfolgbarkeit von den Testfällen zu den Anforderungen und durch die Überprüfung der Anforderungsabdeckung können inakzeptable Lücken aufgedeckt werden, bei denen nicht alle Risiken durch die Testfälle abgedeckt sind. Wenn unter Zeitdruck nicht alle Testfälle ausgeführt werden können, besteht die Möglichkeit, Testfälle wegzulassen, die zur Abdeckung von Anforderungen geringen Risikos eingesetzt werden.

Ein weiterer wichtiger Nutzen der Rückverfolgbarkeit ist die Möglichkeit, eine schnelle Analyse der Auswirkungen auf das Testdesign durchführen zu können, falls die Testbasis geändert wird.

Kontrollpunkte

1. Die Testbasis, das Testobjekt und die gesamte Testware werden durch Name und Version eindeutig identifiziert.
2. Es besteht Rückverfolgbarkeit von den Testfällen zu den Anforderungen.
3. Das Testwaremanagement wird unterstützt durch eine logische Speicherstruktur mit Rollen und einem Berechtigungskonzept.

Enabler

- Konfigurationsmanagement:
  Die Lieferung, Erfassung, Archivierung und Referenzierung von Konfigurationsobjekten kann im Projekt oder Unternehmen einheitlich durchgeführt werden.
- Anforderungsmanagement:
  Die Rückverfolgbarkeit von Anforderungen und Entwurfsdokumenten wird durch eindeutige Identifikatoren in der Spezifikation unterstützt.

Verbesserungsvorschläge

- Versehen Sie jeden Testfall mit einer Referenz, die angibt, welche Anforderung(en) dieser Testfall abdeckt.
- Untersuchen Sie das Konfigurationsmanagement des Projekts und liefern Sie Empfehlungen zur Verbesserung und gemeinsamen Nutzung.

4.11.3 Testwaremanagement auf dem Reifegrad »Optimierend«

Testware wird für die Wiederverwendung in künftigen Testprojekten zur Verfügung gestellt und auch tatsächlich wiederverwendet.

Auf dem Reifegrad »Optimierend« wird die Testware in Testprojekten wiederverwendet. Dies führt zu Zeitersparnis und der Gewissheit, dass die Testware eine bereits in der Praxis geprüfte Qualität aufweist.

In der Praxis stellt dieses Ziel Anforderungen an das Testprojekt: Es erfordert Aufwand, die Testware für die Wiederverwendung zur Verfügung zu stellen. Der zukünftige Nutzen ist zwar allen bewusst, jedoch ergeben sich möglicherweise keine direkten Vorteile für das aktuelle Projekt. Die Erbringung dieser Leistung durch das Projekt erfordert Disziplin, insbesondere dann, wenn Zeit und Budget im Projekt bereits knapp sind.

Es wird nicht die gesamte Testware eines Testprojekts konserviert, sondern nur die Teile, deren Wiederverwendung lohnenswert erscheint.

Kontrollpunkte

1. Es wird zu Beginn des Testprojekts vereinbart und während des Testprojekts überdacht, welche Testware bei Abschluss des Testprojekts konserviert werden soll.
2. Richtlinien zur Konservierung von Testware für die Wiederverwendung stehen zur Verfügung und der Nutzen, der aus der Wiederverwendung von Testware gezogen werden kann, wird gemessen.
3. Am Ende des Projekts kann die Testware, die der Wartung übergeben wird, leicht von der Testware getrennt werden, die nicht gewartet werden soll.

Enabler

- Projektmanagement:
  Die Konservierung von Produkten sollte in der Verantwortung des Projekts liegen und muss koordiniert werden.

Verbesserungsvorschläge

- Fördern Sie die Wiederverwendung von Testware.
- Stellen Sie sicher, dass der Auftraggeber des Projekts wiederverwendbare Testware als Teil der zu erbringenden Leistung fordert. Dadurch wird gewährleistet, dass das Projektmanagement der Testware Beachtung schenkt, selbst wenn die Belastung im Projekt steigt und an allen anderen Stellen eingespart wird.
- Beantworten Sie die folgenden Fragen, um zu bestimmen, welche Testware konserviert werden soll:
  - Wie häufig soll die Testware (wieder)verwendet werden?
  - Wie viel Zeit kostet es, die Testware jetzt zu konservieren, und wie viel Zeit wird durch die wiederverwendete Testware in Zukunft eingespart?
- Nachdem beschlossen wurde, welche Objekte für eine zukünftige Verwendung aufbewahrt werden, sorgen Sie dafür, dass diese angemessen bereinigt und aktualisiert werden.
- Stellen Sie sicher, dass eine Linienorganisation existiert, die nach Abschluss des Projekts für die konservierte Testware verantwortlich ist.
- Sorgen Sie für eine gute Kommunikation mit der für die Wartung zuständigen Organisationseinheit (von der erwartet wird, dass sie die Regressionstests wiederverwendet) oder mit Beteiligten des nächsten Projekts.

4.12 Methodisches Vorgehen

Eine beschriebene Testmethode lenkt und unterstützt die Testprojekte.

Das Testen wird in der Regel in Form von Projekten durchgeführt. Typisch für Projekte ist, dass die Ziele und Vorbedingungen für jedes Projekt spezifisch sind. Die Aktivitäten zum Erreichen dieser Ziele, die Methoden, wie diese Aktivitäten durchgeführt werden, die Aufgaben und Verantwortlichkeiten und die technische Infrastruktur müssen jeweils von Grund auf neu festgelegt werden. Dies hat einen hohen Aufwand an Zeit und Kosten zur Folge und eine nur mäßige Kontrolle über die Qualität.

Ein Prozess ist das exakte Gegenteil eines Projekts: Er besteht aus einer Reihe vorgegebener Schritte, die bei wiederholter Durchführung zu einem vorhersehbaren Ergebnis mit kalkulierbarer Qualität führen. Die Schritte zum Erreichen der Ziele sind in der Regel optimiert, um sicherzustellen, dass diese Ziele so schnell und kostengünstig wie möglich erreicht werden.

In der Theorie besteht zwar ein solcher Gegensatz, jedoch zeigen Projekte in der Praxis viele Ähnlichkeiten zu Prozessen. Je stärker die Aktivitäten in einem Projekt wie ein Prozess behandelt werden, desto mehr kann das Projekt von einer kalkulierbaren Qualität und einer effizienteren Durchführung profitieren.

Der Ansatz zum Beschreiben des Testens als Prozess besteht darin, die Testaktivitäten in Form einer Methode darzustellen. Die Methode beschreibt, wie die Ziele des Testens mit kalkulierbarer Qualität erreicht werden. Gleichzeitig liefert die Methode konkrete Unterstützung durch Richtlinien, Vorlagen, Beispiele und Werkzeuge, die das Testen beschleunigen.

Es reicht jedoch nicht aus, eine Methode nur zu beschreiben, sie muss von den Projekten auch angewandt werden. Die Projektbeteiligten müssen mit der Methode vertraut sein und erkennen, dass sie hilfreich ist. Die Anwendung der Methode kann auch von den Stakeholdern gefordert werden. In diesem Fall müssen Instrumente wie z.B. Checklisten in die Testmethode integriert werden, um die angemessene Anwendung der Methode überprüfen zu können.

Es sollte immer die Möglichkeit bestehen, von Teilen der Methode abzuweichen, dies muss aber mit den Stakeholdern abgestimmt sein. Falls jedoch zu viele Aspekte der Methode aus den falschen Gründen ignoriert werden, geht der Nutzen der Methode verloren.

Eine beschriebene Methode ermöglicht auch eine Verbesserung des Testprozesses. Indem der Testprozess am Ende des Projekts standardmäßig bewertet wird, können gewonnene Erkenntnisse bei Bedarf in die Methode einfließen. Die Testmethode muss auch angepasst werden, falls es zu neuen Entwicklungen kommt, die die Effektivität der Testmethode mindern, z.B. bei der Einführung einer neuen Entwicklungsmethode. Es ist daher notwendig, dass im Unternehmen jemand dafür verantwortlich ist, die Methode aktiv auf dem neuesten Stand zu halten.

Testmethoden wie TMap® [Aalst 2008], ISTQB® [Graham 2006] und das Fachgebiet Test des Rational Unified Process (RUP®) [Kruchten 1999] sind bereits definiert. In der Praxis müssen diese Methoden für viele Organisationen angepasst werden. Eine Methode kann aber auch basierend auf den Best Practices des Unternehmens intern entwickelt werden. In der Regel ist es am effektivsten, beides zu kombinieren.

Die Methode sollte nicht nur Testaktivitäten beschreiben, sondern auch Werkzeuge zur Verfügung stellen, wie z.B. eine Vorlage für einen Testplan. Ferner sollte sie Techniken anbieten, wie z.B. Schätztechniken oder einen Satz an Testdesigntechniken. Eine solide Testmethode hilft dabei, im Testprojekt ein ausgeglichenes Verhältnis zwischen Ergebnis, Risiko, Zeit und Kosten zu schaffen.

Reifegrad »Initial«

Auf dem Reifegrad »Initial« hat das Unternehmen keine Testmethode festgelegt, oder sie wird nicht angewandt. Die Methode existiert nur auf dem Papier und verfehlt ihre Ziele. Die Art und Weise, wie das Testen durchgeführt wird, hängt allein vom einzelnen Testmanager und Tester ab. Weder die Qualität des Testens noch eine effiziente Ausführung der Aktivitäten können garantiert werden.

4.12.1 Methodisches Vorgehen auf dem Reifegrad »Kontrolliert«

Eine beschriebene Testmethode ermöglicht eine vorhersehbare Ausführung der Testaktivitäten.

Wenn das Testen beginnt, erwarten die Stakeholder, dass das Testprojekt eine beschriebene Testmethode anwendet, die die von ihnen benötigten Informationen und Arbeitsergebnisse zur Verfügung stellt. Durch die korrekte Anwendung der Testmethode wird sichergestellt, dass bestimmte Schritte im Testprojekt auf bekanntem Qualitätsniveau durchgeführt werden. Dies setzt voraus, dass die Methode gut zu dem jeweiligen Projekt passt.

Abweichungen von der Testmethode sind akzeptabel, falls sie mit den Stakeholdern abgestimmt wurden. Zu viele Abweichungen bedeuten jedoch, dass die Testmethode gar nicht angewandt wird und das Projektteam nicht von den Vorteilen der Methode profitiert.

Kontrollpunkte

1. Der Testprozess folgt einer dokumentierten Testmethode: Die Testmethode beschreibt einen Satz an Testaktivitäten, die vom Testprojekt gelieferten Testprodukte und zusätzliche Anforderungen an die Arbeitsweise.
2. Die Testmethode passt zur Entwicklungsmethode, die vom Projekt angewandt wird.
3. Die Testprojekte halten die implementierte Testmethode für zweckmäßig.

Enabler

- Unternehmensweite Prozessdefinition:
  Beschriebene Methoden für z.B. Entwicklung oder Wartung können verbessert werden, indem sie durch eine beschriebene Testmethode erweitert werden.

Verbesserungsvorschläge

- Wenn keine Testmethode existiert, kann sie nicht verbessert werden. Entwickeln Sie in diesem Fall eine neue Methode auf der Grundlage der Best Practices, die im Unternehmen bereits bestehen, und kombinieren Sie sie mit vorhandenen Methoden oder Teilen davon.
- Legen Sie zusammen mit den Stakeholdern die Ziele des Testens und die einzuschlagende Richtung der Testprojekte fest. Passen Sie die Testmethode an diese Ziele an.
- Achten Sie darauf, dass die Methode deutlich genug ausdrückt, welche Anforderungen hinsichtlich der Testprodukte, Testaktivitäten und anderer Aspekte an das Testprojekt gestellt werden.

4.12.2 Methodisches Vorgehen auf dem Reifegrad »Effizient«

Die beschriebene Testmethode stellt praktische Unterstützung für die Testprojekte zur Verfügung.

Die Testmethode stellt Anforderungen an das Testprojekt und bietet gleichzeitig konkrete Unterstützung für die Erfüllung dieser Anforderungen. Es werden Techniken beschrieben, die erklären, wie Aktivitäten durchgeführt werden und wie bestimmte Aktivitäten mit Werkzeugen automatisiert werden können. Manche Elemente der Testmethode sind obligatorisch und andere optional, wobei die Methode beschreibt, wann welche Elemente anzuwenden sind. Es ist auch wichtig, dass jeder im Unternehmen leichten Zugriff auf die Beschreibung der Methode hat. Ein paar Kopien auf einem Regal sind sehr viel weniger zugänglich als eine Beschreibung, die in digitaler Form und im Intranet vorliegt.

Kontrollpunkte

1. Die Testmethode beschreibt für alle Testaktivitäten das Ziel, die verantwortliche Rolle, anzuwendende Techniken und die Vorbedingungen.
2. Ein vollständiger und umfassender Satz an Vorlagen wird als Teil der Testmethode zur Verfügung gestellt.
3. Obligatorische, konditionale und optionale Elemente der Testmethode sind gekennzeichnet.
4. Die obligatorischen und konditionalen Elemente werden in der Praxis umgesetzt.

Enabler

- Keine.

Verbesserungsvorschläge

- Bieten Sie Schulungen in der Anwendung der Testmethode für alle Tester in der Organisationseinheit an.
- Entwickeln Sie die Testmethode durch Best Practices anderer Projekte weiter.
- Erstellen Sie Vorlagen mit ausreichenden Hilfetexten auf der Basis vorhandener Testprodukte und stellen Sie diese Vorlagen zur Nutzung bereit.
- Stellen Sie vorhandene Testprodukte als Beispiele zur Verfügung.
- Untersuchen Sie, an welchen Stellen Werkzeuge bestimmte Aktivitäten unterstützen oder automatisieren können.
- Beschreiben Sie, welche Teile der Testmethode obligatorisch sind (und unter welchen Bedingungen) und welche Teile optional sind.

4.12.3 Methodisches Vorgehen auf dem Reifegrad »Optimierend«

Abweichungen von der Testmethode werden bewertet und führen zu einer Verbesserung der Methode.

Die Testmethode wird auf der Basis von Erfahrungen aus Testprojekten regelmäßig evaluiert und auf den neuesten Stand gebracht. Es wird bewertet, inwieweit neue Entwicklungen (z.B. agile Entwicklung oder modellbasiertes Testen) für das Testen relevant sind. Falls es sinnvoll ist, werden diese Entwicklungen genutzt, um die Testmethode anzupassen oder eine Leitlinie für die Anpassung zur Verfügung zu stellen.

Es werden Rückmeldungen von den evaluierten Testprojekten eingeholt und Änderungen implementiert. Falls es zu Abweichungen von der Methode kam und ähnliche Abweichungen auch für vergleichbare Testprojekte erwartet werden können, werden diese Abweichungen ebenfalls in die Testmethode aufgenommen.

Kontrollpunkte

1. Testteams geben in strukturierter Weise Rückmeldung zur Testmethode.
2. Die implementierte Testmethode wird kontinuierlich weiterentwickelt und verbessert.

Enabler

- Pflege und Erneuerung von IT-Prozessen auf Unternehmensebene.

Verbesserungsvorschläge

- Führen Sie die Bewertung von Testprojekten aus Sicht der Linienorganisation auf Basis der Testmethode durch.
- Erstellen Sie einen Wartungsplan für die Testmethode (mit unterstützender Dokumentation) und fordern Sie Ressourcen für Wartungsaufgaben ein.
- Achten Sie darauf, dass die Ergebnisse der Pflege und Erneuerung in die allgemeine Methode aufgenommen werden, und kommunizieren Sie die Änderungen innerhalb des Unternehmens.

4.13 Professionalität der Tester

Zur Professionalität der Tester gehört die geeignete Mischung aus verschiedenen Fähigkeiten, Kompetenzen, Fachgebieten, Funktionen und Kenntnissen, die notwendig sind, um die Testaktivitäten auf dem geforderten Niveau durchzuführen.

Ein Testprozess setzt eine breite Palette an Fähigkeiten voraus: Vertrautheit und Verständnis des Fachbereichs und des Unternehmens, Kenntnis des Testobjekts, umfassende IT-Kenntnisse sowie technische Fähigkeiten. Darüber hinaus müssen Tester über spezifische Testfähigkeiten verfügen: von der Expertise in den jeweiligen Methoden bis hin zur Fähigkeit, effektiv mit den Stakeholdern zu kommunizieren (Sozialkompetenz).

Testfähigkeiten können grob in zwei Kategorien unterteilt werden: Fähigkeiten eines Testmanagers und Fähigkeiten eines Testers. Zu den Testmanagementfähigkeiten zählen viele gängige Fähigkeiten des Projektmanagements wie z.B. Schätzung, Planung und Berichterstattung. Was einen Testmanager von anderen Projektmanagern unterscheidet, ist die Fähigkeit, alles unter dem Gesichtspunkt der Risiken zu betrachten und die Testaktivitäten an die spezifischen Erfordernisse einer Situation anzupassen (wie z.B. iterative Entwicklung). Die Fähigkeiten von Testern umfassen die Anwendung von Testdesigntechniken und/oder die Kenntnis von spezialisierten Testwerkzeugen.

Die Grundhaltung eines Testers unterscheidet sich wesentlich von der Absicht der meisten anderen IT-Spezialisten: Ein Tester versucht, die (mangelnde) Qualität des Systems aufzuzeigen, und sucht daher aktiv nach Fehlern oder Abweichungen. Im Gegensatz dazu konzentrieren sich die meisten anderen IT-Spezialisten auf den Nachweis, dass das System »gut« ist oder »funktioniert«.

Reifegrad »Initial«

Auf dem Reifegrad »Initial« haben die Personen, die die Rolle des Testers ausfüllen, oft fachbezogene Expertise oder spezifische technische Fähigkeiten, verfügen jedoch nicht immer über ausreichende Testfähigkeiten. Das Testen wird häufig nicht als Beruf anerkannt, hat einen niedrigen Status in der IT-Abteilung und bietet kaum Chancen für eine berufliche Laufbahn.

4.13.1 Professionalität der Tester auf dem Reifegrad »Kontrolliert«

Spezifische Fähigkeiten und Kompetenzen der Tester in der Anwendung von Testmethoden verbessern die Planbarkeit und Kontrollierbarkeit des Testprozesses.

Ein professioneller Tester setzt seine Kenntnisse und Fähigkeiten ein, um seine eigenen Aktivitäten und die seiner Kollegen zu planen, durchzuführen und zu steuern. Diese Professionalität macht den Prozess stabiler, planbarer und kontrollierbarer.

Testmanager setzen die Testaktivitäten auf der Basis identifizierter Produktrisiken und einer definierten Teststrategie ein, selbst wenn die Projektumgebung keine Unterstützung bietet. Sie liefern regelmäßige Fortschrittsberichte, auch wenn der Kunde diese nicht anfordert. Tester variieren das Testdesign durch passende Testintensität und Testtechniken. Während der Testdurchführung schätzen sie selbst ein, ob sie von geplanten Aktivitäten abweichen und wie sie diese Abweichung kommunizieren. Testwerkzeuge werden gekonnt eingesetzt.

Kontrollpunkte

1. Die Tester haben spezifische Testschulungen erhalten und/oder verfügen über ausreichende Erfahrung im Bereich des strukturierten Testens.
2. Die Tester sind mit der eingesetzten Testmethode vertraut und wenden sie an.
3. Das gesamte benötigte Wissen – ob branchen- oder fachbezogen oder technischer Art – ist dem Testteam zugänglich.
4. Die Tester werden regelmäßig hinsichtlich spezifischer Testfähigkeiten sowie allgemeiner IT-Fertigkeiten in Form einer Leistungsbeurteilung bewertet.

Enabler

- Personalmanagement:
  Das Personal- und das Linienmanagement erkennen das Testen als eigenständige Berufsqualifikation an.

Verbesserungsvorschläge

- Ermöglichen Sie dem Testpersonal, an Schulungen und Weiterbildungen teilzunehmen.
- Fördern Sie die Stärkung der Testkompetenz, indem Sie Fachgruppen oder regelmäßige abteilungsübergreifende Besprechungen organisieren oder anregen, in denen Tester ihre Erfahrungen austauschen können.
- Nehmen Sie Funktionsbeschreibungen in den Projekt- oder Testplan auf und legen Sie fest, wer welche Aufgabe durchführen sollte.
- Sorgen Sie dafür, dass die benötigte Expertise im Anwendungsgebiet rechtzeitig zur Verfügung steht (insbesondere im Falle eines Abnahmetests und/oder einer Testbasis von unzureichender Qualität).

4.13.2 Professionalität der Tester auf dem Reifegrad »Effizient«

Das Testpersonal hat spezifische Testrollen oder -funktionen und erfüllt seine Aufgaben erwartungsgemäß.

Die Tester sind fachlich sehr gut ausgebildet, qualifiziert und erfahren. Sie haben Kenntnisse in Methoden, Werkzeugen und Techniken. Sie setzen diese Fähigkeiten ein, um zum richtigen Zeitpunkt die richtigen Informationen zur Verfügung zu stellen, und ermöglichen dadurch den Entscheidungsträgern (Stakeholdern), den Testprozess in die richtige Richtung zu lenken. Das Testteam konzentriert sich sowohl auf die Ergebnisse seiner Aktivitäten als auch auf die geschäftliche Auswirkung des gesamten Testprozesses. Die Fähigkeiten der Tester ermöglichen es, die geforderten Ergebnisse mit einem Minimum an Aufwand und Ressourcen zu erreichen.

Es bestehen jedoch auch Risiken; die Schulung bestimmter Fähigkeiten oder die erfolgreiche Anwendung einer bestimmten Technik kann dazu führen, dass die Tester ihr vertrautes Terrain nicht mehr verlassen möchten. Wenn eine bestimmte Risikoanalysetechnik oder Testdesigntechnik in einer Situation zum Erfolg geführt hat, erscheint es sehr attraktiv, diese Technik erneut anzuwenden, selbst wenn sie nicht mehr passt. Wirkliche Professionalität zeichnet sich dadurch aus, dass die richtige Technik in der richtigen Situation eingesetzt wird.

Neben dem Einsatz qualifizierter Tester ist es auch wichtig, fachliche Unterstützung für größere, komplexere Projekte zur Verfügung zu stellen. Es wird methodische Unterstützung benötigt, um Verfahren zu entwerfen und zu implementieren, um die Teststrategie zu definieren, usw. Technische Unterstützung ist notwendig, um die Infrastruktur bereitzustellen und zu betreiben, und Unterstützung im Anwendungsgebiet hilft bei der Beantwortung fachlicher Fragen, die während des Testens auftauchen. Da in diesen Situationen Unterstützung von Parteien außerhalb des Testprozesses benötigt wird, ist es wichtig, diese Leistungen gut und rechtzeitig zu koordinieren.

Kontrollpunkte

1. Die Tester sind im Bereich Softwaretest zertifiziert (z.B. TMap Next [Koomen 2006] oder ISTQB [Graham 2006]).
2. Die Tester sind in der Lage, das Prinzip hinter den ausgewählten Techniken zu erklären, und können begründen, warum die Techniken angewendet werden.
3. Die Tester üben ihren Beruf gerne aus und haben eine gute Beziehung zu anderen Berufsgruppen im Projekt.
4. Die Testaufgaben werden erwartungsgemäß definiert, zugewiesen und durchgeführt.

Enabler

- Keine.

Verbesserungsvorschläge

- Berücksichtigen Sie insbesondere bei der Planung und bei der Bereitstellung von Personal die Aufgaben, die zur Unterstützung dienen, und stellen Sie sicher, dass diese durch die entsprechenden Rollen auch wahrgenommen werden.
- Erwägen Sie spezialisierte Schulungen, falls die Kenntnisse und die Erfahrung nicht ausreichen, um die Unterstützungsrolle sachgerecht wahrzunehmen.

4.13.3 Professionalität der Tester auf dem Reifegrad »Optimierend«

Das Testpersonal handelt aus dem Blickwinkel der Qualitätssicherung und entwickelt und verbessert seine Fähigkeiten daher kontinuierlich.

Die Tester sind sich darüber bewusst, dass das Testen als analytische Maßnahme eine Rolle in der Qualitätssicherung spielt. Mit ihrem Wissen, ihren Fähigkeiten und ihrer Erfahrung tragen sie zu anderen Qualitätsmaßnahmen wie z.B. Prävention (Standardisierung, Methoden, Schulung) und Korrektur (Hinweis auf Fehlerbehebungs- oder Lösungsmöglichkeiten) bei. Vom Standpunkt der Qualitätssicherung aus betrachtet sind den Testern die Anforderungen an ihre Arbeit klar, und es ist ihnen bekannt, wie diese bewertet und gemessen werden können. Dies ermöglicht eine kontinuierliche Verbesserung der Tester und ihrer Aktivitäten.

Die Tester sind außerdem auf dem Laufenden über neue Entwicklungen in der Welt des Testens und in der IT im Allgemeinen. Dadurch wird sichergestellt, dass neu entwickelte Testmethoden und Vorgehensweisen, die im Unternehmen noch nicht weit verbreitet sind, zu einem geeigneten Zeitpunkt angewandt werden können.

Kontrollpunkte

1. Die Tester nehmen aktiv an Fachgruppen teil, besuchen Testseminare oder lesen Fachliteratur, um ihre Fähigkeiten auf dem neuesten Stand zu halten.
2. Testfunktionen werden vom Personalmanagement berücksichtigt und sind Teil der beruflichen Laufbahn innerhalb des Unternehmens.
3. Die Tester streben die Übernahme der Verantwortung für ihre eigene Arbeit und eine kontinuierliche Verbesserung ihres Arbeitsprozesses an.

Enabler

- Qualitätsmanagement:
  Ein gut definierter und organisierter Qualitätssicherungsansatz sieht das Testen im Verhältnis zu allen anderen Entwicklungsprozessen. Der Reifegrad »Optimierend« der Professionalität der Tester profitiert von einem reifen und effizienten Entwicklungsprozess. Es nützt wenig, wenn sich die Tester über die Wichtigkeit von Qualität bewusst sind, dieses Qualitätsbewusstsein im übrigen Entwicklungsteam jedoch nicht vorhanden ist. Umgekehrt können Tester von einem reifen Entwicklungsprozess profitieren: Sie lernen, wie Qualität mit Präventiv- und Korrekturmaßnahmen gesteuert werden kann.

Verbesserungsvorschläge

- Schaffen Sie berufliche Laufbahnen für das Testpersonal, d.h., definieren Sie Testfunktionen auf Unternehmensebene.
- Definieren Sie die Rolle der internen Qualitätssicherung und besetzen Sie sie.
- Erstellen Sie einen internen Qualitätssicherungsbericht für alle Stakeholder – nicht nur für den Testmanager, sondern auch für den Projektleiter, den Kunden und/oder für Linienabteilungen. Folgende Aspekte sollten in den Bericht aufgenommen werden:
  - Kann das Testpersonal die Methode anwenden? Falls nicht, aus welchen Gründen?
  - Wie war die Leistung des Testteams? Welchen Beitrag hat das Team innerhalb des Projekts geleistet?
  - Welche Erkenntnisse wurden für zukünftige Testaktivitäten gewonnen?

4.14 Testfalldesign

Das Testfalldesign steuert die Testdurchführung mit dem Ziel, die Fehlersuche nach der Teststrategie auszurichten.

Ein Testfall soll untersuchen, ob das System unter bestimmten Umständen das gewünschte Verhalten aufweist. Testfälle ermöglichen eine Differenzierung der Testüberdeckung auf der Grundlage der Teststrategie. Die Teststrategie legt fest, was ein Test überdecken soll, um in genau ausreichendem Umfang zu testen – nicht zu viel und auf keinen Fall zu wenig. Ein klarer Entwurf von Testfällen trägt dazu bei, dieses Ziel zu erreichen.

Wenn Testfälle vor der Testdurchführung entworfen werden, was bei skriptbasiertem Testen üblich ist, gewinnt die Testdurchführungsphase an Struktur. Darüber hinaus ist der Entwurf von Testfällen vor der Testdurchführung mitunter die beste Reviewtechnik für die Bewertung der Testbasis.

Im Detail – Testfalldesign und Teststrategie

In der Praxis ist es nicht möglich, alles zu testen, sodass eine Auswahl getroffen werden muss. Abhängig von den ermittelten Produktrisiken wird eine Teststrategie erarbeitet, die einen Überblick darüber gibt, was mit welcher Intensität getestet werden soll. Testdesigntechniken unterstützen eine systematische Ausarbeitung dieser Teststrategie.

Da Testdesigntechniken darauf abzielen, eine bestimmte Überdeckung zu erreichen und dadurch spezifische Arten von Fehlern aufzudecken, setzen sie eine spezifische Testbasis voraus. Die Verfügbarkeit der Testbasis ist daher ein wesentlicher Faktor bei der Wahl bestimmter Testdesigntechniken und damit bei der Gründlichkeit des Testens.

Die strukturierte Beschreibung von Testfällen unterstützt auch das Testwaremanagement. Ein standardisiertes Format und standardisierte Testdesigntechniken machen Testfälle wiederverwendbar und übertragbar. Beides verbessert die Durchführung zukünftiger Tests (z. B. Regressionstests) und kann darüber hinaus die Automatisierung der Testdurchführung ermöglichen.

Im Detail – Testfalldesign bei explorativem Testen

Eine Alternative zum skriptbasierten Testen ist das explorative Testen. Das Spektrum des explorativen Testens reicht von einer sehr formlosen Vorgehensweise und der Ablehnung jeglicher Strukturen und Techniken bis hin zur Unterstützung eines strukturierteren Ansatzes. Unabhängig vom gewählten Ansatz ist derzeit die Ansicht verbreitet, dass dokumentierte Testfälle für Fehlernachtests und Regressionstests hilfreich oder sogar notwendig sind. Beim explorativen Testen wird typischerweise erst bei der Lieferung des Testobjekts überlegt, was getestet werden soll. Aber selbst zu diesem Zeitpunkt ist es möglich, die unternommenen Schritte zu dokumentieren und sich auf bestimmte Arten der Überdeckung zu konzentrieren.

Ein Testfall enthält in der Regel:

- den Zweck des Tests,
- spezielle Hardwareanforderungen, wie z. B. ein Modem,
- spezielle Softwareanforderungen, wie z. B. ein Werkzeug,
- spezifische Setup- oder Konfigurationsanforderungen,
- eine Beschreibung, wie der Test durchgeführt werden soll,
- die erwarteten Ergebnisse oder Erfolgskriterien für den Test.

Im Detail – Testfalldesign bei agilem Testen

Bei der iterativen oder agilen Entwicklung wird ein besonderer Schwerpunkt auf Regressionstests gelegt, die vorzugsweise automatisiert werden. Dazu sind gute Testfälle in ausreichender Anzahl erforderlich. Erschwerender kommt jedoch hinzu, dass detaillierte Anforderungen nicht immer von Anfang an vorliegen. Es liegt dann in gewissem Umfang in der Verantwortung der Tester, detaillierte Informationen über die Anforderungen des Kunden einzuholen, zum Beispiel durch Gespräche mit den Stakeholdern. Danach werden die Testfälle mithilfe der gängigen Testdesigntechniken vom Tester entworfen. Die resultierenden Testfälle dienen dann als detaillierte Anforderungsspezifikationen für Entwickler. Dieses Vorgehen ist ein Beispiel für testgetriebene Entwicklung.

Reifegrad »Initial«

Auf dem Reifegrad »Initial« gibt es in der Regel keinen Standard für den Entwurf von Testfällen. Die Art der Beschreibung hängt sehr stark von der individuellen Arbeitsweise einzelner Personen ab und kann von ein paar Stichworten bis hin zur Schilderung aufeinanderfolgend durchzuführender Aktionen reichen. Es ist sehr schwierig, die Testfälle von einer Person an eine andere zu übergeben, z. B. falls jemand in ein anderes Projekt wechselt, wegen Krankheit ausfällt usw. Darüber hinaus ist es fast unmöglich, eine gesicherte Aussage über die Überdeckung der Tests zu treffen. Wurden durch die Testfälle alle Anforderungen, alle ermittelten Produktrisiken oder die wichtigsten Funktionalitäten überdeckt? Was wurde eigentlich getestet?

4.14.1 Testfalldesign auf dem Reifegrad »Kontrolliert«

Die Testfälle machen die Testdurchführung wiederholbar und personenunabhängig.

Die Testfälle werden anhand eines standardisierten Formats beschrieben, es besteht jedoch erhebliche Freiheit bei ihrem Entwurf. Die Qualität der Testfälle hängt sehr stark von den Testfähigkeiten und der fachlichen, system- oder programmbezogenen Expertise der für die Spezifikation zuständigen Person ab. Die Art und Weise, wie die Testfälle beschrieben werden, macht es möglich, sie von einer anderen Person ausführen zu lassen oder sie wiederzuverwenden. Die Testfälle sollten zumindest für die Person verständlich sein, die sie ausführen soll. Es können auch Anforderungen an die fachliche Expertise des Testers bestehen, der die Testfälle ausführt. Ein wichtiges Kriterium ist die einheitliche Beschreibung von Testfällen, was ihre Verständlichkeit erhöht und es leichter macht, die für die Ausführung benötigte Zeit abzuschätzen und genauer zu planen.

Die Testfälle müssen in logischer Form die Umstände beschreiben, unter denen das Systemverhalten geprüft wird (mit der Angabe, welche Testsituationen durch den Testfall überdeckt werden). Wenn konkrete Testfälle direkt aus der

Testbasis heraus entworfen werden, ohne zunächst logische Testfälle zu erstellen, ist es für andere sehr schwer zu verstehen und zurückzuverfolgen, was durch den Testfall überdeckt werden soll. Die Beschreibung der Testfälle enthält auch die erwarteten Ergebnisse für eine Bewertung des tatsächlichen Ergebnisses während der Testdurchführung. Darüber hinaus ist ihr Verhältnis zur Testbasis beschrieben, was einen besseren Einblick gewährt.

Kontrollpunkte

1. Die Testfälle werden auf logischer Ebene erfasst.
2. Die Testfälle bestehen aus einer Beschreibung:
   a) der Ausgangssituation,
   b) des Änderungsprozesses = den durchzuführenden Testaktionen,
   c) dem vorhergesagten Ergebnis.
3. Die Testfälle geben Auskunft darüber, welcher Teil der Testbasis, der ein spezifisches Systemverhalten beschreibt, getestet werden soll.

Enabler

- Systementwurf:
  Das Testen ist ein Prozess zur Ermittlung von Abweichungen zwischen dem geforderten und dem tatsächlichen Verhalten eines Systems. Je besser der geforderte Zustand beschrieben wird, desto leichter ist es, die richtigen Testfälle zur Ermittlung von Abweichungen zu entwerfen.

Verbesserungsvorschläge

- Definieren Sie eine standardisierte Schreibweise für Testfälle und setzen Sie gegebenenfalls Vorlagen zur Unterstützung ein. Geben Sie als Orientierungshilfe so viele praktische Anleitungen wie möglich, insbesondere dann, wenn der Testdesigner einen großen Freiraum hat. Beschreiben Sie die Testfälle ausreichend detailliert, sodass eine andere Person, die die Testfälle nicht entworfen hat, genügend Informationen hat, um diese auszuführen.
- Nutzen Sie allgemeine Informationsquellen über die Fehlersuche. Es gibt Fachliteratur über allgemeine Testfälle und darüber, auf welche Fehler unter bestimmten Umständen geachtet werden soll. Beschränken Sie sich auf die Aspekte, auf die Sie sich konzentrieren möchten.

4.14.2 Testfalldesign auf dem Reifegrad »Effizient«

Der Entwurf von Testfällen, die auf das Erreichen einer spezifischen Überdeckung abzielen, unterstützt eine systematische Ausarbeitung der Teststrategie.

Tests werden durchgeführt, um Einblick in die Qualität eines Systems zu gewinnen. Diese Tests sollten mit minimalem Aufwand durchgeführt werden, und sie sollen die richtigen Fehler finden, und zwar die wichtigsten Fehler zuerst. Dabei erfordern verschiedene Systeme oder Teile von Systemen unterschiedliche Stufen der Testintensität. Testdesigntechniken sind ein wirkungsvolles Mittel, um durch eine gerade ausreichende Anzahl von Testfällen, die die definierten Risiken abdecken und die innerhalb der verfügbaren Zeit und Kosten entwickelt werden, diese Effiziens beim Testen zu erreichen. Der Einsatz formaler Testdesigntechniken hat mehrere Vorteile:

- Sie zielen darauf ab, eine spezifische Überdeckung zu erreichen, um bestimmte Arten von Fehlern zu entdecken.
- Sie eignen sich für eine spezifische Teststufe (Entwicklertest, Abnahmetest) oder eine spezifische Testart (funktionaler Test, Performanztest).
- Die Vollständigkeit des Tests kann besser beurteilt werden.
- Die Anpassung und Wiederverwendung von Testfällen wird vereinfacht.
- Der Testprozess ist weniger abhängig von den Personen, die Testfälle entwerfen und durchführen.
- Der Testprozess ist kontrollierbarer, da im Vorfeld abgeschätzt werden kann, wie viele Testfälle benötigt werden. Dies ermöglicht eine bessere Planung und Überwachung des Fortschritts.
- Bei modellbasiertem Testen (Ansatz des Softwaretestens, bei dem Testfälle ganz oder teilweise von einem Modell abgeleitet werden) ist es möglich, Testfälle mithilfe spezifischer Überdeckungsanalysatoren automatisch zu entwerfen.

Die übliche Art des Testens ist der dynamische Test, bei dem das Testobjekt gezielt ausgeführt und sein Verhalten bewertet wird. Hier kommen reguläre Testfälle zum Einsatz. Manche Eigenschaften des Testobjekts (wie z.B. manche Qualitätsmerkmale) können jedoch nur bewertet werden, indem das Testobjekt selbst oder die zugehörige Dokumentation untersucht, aber nicht ausgeführt wird. Anstelle von regulären Testfällen können Checklisten eingesetzt werden, um diesen statischen Test durchzuführen.

Kontrollpunkte

1. Die Testfälle können von anderen Fachleuten innerhalb der Testorganisationseinheit verstanden und gewartet werden.
2. Die durch die Testfälle erreichte Überdeckung der Testbasis ist bekannt.
3. Es werden formale Testdesigntechniken eingesetzt, um die Testfälle zu entwerfen.
4. Es werden Checklisten verwendet, um Qualitätsmerkmale zu testen, für die keine Testfälle entworfen werden können.

Enabler

- Systementwurf:
  Bestimmte Testdesigntechniken erfordern spezifischen Input.

Verbesserungsvorschläge

- Organisieren Sie Schulungen und Coaching für die Tester, die mit Testdesigntechniken arbeiten werden.
- Finden Sie heraus, welche Überdeckungsarten bereits angewandt werden, wenn auch nur implizit. Selbst ohne Kenntnis von Testdesigntechniken wenden Tester häufig bestimmte Überdeckungsarten an, ohne sich dessen bewusst zu sein – am häufigsten bei syntaktischen Tests, Äquivalenzklassen, Grenzwertanalysen und semantischen Tests zur Validierung von Eingabedaten.
- Da die meisten Testtechniken in der Fachliteratur beschrieben sind, zum Beispiel von Beizer [Beizer 1990], Kaner et al. [Kaner 1999], Kit [Kit 1995] und in TMap Next [Koomen 2006], ist es nicht notwendig, das Rad neu zu erfinden. Es ist ratsam, sich auf diese Techniken zu beziehen. Falls die Anwendung einer Überdeckungsart von einer Standardtechnik abweicht, lassen Sie eine Beschreibung der verwendeten Technik erstellen.
- Beginnen Sie mit einem überschaubaren Satz an Testdesigntechniken, um sich mit ihnen vertraut zu machen. Wenn Sie mehr Wissen und Erfahrung gesammelt haben, können Sie die Palette einzusetzender Testdesigntechniken erweitern.
- Falls häufige Änderungen an der Testbasis und am Testobjekt vorgenommen werden, sollten Sie den Detaillierungsgrad des Testskripts überdenken. Es könnte in diesem Fall effizienter sein, das Testskript nur grob zu beschreiben. Das Gleiche gilt für eine Situation, in der es Einschränkungen beim Aufbau von Testdaten gibt. In diesem Fall ist es möglicherweise effizienter, die konkreten Testfälle und den notwendigen Startpunkt für Testfälle auf einem abstrakten Niveau zu halten.

4.14.3 Testfalldesign auf dem Reifegrad »Optimierend«

Die Bewertung von Testfällen, Testdesigntechniken und Fehlern schafft eine Möglichkeit, die Testeffektivität zu erhöhen.

Jeder Test sollte die Fehler aufdecken, auf die er abzielt. Eine konstante Überwachung der Testeffektivität ist daher wünschenswert. Das Testteam (oder andere Beteiligte) sollte überprüfen, ob die Testfälle korrekt und gültig sind. Es sollten auch Fehler aus der nächsten Teststufe analysiert werden: Hätte ein Fehler gefunden werden können und warum wurde er nicht gefunden? Diese Analyse kann zur Anpassung oder zum Austausch der Testdesigntechniken führen.

Kontrollpunkte

1. Fehler, die in der nächsten Teststufe oder in der Produktion auftreten, werden analysiert, was zu Verbesserungen in der Treffsicherheit und Effektivität von Testfällen führt.
2. Testfälle werden von unabhängiger Seite auf ihre Gültigkeit und Wartbarkeit hin geprüft und bewertet.
3. Die Testdesigntechniken werden bewertet und für die künftige Wiederverwendung angepasst.

Enabler

- Störungsmanagement:
  Falls die nächste Stufe der produktive Einsatz ist, müssen Störungen, die in der Produktion auftreten, einheitlich verwaltet werden und für Analysezwecke zur Verfügung stehen.

Verbesserungsvorschläge

- Stellen Sie Ressourcen für die Prüfung von Testfällen bereit. Bestimmen Sie, wie viel Zeit für diese Prüfung aufgewendet werden sollte; die Kosten der Verbesserung der Testfälle sollten immer geringer sein als der Schaden, der in der nächsten Phase verhindert wird.
- Es ist sogar möglich, vor der Ausführung der Testfälle eine Inspektion oder ein Walkthrough durch verschiedene Stakeholder innerhalb des Softwarelebenszyklus zu organisieren. Designer, Entwickler und ausgewählte Endbenutzer können aus ihrer eigenen Perspektive beurteilen, wie die Testbasis zu interpretieren ist und wie realistisch und gültig die Testfälle sind.
- Machen Sie darauf aufmerksam, wie wichtig ein gutes Verfahren zur Erfassung von Fehlern und/oder Störungen sowie die Verfügbarkeit dieser Informationen ist. Dies hilft dabei, bessere Testfälle zu erstellen und dadurch Fehler so früh und so kostengünstig wie möglich zu finden (siehe Fehlermanagement).

4.15 Testwerkzeuge

Testwerkzeuge ermöglichen oder beschleunigen testspezifische Aktivitäten.

Es gibt Situationen, in denen ein Testprojekt nicht ohne den Einsatz eines Testwerkzeugs auskommt. Das Testwerkzeug ist dann notwendig, um testspezifische Aktivitäten durchzuführen und um die Testziele zu erreichen. Der Einsatz eines Testwerkzeugs ermöglicht erst den Testprozess. Dieser Aspekt wird auf dem Reifegrad »Kontrolliert« berücksichtigt.

Testwerkzeuge können auch Möglichkeiten bieten, um schneller, kostengünstiger und besser (d.h. mit tieferem Einblick in die Qualität) zu testen oder um den Testprozess besser zu kontrollieren. Der Einsatz von Testwerkzeugen (oder einer Kombination von Testwerkzeugen) beschleunigt den Testprozess. Dieser Aspekt wird auf dem Reifegrad »Effizient« berücksichtigt.

Wenn kontinuierlich bewertet wird, wie und in welchem Maß Testwerkzeuge den Testprozess beschleunigen, wird ihr Beitrag zum Testprozess identifizierbar. Auf der Grundlage dieser Bewertung kann der Einsatz von Testwerkzeugen verbessert werden. Dieser Aspekt wird auf dem Reifegrad »Optimierend« berücksichtigt.

Zu den Testwerkzeugen zählen Werkzeuge jeglicher Art, die während des Testens eingesetzt werden können. Dies umfasst sowohl kommerzielle als auch Open-Source-Werkzeuge sowie von den Testteams selbst geschaffene Werkzeuge und Hilfsprogramme (Tabellenkalkulationsprogramme usw.).

Es gibt verschiedene Arten von Testwerkzeugen, die jeweils in verschiedenen Phasen[5] des Testprozesses eingesetzt werden und die verschiedene Ziele und Vorteile haben. Einige Beispiele:

- Ein allgemeines Werkzeug für die Projektplanung ist während der Planungsphase eines Testprojekts von großem Nutzen.
- Testmanagementwerkzeuge tragen zur Berichterstattung über Fortschritt und Qualität während der Steuerungs- und Abschlussphase bei.
- Während der Testspezifikation kann ein Testdesignwerkzeug (z.B. für modellbasiertes Testen) eingesetzt werden, um Testfälle zu generieren.
- Tests können mithilfe von Capture & Replay Tools oder Performanztestwerkzeugen automatisch durchgeführt werden.
- Es kann ein Abfragewerkzeug zur Vorbereitung der Testumgebung und zur Datenbankvalidierung während der Testdurchführung eingesetzt werden.
- Stubs können zur Simulation eines über eine Schnittstelle verbundenen, in der Testumgebung nicht verfügbaren Systems eingesetzt werden, um die Testdurchführung zu unterstützen.

---

5. Bezogen auf die Testphasen gemäß TMap Next [Koomen 2006]: Planung, Steuerung, Vorbereitung, Spezifikation, Durchführung, Abschluss und die Einrichtung und Wartung der Infrastruktur.

Der Einsatz eines einzelnen Testwerkzeugs an sich stellt kein Ziel dar. Jedes Testwerkzeug muss einen Zweck erfüllen. Ein bestimmtes Testwerkzeug kann für ein Testprojekt von essenzieller Bedeutung sein, während es für andere Projekte nicht benötigt wird. Die Tatsache allein, dass Testwerkzeuge im Testprozess eingesetzt werden (oder nicht), gibt keinen Hinweis auf die Testprozessreife. Der Reifegrad des in diesem Abschnitt behandelten Kernbereichs bezieht sich nicht darauf, ob bestimmte Testwerkzeuge eingesetzt werden.

Die Art und Weise, wie ein Testwerkzeug eingesetzt wird, kann jedoch unterschiedlich ausgereift sein. In Anhang A finden Sie eine Beschreibung der Reife beim Einsatz einiger Arten von Testwerkzeugen: Testmanagementwerkzeuge, Werkzeuge zur automatisierten Testdurchführung und Performanztestwerkzeuge.

Reifegrad »Initial«

Auf dem Reifegrad »Initial« werden möglicherweise Testwerkzeuge zur Unterstützung des Testprozesses eingesetzt, jedoch nicht die, die für die Erfüllung des Testauftrags notwendig sind. Der Einsatz und die Verwaltung von Testwerkzeugen im Testprozess erfolgt nicht strukturiert.

4.15.1 Testwerkzeuge auf dem Reifegrad »Kontrolliert«

Testwerkzeuge, die zur Durchführung testspezifischer Aktivitäten benötigt werden, stehen zur Verfügung und werden eingesetzt.

Auf dem Reifegrad «Kontrolliert« stehen dem Testprojekt die Testwerkzeuge zur Verfügung, die zur Durchführung testspezifischer Aktivitäten und zum Erreichen der Testziele benötigt werden. Das Testprojekt kann zusätzlich andere Werkzeuge anwenden, aber es werden mindestens die Testwerkzeuge eingesetzt, die das Testprojekt erst ermöglichen.

Der Einsatz eines Testwerkzeugs ermöglicht den Testprozess, wenn keine anderen Mittel und Wege existieren, eine Aktivität durchzuführen, oder wenn es keine realistische Alternative zum Einsatz des Testwerkzeugs gibt, um die Erwartungen unter den gegebenen Projektbeschränkungen (Zeit und Kosten) zu erfüllen.

Beispiele für Testaktivitäten, die mithilfe eines Testwerkzeugs durchgeführt werden müssen, sind der Einsatz eines Treibers, um Nachrichten an eine Schnittstelle zu schicken, oder der Einsatz eines Abfragewerkzeugs, um die Korrektheit von Daten einer Datenbank zu überprüfen.

Ein Beispiel für den aufgrund von Projektbeschränkungen notwendigen Einsatz eines Testwerkzeugs ist ein Performanztest in einem Szenario mit 50.000 Anwendern. Theoretisch wäre es möglich, den Performanztest mit 50.000 Testern durchzuführen, aber eine solche Aktivität zu organisieren würde die Projektbeschränkungen überschreiten. Die einzige Alternative besteht im Einsatz von Performanztestwerkzeugen.

Es gibt Testwerkzeuge für:

- *Testentwurf und Testdurchführung*, die aufgrund technischer Systemmerkmale oder für das Testen bestimmter, in der Teststrategie definierter Qualitätsmerkmale (wie z.B. Performanz und Sicherheit) benötigt werden.
- *Testmanagement*, die benötigt werden, um den Testprozess zu planen und zu steuern und um den Stakeholdern die notwendigen Informationen in den vereinbarten Zeitabständen zur Verfügung zu stellen.

Kontrollpunkte

1. Die Testwerkzeuge, die zur Durchführung testspezifischer Aktivitäten und zum Erreichen der Testziele benötigt werden, stehen dem Testteam zur Verfügung und werden genutzt.
2. Kenntnisse über die eingesetzten Testwerkzeuge sind vorhanden.
3. Alle Beteiligten, inklusive der Einkaufsabteilung, halten das spezifische Testwerkzeug, das eingesetzt wird, für nützlich.

Enabler

- Keine.

Verbesserungsvorschläge

- Stellen Sie sicher, dass das Testteam weiß, wie die Testwerkzeuge einzusetzen sind. Ein häufiger Fallstrick ist die mangelnde Schulung der Anwender, was leicht zu einem ineffizienten oder sogar kontraproduktiven Einsatz der Werkzeuge führen kann. Beim Einsatz eines Performanztestwerkzeugs kann beispielsweise die simulierte Last zu gering oder zu groß gewählt werden, wenn die Konfigurationen des Testlaufs nicht ganz verstanden werden. Dies kann zu einem falschen Rückschluss über die benötigten Hardwareressourcen führen.

4.15.2 Testwerkzeuge auf dem Reifegrad »Effizient«

Testwerkzeuge werden eingesetzt, um testspezifische Aktivitäten zu beschleunigen.

Testwerkzeuge, die den Testprozess beschleunigen, werden eingesetzt, um schneller, kostengünstiger und besser zu testen oder um die Kontrollierbarkeit des Testprozesses zu erhöhen. Dies hat jedoch seinen Preis: Das Testwerkzeug muss erworben werden, Personal muss geschult werden und das Werkzeug muss angepasst und gewartet werden. Die Vorteile des Einsatzes des Testwerkzeugs müssen die Investition rechtfertigen, die für seine Implementierung und Wartung notwendig ist.

Ein typisches Beispiel ist der Einsatz eines Capture & Replay Tools für Regressionstests. Es kann ausreichend sein, Regressionstests manuell durchzuführen. Ein Capture & Replay Tool könnte jedoch einen viel größeren Satz von Testfällen in der gleichen Zeit ausführen (und dadurch eine höhere Testabdeckung erzielen) oder den gleichen Satz von Testfällen in einer kürzeren Zeit übernehmen (und dadurch die Testzeit verkürzen). Ein Capture & Replay Tool erfordert jedoch auch eine Erstinvestition und weitere Investitionen, die sich nur durch wiederholte Nutzung bezahlt machen können.

Es wird daher ein Business Case erstellt, um einen Überblick über all diese Aspekte zu erhalten und eine Entscheidungsgrundlage für die Einführung des Testwerkzeugs zu schaffen. Der Business Case kann in finanzieller Hinsicht negativ ausfallen, d.h., die Investition macht sich nicht bezahlt, gleichzeitig kann sich der Einsatz des Testwerkzeugs jedoch aufgrund von Qualitätsvorteilen (höhere Testabdeckung) oder Time-to-Market (schnelleres Testen) lohnen.

Kontrollpunkte

1. Die eingesetzten Testwerkzeuge wurden ausgewählt, um schneller, kostengünstiger und besser zu testen oder um den Testprozess kontrollierbarer zu machen.
2. Die Testwerkzeuge stehen den Testern jederzeit zur Verfügung.
3. Es wurde ein Business Case für jedes im Testprozess eingeführte Testwerkzeug erstellt.
4. Die Nutzung dieser Testwerkzeuge ist in den Testprozess integriert.

Enabler

- Die Werkzeuge, die in anderen Prozessen des Softwarelebenszyklus eingesetzt werden.

Verbesserungsvorschläge

- Falls das Unternehmen davon ausgeht, dass ein Testwerkzeug die Möglichkeit der Beschleunigung testspezifischer Aktivitäten bietet, leiten Sie einen Prozess ein, in dem die Kriterien für das Werkzeug festgelegt werden und der auf einem Business Case mit klaren Zielen für den Einsatz des Testwerkzeugs basiert. Wählen und implementieren Sie das Testwerkzeug, das im Auswahlprozess die besten Ergebnisse hinsichtlich Zeit- und Geldersparnis gezeigt hat.

4.15.3 Testwerkzeuge auf dem Reifegrad »Optimierend«

Testwerkzeuge und ihr Einsatz werden kontinuierlich bewertet und verbessert.

Der Business Case, der zur Implementierung eines bestimmten Satzes von Testwerkzeugen erstellt wurde, bildet eine Grundlage für die Bewertung dieser Werkzeuge. Die Metriken über den Einsatz von Testwerkzeugen werden mit den Zielen verglichen, die im Business Case festgelegt wurden. Wenn die Ziele nicht erfüllt wurden, werden Verbesserungen definiert und umgesetzt, die sich auf das Erreichen dieser Ziele konzentrieren. Doch selbst wenn die Ziele erreicht wurden, liegt der Schwerpunkt darauf, weitere Verbesserungsmöglichkeiten zu finden.

Es kann eine Werkzeugrichtlinie als Teil der Testrichtlinie eingeführt werden. Die Werkzeugrichtlinie beschreibt in einheitlicher Weise, welchen Zweck die Implementierung von Testwerkzeugen erfüllen muss. Die Werkzeugrichtlinie beschreibt außerdem die Vorgehensweise, die bei der Initiierung, der Realisierung und dem Betrieb von Testwerkzeugen befolgt werden muss. Eine Werkzeugrichtlinie bildet die Grundlage, auf die sich das Unternehmen beim Einsatz und der Implementierung von Werkzeugen (in Zukunft) stützen kann. Es handelt sich nicht um ein einmalig erstelltes Dokument, das archiviert wird. Die Werkzeugrichtlinie muss regelmäßig aktualisiert und an neue Entwicklungen und Erkenntnisse angepasst werden.

Als Teil der Werkzeugrichtlinie findet eine regelmäßige Bewertung der Testwerkzeuge und des Einsatzes dieser Werkzeuge durch die Testteams statt, was zur Veränderung ihrer Nutzung, der Anpassung ihrer technischen Implementierung oder sogar zum Austausch von Testwerkzeugen führen kann.

Neben den Business Cases für einzelne Werkzeuge muss ein Business Case für die Implementierung einer Werkzeugrichtlinie vorliegen. Eine Werkzeugrichtlinie basiert auf dem erwarteten Umfang des Testwerkzeugeinsatzes sowohl hinsichtlich der Anzahl der Werkzeuge als auch des Umfangs und Bereichs der Implementierung (Anzahl der beteiligten Anwender und Abteilungen).

Eine allgemeine Verbesserung besteht in der maximalen Wiederverwendung von Kenntnissen über Testwerkzeuge, von Best Practices und von durch Testwerkzeuge erzeugten Testprodukten. Dies setzt voraus, dass diese Objekte unternehmensweit publiziert und zentral gewartet werden.

Kontrollpunkte

1. Die Werkzeugrichtlinie wird erstellt und mit der bestehenden Testrichtlinie konsistent gehalten.
2. Die Expertise, Best Practices und durch Testwerkzeuge erzeugte Testprodukte werden gesammelt und für zukünftige Projekte publiziert.

3. Testwerkzeuge werden regelmäßig hinsichtlich des Erreichens der Ziele bewertet, die im Business Case für die Implementierung des Werkzeugs und in der Werkzeugrichtlinie festgelegt wurden.

Enabler

- Keine.

Verbesserungsvorschläge

- Erstellen Sie zusätzlich zu den bestehenden Entwicklungs- und Testrichtlinien eine Werkzeugrichtlinie. Sie zielt darauf ab, ein Engagement für Veränderungen im Verfahren und der Organisation zu schaffen, um die Einführung von Werkzeugen zu unterstützen, wenn die einzelnen Business Cases positiv ausfallen.
- Konzentrieren Sie sich auf die verschiedenen Aspekte der Erstellung und Wartung einer Werkzeugrichtlinie für Ihr Unternehmen. Hierzu zählen die Initiierung, die Realisierung und der Betrieb.
- Die Wartung der Werkzeugrichtlinie setzt voraus, dass sowohl der Business Case der Werkzeugrichtlinie selbst als auch der Business Case einzelner Werkzeuge regelmäßig bewertet werden. Darüber hinaus muss überprüft werden, wie die Werkzeugrichtlinie mit der Testrichtlinie abgestimmt ist.
- Als Teil der Werkzeugrichtlinie werden die folgenden Aktivitäten durchgeführt:
  - Regelmäßige Bewertung der eingesetzten Testwerkzeuge
  - Überprüfen des Markts auf neue Testwerkzeuge, die für das Unternehmen nützlich sein könnten

4.16 Testumgebung

Die Testumgebung ist in Entwurf, Implementierung und Wartung auf die Ziele der jeweiligen Teststufe abgestimmt.

Die Testumgebung ist einer der kritischen Erfolgsfaktoren des Testens. Ganz egal, wie gut die Testfälle entwickelt oder wie gut die Tester geschult sind – wenn die Testumgebung nicht funktioniert, kann nicht getestet werden.

In der Praxis müssen sich viele Tester mit der Testumgebung begnügen, die sie bekommen. Häufig verfügen sie auch nicht über die Fähigkeiten und das Wissen, um über die Einrichtung der Testumgebung zu debattieren. Ein reifer Testprozess lenkt die wesentlichen Entscheidungen über die Leistungsmerkmale der Testumgebung und wie diese erreicht werden sollen.

Die Testumgebung besteht aus einer Anzahl unterschiedlicher Bereiche [Moerman 2006]:

- Testarbeitsplatz
- Netzwerk
- Speicher
- (Enterprise) Server
- Middleware
- Testdaten

Das ist jedoch nicht alles. Um von wirklichem Nutzen zu sein, gehört mehr zu einer Testumgebung als die Installation der richtigen Hardware- und Softwarekomponenten. Die Testumgebung muss in funktionstüchtigem Zustand gehalten werden; es müssen Regeln durchgesetzt werden, die festlegen, wie und von wem sie genutzt werden soll.

Im Detail – Der Testarbeitsplatz

Vom Standpunkt des Geschäftsbasierten TPI aus betrachtet, umfasst der Arbeitsplatz eines Testers mehr als einen Schreibtisch und einen Computer. Besprechungsräume, Telefone, Videokonferenz-Einrichtungen, Netzwerkverbindungen, Zugangsberechtigungen, Bürosoftware, Drucker, besondere Peripheriegeräte usw. sind Beispiele für Ressourcen, die leicht vergessen werden. Insbesondere bei Unternehmen, die auf verschiedene Orte verteilt sind, und im Falle von Outsourcing muss dem Testarbeitsplatz besondere Beachtung geschenkt werden, damit er nicht zum Engpass wird.

Die Installation und Wartung von Testumgebungen ist eine Arbeit, die Fachwissen verlangt, und daher keine Aufgabe, die ein Tester »nebenher« erledigen kann. Selbst für die zuständigen Fachleute ist es eine Tätigkeit, die Wissen in mehreren Disziplinen erfordert. Die wenigsten sind mit allen Aspekten der oben genannten Bereiche vertraut. Der richtige Einsatz und die angemessene Wartung der Testumgebung hängen daher stark von der Zusammenarbeit mit internen und externen Lieferanten ab.

Besonderes Augenmerk muss auf die Testdaten gerichtet werden. In den meisten Unternehmen werden »Technikfreaks« als die zuständigen Personen für die ersten fünf der oben genannten Bereiche einer Testumgebung betrachtet – also die Abteilung(en), die diese Bereiche auch für die Produktionsumgebung warten. Auf die Testdaten trifft dies jedoch nicht zu. Oft sind die Kenntnisse über die Testdaten und die Verantwortung dafür über das gesamte Unternehmen verteilt; bei der bestehenden Unternehmensstruktur fühlt sich niemand für die Qualität der Daten richtig verantwortlich.

Der Begriff »Testumgebung« kann für Verwirrung sorgen, da es auch eine Entwicklungsumgebung gibt, in der Testen stattfindet, eine Abnahmeumgebung, in der Abnahmetests durchgeführt werden, und manchmal wird sogar in der Produktionsumgebung getestet. Viele Unternehmen wenden das DTAP[6]-Modell an, das die Testumgebung von den anderen Umgebungen abgrenzt. In diesem Buch ist mit dem Begriff »Testumgebung« jedoch die Umgebung gemeint, in der das Testen stattfindet, ungeachtet ihrer Position im DTAP-Modell.

Reifegrad »Initial«

Auf dem Reifegrad »Initial« findet das Testen in der Testumgebung statt, die dem Tester ohne vorherigen Entwurf und ohne Anforderungen zur Verfügung gestellt wurde.

4.16.1 Testumgebung auf dem Reifegrad »Kontrolliert«

Änderungen der Testumgebung geschehen nicht unerwartet.

Heutige Testumgebungen sind sehr komplex und verwickelt. Die Zuständigkeiten sind nicht bekannt oder bestenfalls undurchsichtig, nicht zuletzt, weil niemand wirklich eine vollständige Übersicht über alle Bestandteile einer Testumgebung haben kann. Damit ein Testmanager die Kontrolle über seine Testumgebung behält, muss er wenigstens in regelmäßigem Kontakt mit den anderen Stakeholdern der Testumgebung stehen – egal, ob es sich um Lieferanten von Teilen der Testumgebung oder um andere Nutzer der Testumgebung handelt. Dies versetzt den Testmanager in eine Position, in der anstehende Änderungen mit ihm besprochen werden, so wie mit den Lieferanten und anderen Nutzern auch. Es ermöglicht ihm, sich auf geplante Änderungen vorzubereiten und auf sie zu reagieren. Darüber hinaus wird eine schnelle Eskalation von unvorhergesehenen Problemen gewährleistet, da keine Zeit damit verschwendet wird, den zuständigen Ansprechpartner zu finden.

Die richtigen Kontakte reichen natürlich nicht aus, um eine geeignete Umgebung einzurichten und zu warten. Es ist essenziell, im Vorfeld zu definieren, was notwendig ist, und wenigstens die Mindestmerkmale der benötigten Umgebung explizit anzugeben.

Kontrollpunkte

1. Die Anforderungen an die Testumgebung sind dokumentiert.
2. Es werden Arbeitsabkommen mit den Parteien getroffen, die die Testumgebung bereitstellen. Diese Abkommen enthalten Aufgaben und Verantwortlichkeiten.
3. Die Testumgebung steht dem Testteam für die vereinbarte Zeit zur Verfügung.
4. Der Testmanager wird rechtzeitig informiert, wenn eine Änderung der Testumgebung geplant ist.

---

6. Abkürzung für Development, Test, Acceptance und Production environment (Entwicklungs-, Test-, Abnahme- und Produktionsumgebung).

Enabler

- Prozesse wie Releasemanagement, Änderungsmanagement, Build-/Deployment-Management usw. Mit anderen Worten: Alle Prozesse, die gewährleisten, dass Änderungen der Produktionsumgebung auf kontrollierte Weise durchgeführt werden. Dem Verantwortlichen für die Testumgebung können diese Prozesse als Vorlage für ähnliche Testumgebungsprozesse und als Ausgangspunkt für die Ermittlung von Stakeholdern dienen.

Verbesserungsvorschläge

- Ernennen Sie einen Testumgebungsexperten, um die Kommunikation mit Lieferanten effizienter zu gestalten.
- Nehmen Sie Kontakt zu Softwarearchitekten auf. In vielen Fällen sind von ihnen gepflegte Übersichten der Softwarearchitektur irgendwo im Unternehmen vorhanden, und selbst wenn diese die Anforderungen des Testens nicht perfekt erfüllen, stellen sie doch einen guten Ausgangspunkt dar.
- Nehmen Sie Kontakt zu den für die Wartung der Produktivumgebungen zuständigen Abteilungen auf. Diese Abteilungen verfügen über beachtliches Wissen, Erfahrungen und brauchbare Dokumentationen. Verwenden Sie diese wieder.
- Legen Sie einen vorrangigen Fehlerstatus für Fehler in der Testumgebung fest. Lieferanten neigen dazu, die Wichtigkeit von Testumgebungen zu unterschätzen. Auf gewisse Weise haben sie Recht, da eine nicht funktionierende Testumgebung im Vergleich zu nicht funktionierenden Produktivumgebungen in den meisten Fällen relativ geringen Schaden verursacht. Versuchen Sie daher, Situationen zu identifizieren, in denen eine Fehlfunktion der Testumgebung deutlichen Schaden verursachen würde, und vereinbaren Sie für diese Fehler einen vorrangigen Status.

4.16.2 Testumgebung auf dem Reifegrad »Effizient«

Die Testumgebung geht gezielt auf die Anforderungen der vorliegenden Teststufe oder Testart ein.

Bei jeder Art von Produkten erkennen wir in allen Aspekten die Wichtigkeit eines guten Entwurfs an. Und dennoch ist der Entwurf einer Testumgebung für Testexperten nicht selbstverständlich. Die Anforderungen an eine Umgebung zur Durchführung eines Performanztests unterscheiden sich zum Beispiel wesentlich von denen eines Benutzbarkeitstests. Der nächste Schritt hin zu einer Umgebung, die allen Bedürfnissen des Testers gerecht wird, besteht darin, diese im Detail zu spezifizieren. Dazu gehört das Anerkennen verschiedener Arten von Umgebungen, die jeweils ihre eigenen Charakteristiken aufweisen.

Kontrollpunkte

1. Die Abnahme der Testumgebung findet mithilfe einer Checkliste statt, die im Vorfeld erstellt wird.
2. Ein logischer oder funktionaler Entwurf der Testumgebung wird zusammengestellt. Dieser behandelt Anwendungen, Systeme und ihre Verbindungen sowie den Einsatz von Stubs und Treibern (Mockups).
3. Lieferanten stellen einen technischen Entwurf der Testumgebung zur Verfügung, der formal vom Testmanager oder dem Testumgebungsexperten abgenommen wird.
4. Abkommen mit Lieferanten haben den Charakter eines Service Level Agreement.

Enabler

- Service Libraries[7]:
  Viele Unternehmen stützen sich auf Modelle wie z.B. ITIL [Veen 2007], ASL [Pols 2006] oder BiSL [Pols 2007], um ihre Wartungsabteilungen zu strukturieren. Diese Abteilungen verfügen über beachtliches Wissen und Erfahrung in den Bereichen der Installation und des Betriebs von sowohl Infrastruktur als auch Applikationen. Best Practices dieser Abteilungen können (teilweise) kopiert und als Ausgangspunkt für an die Best Practices angelehnten Vorgehensweisen im Testprojekt oder in der Testorganisation verwendet werden.

Verbesserungsvorschläge

- Formalisieren Sie Arbeitsabkommen, die von anderen Parteien verwendet werden.

4.16.3 Testumgebung auf dem Reifegrad »Optimierend«

Testumgebungen werden Testern in Form einer Dienstleistung zur Verfügung gestellt.

Allzu oft sind Tester bei der Einrichtung und Wartung ihrer Umgebung auf mehrere Abteilungen angewiesen, was dazu führt, dass sich keiner der Lieferanten für die gesamte Umgebung verantwortlich fühlt oder dafür die Verantwortung trägt. Wenn zum Beispiel Nachrichten zwischen zwei Plattformen »verloren gehen«, die von unterschiedlichen Abteilungen gewartet werden, bleibt es dem Tester selbst überlassen, herauszufinden, weshalb die Nachricht nicht an ihrem Ziel ankommt.

---

7. Service Libraries bezeichnen hier Prozessstandards zur Lieferung und Wartung von geschäftlichen Informationssystemen im Unternehmen. Die bekanntesten und von den Autoren referenzierten Vertreter sind die Information Technology Infrastructure Library (ITIL), die Application Services Library (ASL) und die Business Information Services Library (BiSL). (A.d.Ü.)

Dieser hat jedoch weder die Fähigkeiten noch die Kenntnisse, um eine angemessene Analyse durchzuführen. Es ist daher notwendig, dass es einen Hauptlieferanten gibt, der sich für eine funktionierende Umgebung mit vereinbarter Dienstgüte verantwortlich fühlt und der als Vermittler zwischen den Testern und anderen Lieferanten agiert.

Damit der Hauptlieferant sicherstellen kann, dass angemessene, flexible Testumgebungen existieren, die auf alle spezifischen Testbedürfnisse abgestimmt sind, muss das Unternehmen bestimmte Rollen und Verantwortlichkeiten innerhalb der Linienorganisation bereitstellen. Man sollte von Projekten mit beschränkter Dauer nicht erwarten, dass dort alle Kenntnisse und Fähigkeiten erlangt und gepflegt werden, die notwendig sind, um eine komplexe Kette von Systemen und Plattformen zu betreiben. Die Ernennung einer oder mehrerer Personen, die für die Einrichtung und Pflege von Umgebungen verantwortlich sind, reicht jedoch nicht immer für eine Lösung aus. Egal, welcher Rolle oder Abteilung diese Verantwortung übertragen wird, sie sollte auch die Befugnis haben, bestimmte Regeln und Vorschriften durchzusetzen, die auf die Schaffung stabiler und vorhersehbarer Umgebungen abzielen.

Kontrollpunkte

1. Die Verantwortung für die Testumgebungen liegt eindeutig bei einer Abteilung.
2. Die Verwendung von Testumgebungen ist in einem Standardvertrag festgehalten.
3. In einem Leistungsverzeichnis wird festgehalten, welche Dienstleistungen in den Bereich der Testumgebung fallen und welche nicht.

Enabler

- Keine.

Verbesserungsvorschläge

- Stellen Sie sicher, dass bei Dienstleistungen, die den Umgang mit Testdaten beinhalten, kundensensitive Daten geschützt werden, und unterscheiden Sie zwischen realen Produktionsdaten und künstlich erzeugten Daten.
- Sorgen Sie dafür, dass die Entwicklungs- und Testumgebungen logisch und vorzugsweise auch physisch voneinander getrennt sind, um Entwicklertests (oder sogar reine Entwicklungsaktivitäten) in der Testumgebung zu vermeiden.

Teil III

Verbesserung der Testprozessreife

5 Der Änderungsprozess beim Geschäftsbasierten TPI

Der Änderungsprozess beim Geschäftsbasierten TPI-Modell folgt der Vorgehensweise eines generischen Änderungsprozesses. Dabei stellt jedes BDTPI-Projekt einen separaten Änderungsprozess dar, der einem bestimmten strukturierten Pfad mit den nachstehend aufgeführten Aktivitäten folgt:

1. *Schaffung des Bewusstseins*:
   Warum muss der Testprozess verbessert werden?
2. *Festlegung von Zielen, Betrachtungsbereich und Vorgehen*:
   Wo soll sich der Testprozess kurz- oder langfristig befinden? Wo können wir, ausgehend von der jetzigen Situation, ansetzen?
3. *Bewertung des Istzustands*:
   Wie ist unsere jetzige Situation zu beurteilen? Wo liegen die Stärken? Wo besteht Verbesserungsbedarf?
4. *Definition von Verbesserungen*:
   Was müssen wir tun oder ändern, um unsere Ziele zu erreichen?
5. *Erstellung eines Maßnahmenplans*:
   Wie erreichen wir die gewünschte Situation? Wer ist involviert? Was ist unser Zeitrahmen? Welche Ressourcen benötigen wir?
6. *Implementierung der Maßnahmen*:
   Die Verbesserungsmaßnahmen werden umgesetzt, die neuen Verfahren, Vorlagen usw. werden angewandt, es wird Praxiserfahrung gesammelt, usw.
7. *Bewertung und Neuausrichtung*:
   Haben wir unsere Ziele erreicht? Entspricht die Situation unseren Wünschen? Wie sollten wir weiter vorgehen? Sollten wir eine neue Richtung einschlagen?

Der Änderungsprozess ist in Abbildung 5–1 dargestellt.

Abb. 5–1 *Der Änderungsprozess folgt einem strukturierten Pfad mit Kernaktivitäten*

In einem Änderungsprozess gibt es viele Erfolgsfaktoren. Der wichtigste besteht in dem Engagement der Leute, die von den Änderungen betroffen sind. Ihr Engagement zu gewinnen und ihren (sicherlich vorhandenen) Widerstand zu überwinden, kann ein schwieriger, kontinuierlicher Prozess sein. Das Gleiche trifft auf die Überwachung des Änderungsprozesses zu. Solche Aktivitäten sind jedoch allen Änderungsprozessen gemeinsam und werden daher in diesem Kapitel nicht näher beschrieben.

In den folgenden Abschnitten wird auf diejenigen Elemente des Änderungsprozesses explizit eingegangen, die für das Testen spezifisch sind. Grundlage ist die Durchführung eines vollständigen BDTPI-Assessments und die Implementierung von Verbesserungsvorschlägen. Für jeden Schritt (oder Teilschritt) des Änderungsprozesses werden in einer Tabelle mögliche Aktivitäten aufgelistet, die innerhalb des jeweiligen Schritts durchzuführen sind. Abhängig von z.B. dem Umfang und der Vorgehensweise des BDTPI-Projekts oder der Größe des Unternehmens kann entschieden werden, welche Aktivitäten in einem bestimmten Kontext durchgeführt werden müssen.

5.1 Schaffung des Bewusstseins

Es gibt eine breite Palette an Geschäftstreibern oder Auslösern für die Änderung und Verbesserung des Testprozesses (siehe Abschnitt 6.2). Der Änderungsprozess profitiert nicht nur von der Schaffung des Bewusstseins, sondern braucht darüber hinaus ausreichende Unterstützung von den Stakeholdern. Falls Sie als Tester der Meinung sind, dass der Prozess verbessert werden kann, ist es empfehlenswert, das Management in Ihre Ideen und Pläne einzubinden. Das Gleiche gilt auch umgekehrt: Wenn Sie als IT-Manager der Auffassung sind, dass es beispielsweise möglich sein sollte, den Testprozess in kürzerer Zeit durchzuführen, ist es sinnvoll, die Tester in Ihre Pläne und Ideen einzubeziehen.

Tipp – Das Bewusstsein ist eine wesentliche Voraussetzung

Es mag vielen so erscheinen, als ob die am Testprozess Beteiligten sehr wohl wüssten, dass der Prozess nicht reibungslos verläuft und daher verbessert werden muss. Dies ist keineswegs immer der Fall. Üblicherweise herrscht zwar eine allgemeine Vorstellung über Verbesserungsmöglichkeiten, jedoch haben die beteiligten Parteien meistens unterschiedliche Ansichten über den Umfang, das Ausmaß und die Ursache der bestehenden Probleme. Die Schaffung des Bewusstseins sollte daher nicht als losgelöster Schritt im Änderungsprozess betrachtet, sondern als wesentliche Voraussetzung erkannt werden.

Eine Motivation zur Verbesserung des Testprozesses kann die Annahme sein, dass mit dem Testprozess »etwas nicht stimmt«, was jedoch auch das Symptom einer woanders liegenden Ursache sein kann. Daher sollten sich alle Beteiligten über die folgenden Punkte bewusst werden und diese unterstützen:

- Notwendigkeit der Verbesserung des Testprozesses, Zweck und (mögliche) Vorteile;
- Anerkennung, dass der Einsatz des BDTPI-Modells in diesem Änderungsprozess der richtige Weg ist;
- Erkennen, dass ein Testprozessverbesserungsprojekt eine Änderung der Arbeitsweise erfordert oder zu dieser führen wird.

Die Maßnahmen in dieser Phase zielen normalerweise darauf ab, den Beteiligten die Vorteile eines verbesserten Testprozesses näherzubringen, z.B.:

- Ein Vertreter der Fachseite kann die möglichen Risiken bei der Einführung eines neuen oder geänderten Systems sicherer beurteilen.
- Die Wartungsabteilung kann eine bessere Einsicht in die Wartbarkeit des Systems erhalten.
- Der Helpdesk kann durch eine Reduzierung von Produktionsfehlern entlastet werden.

Beispiel – Bottom-up-Methode

In einem großen Unternehmen, in dem 40-50 Mitarbeiter direkt mit dem Testen beschäftigt sind, beschließt das Management, dass der Testprozess durch den Einsatz einer neuen Testmethode erheblich verbessert werden soll. Die Mitarbeiter widersetzen sich dem Plan jedoch mit folgendem Argument: »Wir arbeiten schon immer auf unsere Weise und seht mal, wie stabil unsere Systeme sind.« Das Management und die Mitarbeiter einigen sich darauf, nach der Bottom-up-Methode zu arbeiten: Wie könnten die Tester bei der Verbesserung ihrer eigenen Testaktivitäten unterstützt werden? Durch diesen Ansatz wird den Mitarbeitern bewusst, dass eine Verbesserung möglich und sogar nötig ist. Das Resultat ist eine erfolgreiche Weiterbildung der Mitarbeiter sowie ein besser strukturierterer und transparenterer Testprozess.

Mögliche Maßnahmen und Arbeitsergebnisse in diesem Schritt

Maßnahme	Arbeitsergebnisse	Bemerkung
Vorbesprechungen führen	▪ Präsentation ▪ Problembeschreibung	Präsentationen (z.B. über den Wert des Testens) und andere Kommunikationsformen sollen festhalten: Wo liegt das Problem? Wer ist beteiligt?

5.2 Festlegung von Zielen, Betrachtungsbereich und Vorgehen

Man kann ein Verbesserungsprojekt auf verschiedene Arten angehen, jedoch ist ohne Vorbereitung ein Scheitern vorprogrammiert[1]. Um ein BDTPI-Projekt durchführen zu können, müssen die folgenden Fragen beantwortet sein: Welche Ziele sollen erreicht werden? Was kann und soll von den Verbesserungen erwartet werden? Auf welchen spezifischen Testprozess (oder welche spezifischen Testprozesse) sollte man sich konzentrieren? Wer hat die relevanten Informationen und wie viel Zeit wird benötigt?

5.2.1 Definition der Ziele

Ziele können in Form von Laufzeit, Kosten und/oder Qualität des Testens gesetzt werden. Sie können sich entweder auf einen kurzfristigen Zeitrahmen (Monate) oder auf einen langfristigen Zeitrahmen (Jahre) beziehen. Ein typisches qualitätsbezogenes Ziel für die Testprozessverbesserung kann darin bestehen, mehr und bessere Informationen vom Testprozess zu erhalten. Beim Einsatz des BDTPI-Modells ist es wichtig zu wissen, dass spezifische Ziele zu einer spezifischen Schwerpunktsetzung auf bestimmte BDTPI-Kernbereiche führen (Kap. 4 beschreibt die Kernbereiche; Abschnitt 6.1 beschreibt die Schwerpunktsetzung auf spezifische Kernbereiche durch bestimmte Geschäftstreiber).

1. Hier verwenden die Autoren ein bekanntes Zitat von Benjamin Franklin: »By failing to prepare, you are preparing to fail.« (A.d.Ü.)

Tipp – Die Erreichbarkeit der Ziele beurteilen

Priorisieren Sie die Ziele entweder danach, ob sie leicht zu erreichen sind und mit dem geringsten Aufwand die größten Gewinne einbringen, oder danach, ob sie kritische Probleme lösen. Die Ziele müssen realistisch sein. Mit anderen Worten: Kann BDTPI diese Ziele erreichen? Und: Lösen wir die richtigen Probleme mit BDTPI? Handelt es sich bei dem Problem um eine Ursache oder ein Symptom? Es ist sehr gut möglich, dass etwas, das als Problem wahrgenommen wird, eine ganz andere Ursache hat als zunächst vermutet. In dieser Phase des Änderungsprozesses ist es daher ratsam, die Erreichbarkeit der Ziele zu beurteilen.

Ein BDTPI-Assessment hilft bei der Beantwortung der Frage, ob Sie das richtige Problem lösen. Die Ergebnisse können als Begründung in einem Business Case für die Verbesserung eingesetzt werden. Ein weiteres Ziel könnte z.B. sein, einen kontrollierten und wiederholbaren Prozess zu entwickeln und zu implementieren. Der Kernpunkt dieses Ziels besteht in der Festlegung und Beschreibung der Testaktivitäten. Der Zeitplan für ein Testprojekt kann aufgestellt und die notwendigen Ressourcen (Wissen, Kompetenzen und Budget) können genau geschätzt werden. Dies kann durch den Einsatz einer standardisierten Testmethode (wie z.B. TMap NEXT®) und die Anwendung gewonnener Erfahrungen und Best Practices erreicht werden. In einem kontrollierten Testprozess zielt der Testaufwand auf die kritischsten Teile eines Systems ab, wobei die wichtigsten Fehler bei geringstem Kostenaufwand gefunden werden.

Beispiel aus der Praxis – Übertragung der Geschäftsziele

Bei einem Projekt zur Testprozessverbesserung in einem großen Finanzunternehmen wird zunächst das Geschäftsziel (höhere Effizienz) auf spezifische Ziele für das Testen übertragen:

- Strategisches Ziel:
  Das Testen sollte effizienter sein.
- Taktisches Ziel:
  Die wichtigsten Fehler sollten so früh wie möglich im Projekt gefunden werden.
- Betriebliches Ziel:
  Bis zum 1. Januar nächsten Jahres soll die Anzahl der schweren Fehler, die in der Produktion gefunden werden, um 75% reduziert sein.

Beachten Sie beim Beschreiben der Ziele, dass Sie auch in der Lage sein müssen, das Erreichen dieser Ziele nachzuweisen: Wie werden Sie oder Ihre Stakeholder wissen, dass Sie durch den Verbesserungsaufwand die Erwartungen erfüllt und die Ziele erreicht haben? Dies kann realisiert werden, indem Sie Indikatoren definieren, z.B. die Anzahl der Fehler in der Produktion im ersten Monat nach Inbetriebnahme, die Anwenderzufriedenheit, messbar mithilfe einer Checkliste, oder das Verhältnis zwischen der Anzahl der Testfälle und der Anzahl der gefundenen Fehler (siehe auch »Anwendung von Indikatoren« in Abschnitt 6.4.4).

5.2.2 Festlegung des Betrachtungsbereichs

Der Änderungsprozess kann unterschiedliche Betrachtungsbereiche haben:

- Ein bestimmter Test in einem Projekt (z.B. der Performanztest)
- Eine oder mehrere bestimmte Teststufen in einem Projekt oder allgemein (z.B. System- oder Abnahmetests)
- Alle Teststufen in einem Projekt (einschließlich Entwicklertests)
- Alle Tests einer bestimmten Teststufe im gesamten Unternehmen (z.B. alle Systemtests)
- Alle Teststufen im gesamten Unternehmen
- Tests, die von einem externen Lieferanten durchgeführt werden

Die Überlegungen zur Auswahl des Betrachtungsbereichs könnten ein bestimmtes Projekt oder eine bestimmte Teststufe in Erwägung ziehen, die den größtmöglichen Nutzen aus einer Verbesserung ziehen würde (z.B. der Systemtest in einem System-Upgrade), oder eine bestimmte Teststufe, die bei geringstem Aufwand die besten Ergebnisse verspricht.

Zu beachten ist außerdem, dass in manchen Situationen der Testprozess die letzte Projektphase ist und daher unter konstantem Zeitdruck steht. Werden es die vorhandene Zeit und das Engagement der Stakeholder in dieser Situation erlauben, dass sich das Verbesserungsprojekt bewährt und die geforderten Ergebnisse erzielt?

Bedenken Sie, dass die Festlegung des Betrachtungsbereichs die Priorität der Kernbereiche beeinflussen kann. Die individuelle Situation eines Testprozesses mit seinen spezifischen Problemen kann zur Konzentration auf bestimmte Kernbereiche führen.

Beispiel – Einschränkung des Betrachtungsbereichs

Ein Energielieferant ist über mehrere Jahre erheblich expandiert, und auch die IT-Abteilung ist gewachsen. Aufgrund der Vergrößerung des Unternehmens ist es nicht mehr möglich, sich auf kurze Kommunikationswege und individuelles Fachwissen zu verlassen. Da die Qualität der Arbeitsergebnisse der IT-Abteilung immer wichtiger wird, will das Unternehmen den bestehenden Testprozess verbessern.

Der vorhandene Testprozess findet in kleinen Projekten und weitgehend ad hoc statt. Der Auftraggeber fordert explizit, die Kernbereiche Testwerkzeuge, Professionalität der Tester und Metriken aus dem Assessment auszuschließen, da ihm von Anfang an klar ist, dass es in diesen Kernbereichen keinerlei Aktivitäten gibt.

Tipp – Alle Kernbereiche abdecken

Wie im vorhergehenden Beispiel erwähnt, ist es durchaus möglich, Kernbereiche aus einem BDTPI-Projekt auszuschließen. Sie sollten jedoch Kernbereiche nicht grundlos weglassen. Die Konzentration auf lediglich bestimmte Kernbereiche oder der Ausschluss bestimmter Kernbereiche sollte durch spezifische Gegebenheiten gerechtfertigt sein (z.B. agile Entwicklung), aber nicht auf der vermuteten Reife des Testprozesses beruhen. →

Der zusätzliche Aufwand für das Abdecken aller Kernbereiche ist eher gering, insbesondere bei einfachen Testprozessen. Um einen vollständigen Einblick zu erhalten und die Möglichkeit zu haben, schnelle Erfolge zu erzielen, ist es empfehlenswert, alle Kernbereiche in die Analyse einzubeziehen.

Mögliche Maßnahmen und Arbeitsergebnisse in diesem Schritt

Maßnahme	Arbeitsergebnisse	Bemerkung
Verbesserungsprojekt initiieren	Formulierung des Auftrags	Definieren Sie die Ziele und den Betrachtungsbereich der Testprozessverbesserung und des Auftrags und legen Sie die Aktivitäten fest.

5.2.3 Bestimmung des Vorgehens

Wenn Sie Ihre Ziele und den Betrachtungsbereich festgelegt haben, bestimmen Sie im nächsten Schritt das weitere Vorgehen. Natürlich hängen die nächsten Schritte erheblich von den Ergebnissen der vorangegangenen Phasen ab – dem Bewusstsein für die Testprozessverbesserung und den getroffenen Entscheidungen, beteiligten Personen, festgelegten Zielen und dem Betrachtungsbereich.

Falls Sie ein Problem beim Testen wahrnehmen, Ihnen jedoch weder Zeit noch Ressourcen zur Verfügung stehen, um unmittelbar etwas zu unternehmen, sollten Sie abwarten und vielleicht damit beginnen, das Bewusstsein für das Problem zu stärken.

Falls der Betrachtungsbereich sehr weit gewählt ist und z.B. auf alle Testaktivitäten im Unternehmen abzielt, wäre die Bewertung aller Projekte ein zu großer Aufwand. In dieser Situation könnte es sinnvoll sein, ein Referenzprojekt oder einen Referenzprozess zu finden. Falls der Betrachtungsbereich beispielsweise Abnahmetests umfasst, könnten ein kürzlich abgewickeltes Projekt und die durchgeführten Abnahmetests als Referenz zur Bewertung dienen. Die wichtigsten Kriterien für ein Referenzprojekt sind, dass es genügend hilfreiche Informationen bietet, um allgemeine Aussagen zu erlauben, und dass die Informationen leicht zugänglich und für eine Analyse geeignet sind.

Im Detail – Unterschiedliche Testprozesse

Bei einem Assessment in einem Unternehmen mit unterschiedlichen Testprozessen ist eine Vielzahl spezieller Fragen zu beantworten, z.B.:

- Gibt es Testprozesse, die als Referenzprozess dienen können?
- Sollten die Testprozesse verglichen werden, und falls ja, auf welche Weise?
- Wie sollten die Ergebnisse präsentiert werden?

Weitere Informationen sind in Abschnitt 7.3 enthalten.

Zur Bestimmung des Vorgehens gehört es, herauszufinden, wie viele Interviews notwendig sind, mit wem sie durchgeführt werden sollten, welche Dokumente studiert werden müssen und ob ein Kick-off-Meeting erforderlich ist. Darüber hinaus müssen folgende Fragen berücksichtigt werden: Welche Personen sollen zusätzlich beteiligt sein? Über welche Elemente des Testverbesserungsprozesses (z.B. Fortschritt, vorläufige Befunde und Probleme) soll berichtet werden und wie sollen die Berichte geliefert werden (an wen, wann usw.)?

Im Detail – Kick-off-Meeting

In einem Kick-off-Meeting werden den beteiligten Personen die Ziele, der Prozess und die Abläufe erklärt. Es besteht die Möglichkeit, erste Fragen zu stellen, um die Beteiligten mit der Art von Fragen vertraut zu machen, die sie erwarten können.

Eine weitere wichtige organisatorische Frage ist, wer das eigentliche Assessment durchführen wird. Soll diese Aufgabe einem Mitglied Ihres Testteams zugewiesen werden oder von einem unabhängigen, erfahrenen, möglicherweise externen BDTPI-Berater in die Hand genommen werden? Ein Außenstehender ist oft objektiver und dem Testteam kann ein offenes Gespräch mit ihm leichter fallen als mit einem Kollegen. Alternativ kann ein Mitglied des Testteams die Führung übernehmen und der BDTPI-Berater eine beratende Rolle einnehmen.

Bei der Planung sollte für die folgenden Aktivitäten reichlich Zeit reserviert werden:

- Schaffen eines gemeinsamen Verständnisses der Ziele und des Vorgehens (unter den Mitarbeitern des Unternehmens, die am Projekt beteiligt sind)
- Organisation, Planung und Durchführung von Interviews (einschließlich der Vorbereitung der Fragen)
- Verwaltung und Bereitstellung von Informationen (Dokumentation)
- Durchsicht von Berichten
- Teilnahme an Präsentationen und anderen Besprechungen

Mögliche Maßnahmen und Arbeitsergebnisse in diesem Schritt

Maßnahme	Arbeitsergebnisse	Bemerkung
Assessment-Plan erstellen	Assessment-Plan	Beschreiben Sie die Aktivitäten und die benötigte Zeit der beteiligten Personen.
Termine mit den beteiligten Personen vereinbaren	Zeitplan	Dies ist immer zeitaufwendig. Tipp: Delegieren Sie die Terminplanung.

5.3 Bewertung des Istzustands

»Wenn Sie nicht wissen, wo Sie sind, hilft Ihnen auch keine Karte!« – Watts S. Humphrey [Humphrey 1989][2]. Wenn Sie Ihre Ausgangsposition nicht kennen, kann es sein, dass Sie auf dem Weg zu Ihrem Ziel ungeeignete Schritte unternehmen. Es ist wichtig, die Stärken und Schwächen des aktuellen Testprozesses zu kennen, um zu wissen, worauf die Bewertung sich konzentrieren soll, welche Kernbereiche zusätzliche Aufmerksamkeit benötigen und/oder welche Aspekte vorteilhaft sind und daher beibehalten und wirksam eingesetzt werden sollten.

Der Istzustand wird durch die Ausführung der folgenden Schritte definiert:

1. Sammeln Sie Informationen aus Gesprächen und der Dokumentation.
2. Analysieren Sie die Informationen, indem Sie das BDTP-Modell als Referenz verwenden.
3. Beschreiben Sie die Stärken, Schwächen, Chancen und Risiken und ziehen Sie Schlussfolgerungen.

Die Darstellung des Istzustands eines Testprozesses wird in Abschnitt 3.6 behandelt.

5.3.1 Sammlung von Informationen

Interviews

Die wertvollste Quelle für Informationen stellen die Personen dar, die in den Testprozess involviert sind – entweder in einer eher passiven Rolle (z.B. das Management, das auf der Grundlage der Testergebnisse Entscheidungen treffen möchte) oder in einer ausführenden Rolle (z.B. Tester, Programmierer, die Fehler beheben, und möglicherweise ein Supportcenter). Die Informationen können durch Interviews gewonnen werden, wobei die Kernbereiche und die zugehörigen Kontrollpunkte als Basis für Fragen verwendet werden können (siehe Kap. 4). Entscheiden Sie bereits vor der Durchführung der Interviews, in welche Richtung Sie Informationen benötigen: Welche Informationen sind hilfreich und wann reichen die gesammelten Informationen aus?

Nicht alle Meinungen oder Informationen, die Sie zusammentragen, werden sich direkt auf den Testprozess beziehen. Sie werden auch andere Aspekte des Projekts oder des Unternehmens beleuchten, wie z.B. die Qualität der Designs und die allgemeine Arbeitsatmosphäre oder Unternehmenskultur. All diese Informationen können für das BDTPI-Projekt relevant sein. Falls Sie z.B. in den Interviews erfahren, dass die Tester durch eine kürzlich durchgeführte Neuorgani-

---

2. Watts Sherman Humphrey (1927-2010) war Fellow des Software Engineering Institute (SEI) an der Carnegie Mellon University und Preisträger der National Medal of Technology.

sation demotiviert sind, kann diese Information bei der Entwicklung des Verbesserungsplans nützlich sein.

Diese Aspekte stehen in enger Verbindung mit den Enablern des BDTPI-Modells: Informationen aus anderen Prozessen des Softwarelebenszyklus (SDLC) können eingesetzt werden, um den Testprozess zu stärken – und umgekehrt.

Tipp – Mehrfach überprüfen

Denken Sie daran, dass man normalerweise dazu neigt, die eigene Arbeit positiver einzuschätzen, als sie in Wirklichkeit ist. Die meisten Befragten sind der Auffassung, dass die Probleme beim Testen durch andere Personen/Organisationseinheiten verursacht werden. Dies erfordert einen erfahrenen Interviewer, der die Antworten kritisch hinterfragt. Für erfahrene BDTPI-Berater ist es nicht unüblich, derselben Person dreimal die gleiche Frage zu stellen – und drei verschiedene Antworten zu erhalten.

Zu den interessanten Informationsquellen zählen:

- Auftraggeber
- Projektmanager
- Testmanager (Testkoordinator)
- Tester (Testingenieure, Testanalysten)
- Linienmanagement
- Ausgewählte Endbenutzer
- Verantwortliche für die Testumgebung(en)
- Leiter der Systementwicklung/Entwickler
- Fehlermanager
- (Interne) Auditoren
- Wartungsabteilung

Tipp – Objektivieren Sie die Informationen

Falls Sie eine Bewertung Ihres eigenen Testprozesses durchführen, sollten Sie darauf achten, dass Ihre Informationen so objektiv wie möglich sind. Falls Zweifel bestehen, bitten Sie einen Kollegen um ein Review oder eine Einschätzung Ihrer Ergebnisse.

Eine besondere Art, Informationen über den laufenden Testprozess zu gewinnen, ist die Durchführung eines oder mehrerer Gruppengespräche. Dies stellt die vielleicht praktischste Lösung bei größeren Aufträgen dar, wie z.B. bei unternehmensweiten BDTPI-Projekten oder bei Projekten mit verschiedenen beteiligten Parteien, wie beispielsweise Lieferanten und Kunden. Die Durchführung von Gruppeninterviews hat jedoch auch einen bedeutenden Nachteil. Es kann zu einer großen Diskussion kommen, Informationen können beeinflusst werden oder Beteiligte wagen sich nicht offen zu äußern – insbesondere dann, wenn Mitarbeiter in einem Abhängigkeitsverhältnis stehen. Selbst unter Gleichgestellten können die Beiträge kommunikationsfreudiger Personen die schüchternen Teilnehmer daran hindern, zu Wort zu kommen.

Natürlich ist auch eine Mischung aus Einzelinterviews und Gruppeninterviews oder -gesprächen möglich.

Beispiel – Gruppengespräch

Um in einem Unternehmen mit 6 eigenständigen Bereichen einen schnellen Einblick in die Testprozesse zu gewinnen, wird ein Gruppengespräch zur Bewertung organisiert. Aus jedem Bereich sind mindestens 2 Personen beteiligt. Es wird von ihnen erwartet, die wichtigsten Informationen zu den BDTPI-Kernbereichen zu liefern, sowohl von einer hohen Warte aus betrachtet (Helikopterperspektive) als auch aus ihrer Perspektive als Tester. Das Gespräch wird von zwei BDTPI-Beratern vorbereitet und durchgeführt. Einer der Berater übernimmt die Gesprächsführung, während der andere in der Rolle des Beobachters Notizen macht. Im Verlauf eines Tages werden alle Kernbereiche und relevanten Kontrollpunkte besprochen. Dies führt nicht nur zu einer klaren BDTPI-Matrix für das gesamte Unternehmen, sondern – was noch viel wichtiger ist – zu einem gemeinsamen Verständnis des allgemeinen Testprozesses und einem lebhaften Austausch von Ideen und Möglichkeiten.

Dokumentation

Nach der Durchführung der Interviews kann es notwendig sein, die gewonnenen Informationen zu überprüfen. Eine Möglichkeit besteht darin, die Ergebnisse mit den Aussagen anderer befragter Personen oder relevanter Stakeholder abzugleichen. Eine weitere Möglichkeit ist, relevante Dokumente wie z.B. (Master-)Testpläne, Testfälle, Fehler- und Fortschrittsberichte heranzuziehen. Um einen allgemeinen Überblick zu gewinnen, ist es auch wichtig, die Projektpläne und funktionalen Spezifikationen durchzusehen.

Beispiel – Überprüfen der Informationen aus den Interviews

BDTPI-Berater: »Vor der Durchführung des Interviews schickte mir der Testmanager einen Mastertestplan zu. Er sah einwandfrei aus: Alle Punkte waren vorhanden und in angemessener Form ausgearbeitet. Um sicher zu sein, fragte ich jedoch beim Auftraggeber des Testmanagers nach. Dabei stellte sich heraus, dass er den Mastertestplan noch nie gesehen, geschweige denn die möglichen Produktrisiken und die Teststrategie überprüft hatte. Der Testmanager hatte den Plan entwickelt, jedoch nicht an den wichtigen Schritt gedacht, ihn seinem Auftraggeber zur Prüfung vorzulegen.«

Tipp – Analyse der Dokumentation vor dem Interview

Erfahrungsgemäß ist es am besten, zuerst die Dokumentation zu lesen und diese Informationen dann für die Vorbereitung der Interviews zu nutzen.

Falls keine anderen Unterlagen zur Überprüfung verfügbar sind, fragen Sie nach E-Mails. Dies mag zwar eigenartig klingen, jedoch nutzen die Tester in manchen Fällen die Kommunikation per E-Mail, um Fehler zu berichten, allgemeine Befunde mitzuteilen oder die Testbewertung am Ende des Projekts zu übermitteln.

Es kann auch vorkommen, dass Sie mit Informationen überhäuft werden. In dieser Situation ist es sinnvoll, sich einen Zeitrahmen festzulegen, und generell nicht mehr als einen Tag damit zu verbringen, die Dokumentation zu prüfen. Falls Ihnen viel Material vorliegt, priorisieren Sie die Dokumente und prüfen Sie nur die besonders bedeutsamen Teile. Falls Sie z.B. einen vollständigen Fehlermeldungsbestand erhalten, wählen Sie einige schwere Fehler aus, die (noch) nicht behoben sind, und einige behobene, weniger schwere Fehler, um ein repräsentatives Bild zu erhalten.

Persönliche Kontaktaufnahme

Die informellen Kontakte während oder außerhalb der Arbeitszeiten sind sehr nützliche Informationsquellen. Sie können sich neben einen Tester setzen, während er seine Arbeit macht, oder sogar selbst ein paar Tests durchführen, um die Anwenderfreundlichkeit der Testfälle zu prüfen. Auch eine nette Unterhaltung beim Mittagessen oder in einer Kaffeepause kann häufig hilfreiche Informationen liefern.

Mögliche Maßnahmen und Arbeitsergebnisse in diesem Schritt

Maßnahme	Arbeitsergebnisse	Bemerkung
Kick-off-Meeting durchführen	Unterlagen mit (allgemeinen) Informationen über die Vorgehensweise des BDTPI-Projekts	Bei größeren Aufträgen hilft ein Kick-off-Meeting, ein gemeinsames Verständnis der Ziele und der Vorgehensweise zu erlangen.
Interviews mit Testern und anderen beteiligten Parteien führen	Interviewnotizen für den internen Gebrauch	Kalkulieren Sie etwa 2,5 Stunden pro Interview ein: Vorbereitung, 1–2 Stunden für das eigentliche Interview pro befragter Person und Nachbereitung.

5.3.2 Analyse der Informationen

Die gewonnenen Informationen werden mit dem BDTPI-Modell abgeglichen, wobei alle relevanten Kernbereiche und Kontrollpunkte so früh wie möglich (bereits zeitgleich mit den Interviews) überprüft werden. Das vollständige Bild des zu bewertenden Testprozesses wird Schritt für Schritt erarbeitet. Informationslücken können leicht identifiziert und im Verlauf der noch auszuführenden Interviews geschlossen werden. Es kann hilfreich sein, all Ihre Notizen, Bemerkungen und Befunde in einer Tabelle zu dokumentieren und den relevanten Kernbereichen zuzuordnen. Diese Faktensammlung hilft dabei nachzuvollziehen, welche Kontrollpunkte durch Ihre Befunde erfüllt werden, welche nicht erfüllt und welche noch offen sind. Sie bildet die Grundlage für die Beschreibung des Istzustands.

Beispiel – Faktensammlung

Kernbereich	Bewertung	Verbesserungsvorschlag
Teststrategie	Die Teststrategie führt den Testprozess zu einem optimalen Einsatz von Aufwand und Ressourcen. Die Teststrategie definiert die Verteilung des Testaufwands und der Testabdeckung über die zu testenden Teile oder Aspekte des Testobjekts. Ziel der Teststrategie ist es, die wichtigsten Fehler so früh und so kostengünstig wie möglich zu finden. Die Wichtigkeit der Fehler wird durch Testziele wie z.B. Geschäftsprozesse, kritische Erfolgsfaktoren oder bekannte Produktrisiken bestimmt. ■ Das Ziel und die Abgrenzung einer Teststufe gegenüber anderen Teststufen ist in der Praxis nicht eindeutig. Es gibt eine Testrichtlinie und ein Testprozessmodell, in denen die Abgrenzung bestimmt wird. Darin wird festgelegt, dass zu Beginn eines Testprojekts ausgearbeitet werden muss, wie der Testaufwand über die verschiedenen Teststufen verteilt werden soll. Die Testrichtlinie und das Testprozessmodell werden jedoch nicht befolgt und solche Abweichungen erfolgen unkontrolliert. ■ Es gibt keine tatsächliche Differenzierung bei der Testabdeckung. Die Testvorgehensweise bietet eine eingeschränkte Überdeckung. Es wird nicht explizit besprochen, was und mit welcher Überdeckung getestet werden soll. Dies führt zu unterschiedlichen Erwartungen des Projektmanagers und des Auftraggebers.	Organisieren Sie bei Projektbeginn eine Teststrategiebesprechung. Optimieren Sie die Arbeitslastverteilung zwischen den unterschiedlichen Teststufen. Bestimmen Sie, welche Risiken eingegangen werden, falls ein Fehler beim Testen nicht gefunden wird. Beziehen Sie die Benutzer- und Wartungsabteilungen explizit mit ein.

Mögliche Maßnahmen und Arbeitsergebnisse in diesem Schritt

Maßnahme	Arbeitsergebnisse	Bemerkung
Interviews analysieren	Interviewprotokoll	Analysieren Sie nach den Interviews die Ergebnisse: Welche Ähnlichkeiten und Abweichungen gibt es? Habe ich wirklich alle Antworten? Brauche ich zusätzliche Informationen oder müssen bestimmte Dinge noch überprüft werden?
Dokumente studieren		Manchmal gibt es eine Unmenge an Dokumentation. Beschränken Sie die Zeit, die Sie damit verbringen, auf ein angemessenes Maß.
Kontrollpunkte begründen	Faktensammlung	Befunde und Bemerkungen pro Kernbereich oder Kontrollpunkt
Über Fortschritt berichten (mit Besprechungen)	Fortschrittsberichte	Nur bei großen Aufträgen und nach Absprache mit dem Auftraggeber oder Kunden

5.3.3 Beschreibung der Stärken, Schwächen, Chancen und Risiken

Für viele Personen, die an den Ergebnissen eines BDTPI-Assessments interessiert sind, kann die Faktensammlung mit einzelnen Kontrollpunkte und Befunden zu detailliert sein. Die Kontrollpunkte sind zwar sehr wirkungsvoll, stellen jedoch lediglich ein Mittel zur Veranschaulichung der Ergebnisse dar. Ein BDTPI-Assessment sollte Auskunft darüber geben, was bereits gut läuft und wo es Verbesserungsmöglichkeiten gibt. Für die meisten Beteiligten, insbesondere das Management, ist es verständlicher und daher notwendig, die Ergebnisse zusammenzufassen – z.B. in einem Bericht, der eine Beschreibung der Stärken und Schwächen des aktuellen Testprozesses enthält.

In einer akkuraten Analyse der aktuellen Situation sollte der Leser alle SWOT[3]-Aspekte erkennen können:

- *Stärken*:
  Was funktioniert bereits gut und sollte erhalten werden? Welche positiven Entwicklungen gibt es?
- *Schwächen*:
  Wo liegen die Probleme und Engpässe?
- *Chancen*:
  Wo sind Änderungen zu beobachten? Welche Umstände (Enabler) könnten sich positiv auf den Testprozess auswirken?
- *Risiken*:
  Welche Umstände könnten sich negativ auf den Testprozess auswirken?

Während eines Assessments treten häufig Aspekte zutage, die nicht in direktem Zusammenhang mit dem Testprozess stehen, z.B. eine hohe Mitarbeiterfluktuation, ein nicht regulierter Entwicklungsprozess oder der Einsatz neuer Entwicklungsmethoden (z.B. agile Entwicklung), der die festgelegten Erwartungen nicht erfüllt. In vielen Fällen können diese Aspekte mit den beschriebenen Enablern in Verbindung gebracht werden. Alternativ kann man sie aber auch separat beschreiben und anschließend mit den Stakeholdern besprechen, welche Maßnahmen ergriffen werden können.

Beispiel – SWOT-Analyse

Stärken

Es ist offensichtlich, dass viel unternommen worden ist, um einen formalen Testprozess zu erreichen. Entwickler und Tester können ihre Tests in getrennten Umgebungen durchführen. Benutzerakzeptanztests werden in einem separaten Testraum durchgeführt, ohne Ablenkung durch die täglichen Aufgaben. →

3. Abkürzung für *Strengths, Weaknesses, Opportunities, Threats* (Stärken, Schwächen, Chancen, Risiken).

Schwächen

Niemand weiß genau, wie viel das Testen kostet oder welche Vorteile es hat. Die allgemeinen IT-Kosten sind auch nicht bekannt.

Chancen

Die Wichtigkeit des Testens wird eindeutig anerkannt. Das gut strukturierte und gewartete Fehlermanagementwerkzeug kann die Grundlage für mehr und genauere Metriken bilden, die wiederum mehr Einsicht in Kosten und Nutzen des Testens liefern werden.

Risiken

Gesetzliche Vorschriften und die IT-Infrastruktur werden immer komplexer. Es ist daher unklar, wie lange die aktuelle Softwarequalität mit dem aktuellen Prozess noch aufrechterhalten werden kann.

Die Beschreibung der aktuellen Testsituation sollte mit einer kurzen Managementzusammenfassung der Ergebnisse abgeschlossen werden. Achten Sie darauf, Probleme nicht mit einzelnen Personen in Verbindung zu bringen (Motivationsmangel, mangelnde Ausbildung, fehlende Kooperationsbereitschaft usw.). Denken Sie daran, dass es bei der Testprozessverbesserung um die Bewertung von Prozessen geht – nicht von Personen.

Falls bei der Bestimmung des Vorgehens ein Referenzprojekt oder -prozess ausgewählt wurde und damit nur ein Teil des Testprozesses explizit bewertet wurde, ist es dennoch notwendig, eine Beurteilung des gesamten Prozesses zu liefern. Es wäre denkbar, einfach alle Schlussfolgerungen des Referenzprojekts auf die anderen Prozesse zu übertragen, was jedoch sehr riskant ist. Im Verlauf der Interviews gewinnt der Assessor häufig etwas Einsicht in andere Projekte, Teststufen oder Prozesse. In dieser Situation kann er Annahmen und ungefähre Schätzungen zur Gesamtsituation abgeben. Diese Annahmen sollten jedoch im Bericht eindeutig als solche erkennbar sein und nicht als Tatsachen kommuniziert werden.

Mögliche Maßnahmen und Arbeitsergebnisse in diesem Schritt

Maßnahme	Arbeitsergebnisse	Bemerkung
Istzustand beschreiben	Istzustand (Teil des Assessment-Berichts)	Ergebnisse der (SWOT-)Analyse

5.4 Definition von Verbesserungen

An dieser Stelle im Änderungsprozess wird reflektiert, wie ausgehend vom Istzustand der Sollzustand erreicht werden kann (beschrieben als kurz-, mittel- und/oder langfristige Ziele). Hierzu werden entweder die Basisgruppierungen oder die von Ihnen individuell erstellten geschäftsbasierten Gruppierungen verwendet.

Von der SWOT-Analyse zu Verbesserungsmaßnahmen:

1. Lassen Sie den Sollzustand von Auftraggeber, Kunden und/oder anderen Stakeholdern bestimmen. Der Sollzustand wird üblicherweise von den Geschäftstreibern abgeleitet, die Anlass für die Bewertung waren. Falls zu Beginn der Bewertung kein eindeutiger Geschäftstreiber genannt wurde, kann ein (langfristiges) Verbesserungsziel festgelegt werden, wie z.B. das Erreichen des Reifegrads »Kontrolliert«. Der Sollzustand sollte im Hinblick auf den bewerteten Istzustand realistisch sein. Falls sich der Testprozess zum Beispiel generell noch auf dem Reifegrad »Initial« befindet, steckt man sich die Ziele zu hoch, wenn man einen hocheffizienten Testprozess als Sollzustand anstrebt.

   Die Festlegung des Sollzustands schränkt die Tragweite der nachfolgenden Schritte ein.
2. Legen Sie fest, welcher Verbesserungspfad gewählt werden soll. Die folgenden Möglichkeiten kommen infrage:
   a) Basisgruppierung (siehe Abschnitt 3.7)
   b) Angepasste Gruppierung an bestimmte Geschäftstreiber, die in diesem Buch ausgearbeitet sind:
      - »Zuverlässigkeit und Sicherheit von IT-Services« (Abschnitt 6.3.1)
      - »Effektivität des Testens« (Abschnitt 6.3.2)
      - »Time-to-Market« (Abschnitt 6.3.3)
      - »Kosteneffizienz der IT« (Abschnitt 6.3.4)
      - »Transparenz und Verständnis der IT« (Abschnitt 6.3.5)
   c) An beliebige Geschäftstreiber angepasste eigene Gruppierung (siehe Abschnitt 6.2 und Anhang B)
3. Gehen Sie, wie im zweiten Schritt beschrieben, jede einzelne Gruppe durch – von der Gruppe A bis hin zur letzten Gruppe, die notwendig ist, um den Sollzustand zu erreichen (im ersten Schritt festgelegt). Suchen Sie die Kontrollpunkte aus, die nicht erfüllt sind.
4. Legen Sie für jeden nicht erfüllten Kontrollpunkt innerhalb einer Gruppe geeignete Maßnahmen fest, die zuerst implementiert werden müssen.
   a) Ist es möglich, den Kontrollpunkt direkt umzusetzen?
   b) Ist der Verbesserungsvorschlag machbar?
5. Stellen Sie fest, ob das vorhandene Engagement für die Akzeptanz der Maßnahmen ausreicht (durch Beratung mit Interviewpartnern oder dem Management).
6. Schätzen Sie den nötigen Aufwand, um die Maßnahmen zu implementieren.
7. Führen Sie eine letzte Priorisierung der Maßnahmen durch, indem Sie sich folgende Punkte ansehen:
   a) Nochmals die Gruppierung (sie gibt bereits eine Priorisierung vor)
   b) Welche Verbesserungsmaßnahmen führen zu schnellen Erfolgen (»Quick Wins«) oder den meisten positiven Nebeneffekten (»Spin-offs«)?

c) Welche Maßnahmen können bereits jetzt implementiert und genutzt werden?
d) Welche Maßnahmen können kurz- oder langfristig realisiert werden?
e) In welchem Umfang können Maßnahmen gleichzeitig implementiert werden?

Tipp – Bestimmen der Verbesserungsmaßnahmen und ihrer Auswirkungen

Sie sollten Ihren Blick über die zunächst offensichtlichen Verbesserungsmaßnahmen hinaus richten. Es gibt eine unbegrenzte Anzahl von Verbesserungsmaßnahmen und jedes Unternehmen wird diejenigen Maßnahmen wählen, die am besten zu seiner Situation passen.

Für die Priorisierung und Bestimmung der Auswirkungen benötigt der BDTPI-Assessor Informationen von den BDTPI-Teilnehmern, dem Auftraggeber, Kunden und/oder anderen Stakeholdern, da diese ihr Unternehmen am besten kennen und wissen, welche Maßnahmen Erfolg versprechend sind – oder nicht. Der BDTPI-Assessor nimmt lediglich eine beratende Rolle ein, insbesondere dann, wenn es sich um einen externen Berater handelt. Denken Sie daran, die Verbesserungsmaßnahmen auf die IT- oder sogar die Geschäftsziele zu beziehen (siehe Abschnitt 6.2). Sie sollten auch mögliche positive Auswirkungen auf die folgenden Punkte beachten:

- Flexibilität der Testressourcen
- Qualität des Testprozesses
- Vorbereitung der Testorganisation für zukünftige Anforderungen
- Durchlaufzeit des Testens
- Wissensaustausch und -konsolidierung

Ein Gespräch mit BDTPI-Teilnehmern ist hilfreich bei der Entwicklung von Verbesserungsvorschlägen. Es gibt den verschiedenen Beteiligten die Möglichkeit, ihre Ansichten mitzuteilen und einen positiven Beitrag zu leisten.

Mögliche Maßnahmen und Arbeitsergebnisse in diesem Schritt

Maßnahme	Arbeitsergebnisse	Bemerkung
Verbesserungshorizont beschreiben	Assessment-Bericht	Kurz-, (mittel-) und langfristige Ziele der Testprozessverbesserung
Mit allen relevanten Stakeholdern sprechen		Peer- und Stakeholder-Reviews (insbesondere mit den Interviewpartnern)
Verbesserungsvorschläge und –maßnahmen beschreiben		Dies kann nach der Rückmeldung des Istzustands und Abstimmung der Ziele geschehen.
Implementierung initiieren		Vorläufiger und initialer Implementierungsplan
Managementzusammenfassung aufsetzen		Falls mit dem Auftraggeber vereinbart.
Vorläufige Version mit dem Auftraggeber und anderen beteiligten Parteien besprechen		Stimmen Sie mit dem Auftraggeber ab, ob der vorläufige Bericht einem größeren Adressatenkreis im Unternehmen zugänglich gemacht werden sollte.
Bericht fertigstellen		→

Maßnahme	Arbeitsergebnisse	Bemerkung
Präsentation vorbereiten	Präsentation	Präsentation des Berichts für die Stakeholder. Legen Sie bei der Formulierung des Auftrags mit dem Kunden fest, in welcher Form die Präsentation stattfinden soll.

5.5 Erstellung eines Maßnahmenplans

Nachdem die Entscheidung getroffen ist, mit der Implementierungsphase zu beginnen, sollte ein Implementierungsplan entwickelt werden. Es kann vorkommen, dass dieser Plan als erneute Entscheidung über den weiteren Verlauf angesehen wird. In diesem Fall ist es notwendig, zusätzliche Zeit in die Rechtfertigung des Business Case für Verbesserungen zu investieren.

Im Maßnahmenplan sollte eine erneute Bewertung vorgesehen werden, die am Ende des Projekts oder spätestens sechs bis neun Monate nach Projektstart stattfinden sollte. Ein Verbesserungsprojekt sollte nicht länger als ein halbes Jahr dauern. Das Umfeld des Testprozesses ändert sich ständig und der Wert einer Verbesserungsmaßnahme könnte dann bereits überholt sein. Deshalb ist es besser, sich anzuschauen, was durch das BDTPI-Projekt nach sechs Monaten erreicht worden ist, und danach die Ziele und Verbesserungsmaßnahmen neu festzulegen.

Das Engagement des Managements ist für den Implementierungs- und Verbesserungsprozess unerlässlich – nicht nur für die Zuweisung von Ressourcen wie z.B. Zeit, Geld und Personal, sondern insbesondere auch in Krisenzeiten (z.B. wenn der Druck auf das Unternehmen oder bestimmte Projekte groß ist), in denen es noch wichtiger ist, das Management von den Vorteilen der Testprozessverbesserung zu überzeugen.

Im Detail – Weltweite TPI-Umfrage[4]

Die weltweite Umfrage zum Einsatz des klassischen TPI-Modells, die 2004 von Sogeti durchgeführt wurde, kam unter anderem zu dem Ergebnis, dass das Engagement des Managements der wichtigste Erfolgsfaktor eines Testverbesserungsprojekts ist.

Die praktische Schulung am Arbeitsplatz stellt bei der Verbesserung des Testprozesses einen sehr erfolgreichen Weg dar, um neue Abläufe und Methoden in der Praxis umzusetzen. Eine weitere Möglichkeit besteht darin, die neuen Methoden und Techniken in einem kleineren Pilotprojekt oder im Rahmen von Quick-Win-Initiativen einzuführen. Sie können auch in einem Projekt eingesetzt werden, in dem Fehler erlaubt sind, aus denen dann gelernt werden kann.

4. *http://www.sogeti.nl/Home/Expertise/Testen/tpi_survey_uk.jsp*

Mögliche Maßnahmen und Arbeitsergebnisse in diesem Schritt

Maßnahme	Arbeitsergebnisse	Bemerkung
Stakeholder und Teilnehmer definieren	Maßnahmenplan	Überlegen Sie, welche Stakeholder mitwirken sollen, um das Engagement des Unternehmens zu stärken und die Vorbedingungen für die Verbesserungsmaßnahmen zu schaffen. Untersuchen Sie, welche Teilnehmer für die Umsetzung der Verbesserungsmaßnahmen oder für deren Unterstützung gebraucht werden.
Verbesserungsmaßnahmen ausarbeiten		Setzen Sie die Verbesserungsmaßnahmen in konkrete Aufgaben um, die den Teilnehmern zugewiesen werden können.
Verbesserungsmaßnahmen planen		Denken Sie über Zeitplan, Stunden, Arbeitsergebnisse, Verantwortliche für bestimmte Maßnahmen usw. nach.
Projektorganisation definieren		Definieren Sie Aufgaben, Rollen und Verantwortlichkeiten. Wer wird das Projekt leiten? Ist Beratung erforderlich?
Kommunikationsplan entwickeln		Besprechungen, Berichte, Bekanntmachungen (im Intranet); denken Sie daran, andere Projekte/Abteilungen einzubeziehen, um sie zu inspirieren.

5.6 Implementierung der Maßnahmen

In dieser Phase wird der Plan umgesetzt; die Auswirkungen des Änderungsprozesses zeigen sich hier am stärksten. Der Fortschritt sollte daran gemessen werden, in welchem Umfang die verschiedenen Maßnahmen durchgeführt worden sind. Dafür bieten sich zum Beispiel Zwischenumfragen und kurze Überprüfungen teilnehmender Projekte auf der Grundlage der BDTPI-Kontrollpunkte als Möglichkeiten an.

Die Kommunikation spielt generell eine wichtige Rolle: Es müssen Informationsanforderungen, Vorschläge, Probleme und Ideen vorgebracht werden, um die sich die BDTPI-Verantwortlichen (zusammen mit dem Team und den Projektverantwortlichen) kümmern müssen. Darüber hinaus ist, wie bereits im vorhergehenden Abschnitt erwähnt, ein starkes Engagement der Stakeholder notwendig, das auch spürbar sein sollte: Im Idealfall sollten Mitglieder des Managements im Arbeitsalltag der Mitarbeiter präsent und erreichbar sein, die Wichtigkeit des Projekts bestätigen und auf möglichen Widerstand reagieren.

Tipp – Beziehen Sie die Betroffenen mit ein

Beziehen Sie die Mitarbeiter ein, die die neuen oder geänderten Aktivitäten ausführen oder die nach den neuen Verfahren arbeiten werden. Idealerweise sollten diese die Maßnahmen selbst ausarbeiten, um größtmögliche Akzeptanz zu erreichen.

Mögliche Maßnahmen und Arbeitsergebnisse in diesem Schritt

Maßnahme	Arbeitsergebnisse	Bemerkung
Plan ausführen, überwachen und anpassen	Fortschrittsberichte	Die Kommunikation über Ergebnisse schafft Interesse und Neugier. Sie sollten sich jedoch darüber bewusst sein, dass es in einem Änderungsprozess auch Widerstand geben kann. Dieses Phänomen sollte nicht unterschätzt werden, ist aber lenkbar.

5.7 Bewertung und Neuausrichtung

Die Anpassung an verbesserte Methoden erfolgt wie bei jedem anderen Änderungsprozess auch. Die Ergebnisse der Verbesserungsmaßnahmen werden den ursprünglichen Plänen, Zielen und Anforderungen gegenübergestellt. An dieser Stelle kann der Prozess andere Richtungen einschlagen, wie z.B. eine neue Bewertung, eine Neudefinition der Ziele von Verbesserungsmaßnahmen oder sogar ein Abbruch oder eine Unterbrechung des Prozesses. Es sollte auch eine Neubewertung der erreichten Situation mithilfe des BDTPI-Modells durchgeführt werden, bei der die gewonnene Reife des Testprozesses aufgezeigt wird.

Anmerkung: Falls der Implementierungsprozess länger als sechs Monate dauert, ist es ratsam, mithilfe des BDTPI-Modells Zwischenbewertungen des Istzustands bei den im Prozessverlauf erreichten Meilensteinen durchzuführen.

Mögliche Maßnahmen und Arbeitsergebnisse in diesem Schritt

Maßnahme	Arbeitsergebnisse	Bemerkung
Bewertung der Implementierung		Sehen Sie sich die Indikatoren an (siehe Abschnitt 6.4.4). Welche messbaren (quantitativen) Ergebnisse der Verbesserungsmaßnahmen gibt es? Berücksichtigen Sie jedoch auch qualitative Indikatoren wie z.B. Ergebnisse aus Interviews und Umfragen.
Festlegen neuer Richtungen	Neuer oder geänderter Verbesserungsauftrag oder Abbruch des Projekts	

Teil VI

Geschäftsbasierte Verbesserung

6 Geschäftsbasierte Testprozessverbesserung

Kapitel 5 beschreibt die allgemeine Anwendung des TPI-Modells, während sich dieses Kapitel mit dem Einsatz der geschäftsbasierten Aspekte befasst. Zunächst stellen wir das Konzept der Geschäftsziele als die treibende Kraft der Testprozessverbesserung vor und veranschaulichen dies ausführlich anhand von fünf Beispielen für Geschäftstreiber:

- Time-to-Market
- Kostenreduktion
- Erhöhung der Effektivität
- Verbesserung der Transparenz
- Geschäftskontinuität

Time-to-Market, Kostenreduktion und die Erhöhung der Effektivität wurden ausgewählt, da sie als typische Geschäftstreiber sehr verbreitet sind; die Verbesserung der Transparenz wurde gewählt, da sie ein wichtiger Erfolgsfaktor für das Outsourcing ist, und das Beispiel der Geschäftskontinuität soll den Nutzen von BDTPI in einem eher unüblichen Umfeld veranschaulichen.

6.1 Ausrichtung auf ein spezifisches Ergebnis

Die Testprozessverbesserung verfolgt immer ein konkretes Ziel. Sie kann dazu eingesetzt werden, um den Testprozess ganzheitlich zu verbessern, indem eine breite Palette von Testaspekten abgedeckt wird. Dies ist der Fall, wenn ein Unternehmen ein (SPI-)Programm eingeführt hat, das einen bestimmten CMMI-Reifegrad oder eine bestimmte SPICE-Fähigkeitsstufe erreichen muss. Sie kann aber auch dazu eingesetzt werden, um den Testprozess in Hinblick auf ein bestimmtes Geschäftsziel wie z.B. Reduktion der Testkosten oder kürzere Time-to-Market zu optimieren.

Bei einem ausgewogenen Ansatz werden alle Aspekte des Testprozesses schrittweise verbessert. Alle Kernbereiche werden gleich gewichtet und damit auch gleich behandelt. Bei der geschäftsbasierten Anwendung des Modells kommt es hingegen zu einer Gewichtung, bei der gewisse Kernbereiche einen größeren Beitrag zu den relevanten Geschäftstreibern beisteuern. Die Anforderungen (Kontrollpunkte) dieser Kernbereiche sollten daher schneller erfüllt werden als jene der weniger wichtigen Kernbereiche. Hinter dieser Überlegung steckt der Grundgedanke des geschäftsbasierten Ansatzes der Testprozessverbesserung. Sie führt zu einer Neuverteilung der Gruppen über die Kontrollpunkte der BDTPI-Matrix. Durch diese Umgruppierung kommen die wichtigen Kontrollpunkte in die Gruppen höherer Priorität, und die weniger wichtigen Kontrollpunkte liegen dann in weiter hinten stehenden Gruppen.

Die folgenden Abschnitte beschreiben eine vierstufige Vorgehensweise zur geschäftsbasierten Umgruppierung. Zunächst werden der Geschäftstreiber und die damit zusammenhängenden IT-Ziele identifiziert, danach die BDTPI-Kernbereiche priorisiert und schließlich Vorschläge zur Umgruppierung vorgestellt. Dieses Verfahren wird im Anschluss mit Beispielen aus der Praxis verdeutlicht.

6.2 Geschäftsbasierter Einsatz des Modells

Unter Berücksichtigung der Geschäfts- und IT-Ziele sowie der Kernbereiche folgt BDTPI der folgenden vierstufigen Vorgehensweise:

1. Identifizieren des Geschäftstreibers
2. Übersetzen der Geschäftsziele in IT-Ziele
3. Identifizieren der Relevanz der Kernbereiche für die IT-Ziele
4. Umgruppierung der Kontrollpunkte

1. Schritt: Identifizieren des Geschäftstreibers

Untersuchungen des IT Governance Institute (ITGI®)[ITGI 2008] haben Geschäftsziele identifiziert und sie mit IT-Zielen in Verbindung gebracht. Diese Untersuchungsergebnisse sind hilfreich, um Schwachpunkte aufzudecken, haben jedoch keinen Anspruch auf Vollständigkeit. Die Identifizierung eines bekannten Geschäftsziels hat den Vorteil, dass die nachfolgenden Schritte mit großer Wahrscheinlichkeit bereits durchgeführt und dokumentiert wurden. Einige der häufigsten Geschäftsziele werden in diesem Buch beschrieben.

Zu den vom ITGI® identifizierten Geschäftszielen zählen [ITGI 2005]:

- Kunden- und Serviceorientierung erhöhen
- Compliance mit Gesetzen und Regulativen
- Verfügbarkeit von Services
- Geschäftsrisiken managen
- Kostengünstige Produkte und Services anbieten
- Geschäftsprozess überarbeiten und verbessern
- Rendite
- Qualifizierte und motivierte Mitarbeiter einstellen und fortbilden
- Agilität bei Reaktion auf sich ändernde Geschäftsanforderungen

Ein wichtiger Punkt bei der Identifikation des Geschäftstreibers besteht darin, zu definieren, wie Fortschritt in Hinblick auf den Geschäftstreiber gemessen werden kann. Dieser Schritt wird üblicherweise bei der Formulierung des Auftrags durchgeführt. Ist der Geschäftstreiber eindeutig beschrieben, kann er als Grundlage für die Berichterstattung dienen. Somit lassen sich Enttäuschungen vorbeugen, da die Diskussionen über die Art der Messung häufig implizite Erwartungen auf Kundenseite zutage bringen.

2. Schritt: Übersetzen der Geschäftsziele in IT-Ziele

ITGI® stellt den Bezug zwischen den Geschäftszielen und den IT-Zielen her (siehe Tab. 6–1 [ITGI 2008]). Dies ist besonders hilfreich, da die Testprozessverbesserung nicht immer von einer Fachabteilung ausgeht. Häufig erkennt die IT-Abteilung den Verbesserungsbedarf und handelt entsprechend.

3. Schritt: Identifizieren der Relevanz der Kernbereiche für die IT-Ziele

Im nächsten Schritt wird das (primäre) IT-Ziel auf die BDTPI-Kernbereiche übertragen.

BDTPI umfasst 16 Kernbereiche. Diese Kernbereiche werden in Hinblick auf das identifizierte IT-Ziel nach ihrer Relevanz klassifiziert: »Hoch«, »Mittel« und »Niedrig«. »Hoch« bedeutet dabei, dass der Einfluss des Kernbereichs auf das IT-Ziel überdurchschnittlich groß ist, »Niedrig« hat die gegenteilige Bedeutung. Die Kernbereiche werden gleichmäßig auf diese Klassen verteilt (z.B. fünf »überdurchschnittliche«, sechs »durchschnittliche« und fünf »unterdurchschnittliche« Kernbereiche), was jedoch nicht zwingend ist.

Tabelle 6–2 veranschaulicht, wie diese Kernbereichsklassen mit Beispielen für IT-Ziele in Verbindung gebracht werden können. Beachten Sie jedoch, dass die Tabelle nur ein generisches Muster ist! Das Prinzip hinter diesen Klassen wird in den folgenden Abschnitten beschrieben. Es beruht auf langjähriger Erfahrung aus Projekten zur Testprozessverbesserung. Möglicherweise muss jedoch die Tabelle 6–2 auf die spezifische Situation in Ihrem Unternehmen angepasst werden. Ein Beispiel: Falls die Kosten einer Testumgebung (Hardware, Wartung, Lizenzen) beim Ziel »Kostenreduktion« berücksichtigt werden, sollte der entsprechende Kernbereich der Klasse »Hoch« angehören. Diese Kosten können einen beachtlichen Teil des Testprozesses ausmachen!

IT-Ziele	Geschäftsziele								
	Kunden- und Serviceorientierung erhöhen	Compliance mit Gesetzen und Regulativen	Verfügbarkeit von Services	Geschäftsrisiken managen	Kostengünstige Produkte und Services anbieten	Geschäftsprozess überarbeiten und verbessern	Rendite	Qualifizierte und motivierte Mitarbeiter einstellen und fortbilden	Agilität bei Reaktion auf sich ändernde Geschäftsanforderungen
Stelle die Verfügbarkeit der IT-Services gemäß den Anforderungen sicher	**P**	**P**	**P**	**P**	S	S	S		S
Stelle die IT-Compliance mit Gesetzen und Vorschriften sicher	S	P		S	S		S		
Definiere, wie funktionale, geschäftliche und Steuerungsanforderungen in wirksame und wirtschaftliche automatisierte Lösungen überführt werden	S		S	S	S	**P**	S		S
Setze Projekte pünktlich und im Budgetrahmen und unter Einhaltung der Qualitätsstandards um	S			S	S	S	S		S
Stelle die Beteiligung und das Engagement des Managements sicher	S			S	S	S		S	S
Verbessere die Kosteneffizienz der IT und ihren Beitrag zum Unternehmenserfolg					S		**P**		
Beschaffe und erhalte IT-Skills, die der IT-Strategie entsprechen	S			S				**P**	S
Stelle IT-Agilität her	S			S	S	S			**P**
Stelle Transparenz und Verständnis von IT-Kosten, Nutzen, Strategie, Richtlinien und Service Levels sicher				S			S		
Stelle sicher, dass die IT eine kosteneffiziente Servicequalität, eine kontinuierliche Verbesserung und Bereitschaft für zukünftige Veränderung zeigt					S	S		S	**P**

Tab. 6–1 *Verbindung von Geschäftszielen und IT-Zielen (P=Primär – starke Beziehung, S=Sekundär – schwache Beziehung)*

Kernbereiche	IT-Ziele				
	Stelle die Verfügbarkeit der IT-Services gemäß den Anforderungen sicher	Definiere, wie funktionale, geschäftliche und Steuerungsanforderungen in wirksame und wirtschaftliche automatisierte Lösungen überführt werden	Setze Projekte pünktlich und im Budgetrahmen und unter Einhaltung der Qualitätsstandards um	Verbessere die Kosteneffizienz der IT und ihren Beitrag zum Unternehmenserfolg	Stelle Transparenz und Verständnis von IT-Kosten, Nutzen, Strategie, Richtlinien und Service Levels sicher
Engagement der Stakeholder	H	N	M	N	N
Grad der Beteiligung	N	H	H	H	N
Teststrategie	M	H	H	H	H
Testorganisation	N	M	M	H	N
Kommunikation	H	M	M	M	M
Berichterstattung	H	N	N	N	H
Testprozessmanagement	M	M	M	M	H
Kostenschätzung und Planung	M	M	H	M	H
Metriken	N	N	N	N	H
Fehlermanagement	M	H	M	H	H
Testwaremanagement	H	M	N	M	M
Methodisches Vorgehen	N	N	N	M	M
Professionalität der Tester	N	H	M	M	N
Testfalldesign	M	H	H	M	M
Testwerkzeuge	M	N	H	H	M
Testumgebung	H	M	H	N	N

Tab. 6–2 *Verweise von IT-Zielen auf Kernbereiche mit Angabe der Priorität (H=Hoch, M=Mittel, N=Niedrig)*

Abhängigkeiten

Bei der Priorisierung der Kernbereiche müssen auch die gegenseitigen Abhängigkeiten zwischen den Kernbereichen beachtet werden. Abhängigkeiten können dafür sorgen, dass zwei verwandte Kernbereiche der gleichen Klasse zugeordnet werden. In unserem Fall gilt allerdings der Beitrag des Kernbereichs zum Geschäftstreiber als das vorrangige Kriterium. Dies kann manchmal dazu führen, dass ein Kernbereich der Klasse »Hoch« zugeordnet ist und sein abhängiger Kernbereich der Klasse »Niedrig«.

4. Schritt: Umgruppierung der Kontrollpunkte

Bei der Standardeinteilung der Kontrollpunkte in Gruppen wird keine bestimmte geschäftsbasierte Gewichtung berücksichtigt. Alle Kernbereiche sind gleichermaßen wichtig.

Bei geschäftsbasierter Gruppierung werden Kontrollpunkte aus Kernbereichen hoher Priorität (der Klasse »Hoch«) nun der nächsthöheren Gruppe zugeordnet. Kontrollpunkte der Gruppe »A« behalten ihre Gruppe, Kontrollpunkte der Gruppe »B« wechseln zu »A«, Kontrollpunkte der Gruppe »C« wechseln zu »B« usw. Die Kontrollpunkte dieser Gruppen müssen zuerst erfüllt werden. Kontrollpunkte aus Kernbereichen der Klasse »Mittel« behalten ihre ursprüngliche Gruppe und Kontrollpunkte aus »Niedrig« priorisierten Kernbereichen werden weiter hinten stehenden Gruppen zugeordnet (Kontrollpunkte der Gruppe »A« wechseln zu »B« usw.).

- *Anmerkung: Anhang B (»Erstellung neuer Gruppierungen«) stellt am Beispiel des Geschäftstreibers »Kostenreduktion« die Gruppierungstechnik vor.*

6.3 Einfluss der Geschäftstreiber auf die Anwendung des Modells

In den vorangegangenen Abschnitten ist dargestellt, wie Geschäftsziele in ein oder mehrere IT-Ziele übersetzt werden können. Diese IT-Ziele können zu Zielen für die Testprozessverbesserung umformuliert werden, z. B.:

Geschäftsziel	IT-Ziel	BDTPI-Ziel
Verfügbarkeit von Services	Stelle die Verfügbarkeit der IT-Services gemäß den Anforderungen sicher	Verbesserung der Durchgangstests
Geschäftsprozess überarbeiten und verbessern	Definiere, wie funktionale, geschäftliche und Steuerungsanforderungen in wirksame und wirtschaftliche automatisierte Lösungen überführt werden	Steigerung der Effektivität des Testens
Agilität bei Reaktion auf sich ändernde Geschäftsanforderungen	Setze Projekte pünktlich und im Budgetrahmen und unter Einhaltung der Qualitätsstandards um	Verkürzung (des kritischen Pfads) der Testdurchführung →

Geschäftsziel	IT-Ziel	BDTPI-Ziel
Rendite	Verbessere die Kosteneffizienz der IT und ihren Beitrag zum Unternehmenserfolg	Senkung der Testkosten
Geschäftsrisiken managen	Stelle Transparenz und Verständnis von IT-Kosten, Nutzen, Strategie, Richtlinien und Service Levels sicher	Erhöhung der Transparenz des Testens

Im Folgenden werden wir uns diese fünf Beispiele von Geschäftstreibern und IT-Zielen genauer anschauen und bewerten, wie BDTPI eingesetzt werden kann.

6.3.1 Zuverlässigkeit und Sicherheit von IT-Services

Die konkreten Ziele der Verbesserung

In Falle eines Systemabsturzes ist es für ein Unternehmen überaus wichtig, die Geschäftsprozesse nach einer vorab festgelegten Reihenfolge wiederherzustellen. Das Testen der Wiederherstellbarkeit der Produktionsumgebung nach einem Ausfall ist eine schwierige und kostenintensive Aufgabe, die in den meisten Fällen höchstens einmal pro Jahr durchgeführt wird. Das Ziel eines solchen Disaster Recovery Test ist die Überprüfung, ob alle primären Systeme schnellstmöglich wiederhergestellt werden können – üblicherweise innerhalb weniger Stunden! Nicht das gründliche Testen einzelner Anwendungen oder Funktionen ist hier gefordert, sondern eine breite Überdeckung.

Klassifizierung der Kernbereiche nach ihrem Einfluss auf die Sicherung der Geschäftskontinuität

Basierend auf Tabelle 6–2 werden die Kernbereiche wie folgt klassifiziert:

Hoch	Mittel	Niedrig
Engagement der Stakeholder	Teststrategie	Grad der Beteiligung
Kommunikation	Testprozessmanagement	Testorganisation
Berichterstattung	Kostenschätzung und Planung	Metriken
Testwaremanagement	Fehlermanagement	Methodisches Vorgehen
Testumgebung	Testfalldesign	Professionalität der Tester
	Testwerkzeuge	

Die folgenden fünf Kernbereiche unterstützen die Geschäftskontinuität und haben daher eine hohe Priorität:

- *Engagement der Stakeholder*
  Ein Disaster Recovery Test ist in erster Linie eine gemeinsame Anstrengung. Tester können einen solchen Test nicht alleine durchführen.

- *Kommunikation*
  Ein Disaster Recovery Test fordert nicht nur eine gemeinsame Anstrengung, sondern er muss auch in einem sehr eingeschränkten Zeitrahmen durchgeführt werden. Die Zusammenarbeit zwischen den einzelnen Abteilungen ist von größter Bedeutung. Optimale Kommunikation ist unumgänglich, um den Prozess nicht zu behindern.
- *Berichterstattung*
  Ein Disaster Recovery Test ist sehr kostspielig und wird unter strenger Beobachtung der Vorstandsmitglieder oder sogar eines externen Supervisors durchgeführt. Die Berichterstattung muss den höchsten Standards entsprechen.
- *Testwaremanagement*
  Es werden solche Tests durchgeführt, die auch nach einem Notfall eingesetzt werden, um zu entscheiden, ob die Systeme wieder freigegeben werden können. Diese Testfälle müssen zugänglich und gut verständlich sein.
- *Testumgebung*
  In gewisser Weise wird die Testumgebung bei einem Disaster Recovery Test zum Testobjekt. Dieser Kernbereich ist daher von höchster Wichtigkeit.

Die sechs neutralen Kernbereiche sind:

- Teststrategie
- Testprozessmanagement
- Kostenschätzung und Planung
- Fehlermanagement
- Testfalldesign
- Testwerkzeuge

Diese Kernbereiche sind in Bezug auf die Geschäftskontinuität neutral. Sie sind an dieser Stelle der Vollständigkeit halber aufgeführt und sind in Kapitel 4 ausführlicher beschrieben.

Die fünf Kernbereiche der Klasse »Niedrig« sind:

- *Grad der Beteiligung*
  Bei einem Disaster Recovery Test gibt es keinen SDLC, in den Tester eingebunden sind.
- *Testorganisation*
  Ein Disaster Recovery Test wird meistens als Teil eines Gesamtprojekts durchgeführt, in dem das Testen einen festen Bestandteil bildet.
- *Metriken*
  Trendanalysen oder über einen längeren Zeitraum erfasste Daten mit konkreten Vorschlägen oder Entscheidungen spielen bei einem Disaster Recovery Test keine entscheidende Rolle.

- *Methodisches Vorgehen*
  Es besteht kaum die Notwendigkeit, die eingesetzten Methoden oder Techniken mit anderen Testprojekten abzugleichen, da der Disaster Recovery Test in der Regel von regulären Tests getrennt stattfindet.
- *Professionalität der Tester*
  Expertise im Anwendungsgebiet ist wichtiger als z.B. Kenntnisse in Testdesigntechniken. Tatsächlich wird der Disaster Recovery Test meistens vom Wartungs- oder Supportpersonal und nicht von dedizierten Testern durchgeführt.

Fallstricke bei der Verbesserung

Es gibt einen möglichen Fallstrick im Zusammenhang mit der Geschäftskontinuität:

- *Bewusstsein*
  Geschäftskontinuität erfordert anfangs eine hohe Investition, die jedoch in der Praxis mit der Zeit abnimmt. Der Testprozess kann nicht alleine für Geschäftskontinuität garantieren. Es müssen alle Prozesse des Softwarelebenszyklus involviert sein.

6.3.2 Effektivität des Testens

Die konkreten Ziele der Verbesserung

Beim Testen geht es darum, Fehler zu finden. Genauer gesagt geht es darum, eine Erkenntnis über die Qualität des Testobjekts zu erlangen. Durch das Aufzeigen von Fehlern kann eine Aussage über die Qualität des Testobjekts getroffen worden. Werden keine oder nur wenige Fehler gefunden, kann das Testen einen Einblick liefern, warum dies der Fall ist. Beim Finden von Fehlern sind zwei Aspekte gleichermaßen wichtig: die schwersten Fehler zu finden und sie so früh wie möglich zu finden.

- *Die schwersten Fehler finden*
  Fehlerbehebung kostet Geld. Je höher die Kosten, desto schwerwiegender der Fehler. Dies ist zwar unbestreitbar, es bedeutet jedoch nicht, dass die Kosten der einzige zu berücksichtigende Faktor bei der Bestimmung der Schwere des Fehlers sind. Ein weiterer wichtiger Aspekt ist, inwieweit ein Fehler den Testfortschritt gefährdet. Falls ein nicht behobener Fehler zur Folge hat, dass ein großer Teil des Systems nicht getestet werden kann, gilt er ebenfalls als schwerwiegend.
- *Fehler so früh wie möglich finden*
  Um es genauer auszudrücken: Die Defekte sollten so schnell wie möglich nach ihrer Entstehung gefunden werden. Versuchen Sie nicht, technische Probleme

mit einem funktionalen Test aufzudecken – oder umgekehrt. Das erste Ziel besteht darin, Fehler durch Evaluation zu finden, sogar noch vor der Erstellung der Software. Jeder Fehler, der ab diesem Zeitpunkt übersehen wird, sollte in der Teststufe oder der Testart gefunden werden, die mit der entsprechenden Testbasis verbunden ist.

Klassifizierung der Kernbereiche nach ihrem Einfluss auf die Effektivität des Testprozesses

Basierend auf Tabelle 6–2 werden die Kernbereiche wie folgt klassifiziert:

Hoch	Mittel	Niedrig
Grad der Beteiligung	Testorganisation	Engagement der Stakeholder
Teststrategie	Kommunikation	Berichterstattung
Fehlermanagement	Testprozessmanagement	Metriken
Professionalität der Tester	Kostenschätzung und Planung	Methodisches Vorgehen
Testfalldesign	Testwaremanagement	Testwerkzeuge
	Testumgebung	

Die folgenden fünf Kernbereiche spielen die größte Rolle beim Erreichen eines effektiveren Testprozesses:

- *Grad der Beteiligung*
  Eine frühzeitige Beteiligung der Tester hat sich als eine gute Maßnahme erwiesen, um Fehler in den Anforderungs- und Designdokumenten zu finden. Ganz egal, wie früh im Prozess ein Fehler gefunden wird, es ist immer besser, seine Entstehung im Vorfeld zu verhindern!
- *Teststrategie*
  Unter der Zielsetzung, die kritischsten Fehler so früh wie möglich zu finden, müssen die Merkmale dieser Fehler im Voraus bestimmt werden und die Testaufwände danach angepasst werden. Genau darum geht es in der Teststrategie! Die Evaluation von Entwurfsdokumenten sollte zu den festgelegten Tätigkeiten zählen.
- *Fehlermanagement*
  Fehler zu finden, ohne die geeigneten Mittel, sie zu beheben und den Status ihrer Behebung zu überwachen, ist wenig hilfreich. Ein weiterer positiver Beitrag eines guten Fehlermanagements liegt in der Fähigkeit, Trends zu erkennen oder bestimmte Teile der Software zu identifizieren, die sehr fehleranfällig sind.
- *Professionalität der Tester*
  Die in einer Teststrategie festgelegte Zielsetzung hat keine Bedeutung, wenn die gewählte Strategie nicht ausgeführt werden kann. Die jeweiligen Testde-

signtechniken, die sich am besten für das Auffinden von spezifischen Fehlern eignen, erfordern Schulung und Erfahrung.

- *Testfalldesign*
  Die Anwendung von Testdesigntechniken ermöglicht die Fokussierung auf die Art von Fehlern, die in der Teststrategie als die schwerwiegendsten eingestuft wurden.

Die sechs neutralen Kernbereiche sind:

- Testorganisation
- Kommunikation
- Testprozessmanagement
- Kostenschätzung und Planung
- Testwaremanagement
- Testumgebung

Diese Kernbereiche sind hinsichtlich der Testeffektivität neutral bewertet. Wie bereits erwähnt werden sie an dieser Stelle lediglich der Vollständigkeit halber aufgeführt und sind in Kapitel 4 ausführlicher beschrieben.

Die fünf Kernbereiche der Klasse »Niedrig« sind:

- *Engagement der Stakeholder*
  Der positive Einfluss der Stakeholder zeigt sich in der Teststrategie, die bereits berücksichtigt worden ist.
- *Berichterstattung*
  Die Berichterstattung bietet in diesem bestimmten Zusammenhang keinen Mehrwert für die Testaktivitäten.
- *Metriken*
  Metriken müssen erhoben werden, um Fortschritt zu messen, aber diese Aktivität an sich leistet noch keinen Beitrag zur Erhöhung der Testeffektivität.
- *Methodisches Vorgehen*
  Ein gemeinsames Verständnis und die einheitliche Nutzung von Testtechniken, gemeinsamer Sprache und Methoden allein tragen nicht dazu bei, dass sich die Wahrscheinlichkeit der Fehlerfindung erhöht.
- *Testwerkzeuge*
  Hier kommt es ganz auf die jeweilige Situation an. In vielen Situationen können Werkzeuge den Prozess beschleunigen, spielen jedoch nur eine minimale Rolle bei der Erhöhung der Testeffektivität – daher die Zuordnung zur Klasse »Niedrig«. In anderen Situationen kann ein Testwerkzeug jedoch eine Voraussetzung für die Testdurchführung sein! Ein gutes Beispiel dafür ist der Performanztest. In der passenden Situation und mit der richtigen Begründung kann dieser Kernbereich daher einer höheren Klasse zugeordnet werden.

Fallstricke bei der Verbesserung

Es gibt einige mögliche Fallstricke bei der Steigerung der Testeffektivität:

- *Werkzeuge für funktionale Regressionstests*
  Die Anwendung von Werkzeugen für funktionale Regressionstests erfordert langfristige Investitionen (z.B. Geld, Mitarbeiterschulungen). Darüber hinaus hängt die Qualität der Anwendung eines solchen Werkzeugs sehr stark von der Qualität der eingesetzten Testfälle ab.
- *Kostenschätzung und Planung*
  Ohne angemessene und gut begründete Schätzung, Planung und Überwachung des Testprozesses wird dieser schnell zum kritischen Zeitfaktor, und eine solche Situation zwingt sehr wahrscheinlich zum Nachgeben beim Anspruch an das Qualitätsniveau.

Die Ursachen schlechter Qualität von Arbeitsergebnissen liegen häufig im Testprozess selbst, jedoch sind auch ganz andere Gründe möglich. Manchmal liegen die Grundursachen außerhalb des Testprozesses. Es ist daher empfehlenswert, die effektivsten Maßnahmen im gesamten Softwarelebenszyklus zu ermitteln.

Fallstricke, die über das Testen hinausgehen:

- *Projektmanagement*
  Schlechtes Projektmanagement, insbesondere hinsichtlich der Planung, führt zur Konzentration der Aufmerksamkeit auf eine termingerechte Lieferung und nicht auf die qualitätsgerechte Lieferung.
- *Änderungsmanagement und Requirements Lifecycle Management*
  Um eine hohe Qualität zu liefern, müssen sich die Tester darauf verlassen können, dass sie die neuesten Versionen der Anforderungen und der Testbasis des aktuellen Testobjekts verwenden, einschließlich der letzten Änderungen.

6.3.3 Time-to-Market

Die konkreten Ziele der Verbesserung

Die Time-to-Market ist insbesondere in den Branchen wichtig, in denen Produkte schnell veralten oder regelmäßig neue Vorschriften eingeführt werden. Abgesehen davon, dass es sich hierbei um ein Geschäftsziel handelt, kann es noch weitere Gründe geben, sich auf den zeitlichen Aspekt des Testprozesses zu konzentrieren. Eine oft gehörte Bemerkung ist, dass sich der Testprozess zu lange auf dem kritischen Pfad des Projekts befindet; der Liefertermin ist sehr nah, jedoch werden noch immer Tests durchgeführt; oder das Testen scheint sich immer zu verspäten und führt damit zu Problemen, die »Notmaßnahmen« oder eine Verschiebung des Liefertermins erfordern.

Wenn man sich beim Testen auf die Time-to-Market konzentriert, ist es wichtig, unter allen beteiligten Parteien ein gemeinsames Verständnis dafür zu schaffen, was unter der »Durchlaufzeit des Testens« zu verstehen ist. Es gibt mehrere Aspekte außerhalb des Testens, die die Durchlaufzeit des Testens erheblich beeinflussen:

- Es geht um die Durchlaufzeit der Test*durchführung*.
  In den meisten Fällen wird die Kürzung der Testdurchlaufzeiten von dem Wunsch motiviert, Termine einzuhalten. Fast alle Testaktivitäten können vom kritischen Pfad eines Projekts ferngehalten werden – mit Ausnahme der Testdurchführung, die *immer* das letzte Glied in der Kette ist. Die Maßnahmen müssen daher darauf ausgerichtet sein, erstens diese Phase so kurz wie möglich zu halten und zweitens einen fundierten und realistischen Plan zu entwickeln – nicht nur für die Testdurchführung, sondern für alle Aktivitäten. Dadurch wird verhindert, dass die Testdurchführung durch andere Testaktivitäten gestört wird.
- Das Warten auf Entwickler gilt *nicht* als Testen
  Tester müssen üblicherweise eine große Anzahl von Testfällen wiederverwenden, manchmal mehrere Male, um behobene Fehler nachzutesten. Nicht selten muss ein Tester mehrere Tage warten, bis ein Fehler nachgetestet werden kann. Insbesondere am Ende der Testzeit ist es das Entwicklungsteam, nicht das Testteam, das zum Engpass für die Freigabe wird! Es ist daher wichtig, dass die Maßnahmen auch Nicht-Testaktivitäten betreffen (d.h. die Entwicklung).
- Das Warten auf die Testumgebung gilt *nicht* als Testen
  Im letzten Jahrzehnt wurden Informationssysteme stark integriert; monolithische Systeme gibt es heutzutage kaum mehr. Das Testen dieser integrierten Systeme, insbesondere aus einer End-to-End-Perspektive, hängt stark von einer integrierten Testumgebung ab. Die Installation und der Betrieb solcher Umgebungen sind stets mühsam. End-to-End-Testteams berichten regelmäßig über Ausfälle der Umgebung die 50 % oder mehr Zeit der gesamten geplanten Testperiode ausmachen. Maßnahmen zur Kürzung der Durchlaufzeit des Testens müssen eine Erhöhung der Verfügbarkeit der Testumgebung berücksichtigen.

Im Allgemeinen gibt es zwei Möglichkeiten, die Time-to-Market zu verkürzen. Die erste besteht darin, die einzelnen Schritte innerhalb des Testprozesses zu verbessern. Die zweite Möglichkeit ist, einige Schritte auszulassen und/oder aktiv Werkzeuge und Techniken einzusetzen, um einige Schritte zu verkürzen.

Klassifizierung der Kernbereiche hinsichtlich ihres Einflusses auf die Verkürzung der Time-to-Market

Basierend auf Tabelle 6–2 werden die Kernbereiche wie folgt klassifiziert:

Hoch	Mittel	Niedrig
Grad der Beteiligung	Engagement der Stakeholder	Berichterstattung
Teststrategie	Testorganisation	Metriken
Kostenschätzung und Planung	Kommunikation	Testwaremanagement
Testfalldesign	Testprozessmanagement	Methodisches Vorgehen
Testwerkzeuge	Fehlermanagement	
Testumgebung	Professionalität der Tester	

Neben der Verbesserung bestimmter Testaktivitäten, dem Auslassen anderer und die Unterstützung durch Werkzeuge und Techniken sind die Kernbereiche auf eine effiziente Testdurchführung ausgerichtet. Der Anteil der Leerlaufzeit wird verkürzt oder es wird vermieden, dass andere Testaktivitäten die Durchführung behindern.

- *Grad der Beteiligung*
  Je früher der Testprozess in den Entwicklungsprozess oder in das Gesamtprojekt eingebunden wird, desto besser können die Testaktivitäten vorbereitet und geplant werden. Eine gute Vorbereitung hilft dabei, so viele Aktivitäten wie möglich vom kritischen Pfad fernzuhalten.
- *Teststrategie*
  Die Festlegung einer Teststrategie auf der Basis einer Produktrisikoanalyse lässt den Auftraggeber darüber entscheiden, welche Testeinheiten die höchste Priorität haben. Die Teststrategie ist ein Mittel zum Treffen von fundierten Entscheidungen, wenn die Zeit sehr knapp bemessen ist – z.B. über das Reduzieren oder Auslassen mancher Testaktivitäten.
- *Kostenschätzung und Planung*
  Ein gut durchdachter und vereinbarter Plan ermöglicht nicht nur eine optimale Zuteilung von Ressourcen zum richtigen Zeitpunkt, sondern erlaubt auch Änderungen in letzter Minute, weil sich lediglich die Testdurchführung auf dem kritischen Pfad des Projekts befindet. Die Anwendung von Schätztechniken (letztendlich der Einsatz von Metriken) macht Schätzungen und somit auch die Planung verlässlicher.
- *Testfalldesign*
  Der Entwurf von Testfällen ist eine der zeitaufwendigsten Aktivitäten. Wie schon im Kernbereich »Grad der Beteiligung« beschrieben, sollte diese Aktivität so früh wie möglich und unter keinen Umständen auf dem kritischen Pfad des Projekts durchgeführt werden. Ein weiterer Aspekt des Testfallent-

wurfs ist die Anwendung von Designtechniken: Sie helfen dabei, die Anzahl der Testfälle auf ein Minimum zu beschränken und dadurch die für die Testdurchführung benötigte Zeit zu verkürzen.

- Testwerkzeuge
  Wenn Testwerkzeuge ordnungsgemäß verwaltet und richtig angewandt werden, können sie den Testprozess beschleunigen. Testautomatisierung ermöglicht es beispielsweise, arbeitsintensive Regressionstests außerhalb der Geschäftszeiten durchzuführen.
- Testumgebung
  Für die Ausführung von Testfällen wird eine Testumgebung benötigt. Wenn die Testumgebung rechtzeitig organisiert und aufgesetzt wird und man die Kontrolle darüber hat, sinkt die Wahrscheinlichkeit von Ausfällen, die zu Leerlaufzeiten führen.

Die sechs neutralen Kernbereiche sind:

- Engagement der Stakeholder
- Testorganisation
- Kommunikation
- Testprozessmanagement
- Fehlermanagement
- Professionalität der Tester

Diese Kernbereiche sind in Bezug auf die Verkürzung der Time-to-Market neutral. Sie sind an dieser Stelle lediglich der Vollständigkeit halber aufgeführt, werden jedoch in Kapitel 4 ausführlicher beschrieben.

Die vier Kernbereiche der Klasse »Niedrig« sind:

- *Berichterstattung*
  Die Berichterstattung ist zwar wichtig für die Bereitstellung von Informationen über Produktqualität und -risiken und für die Überwachung des Plans, jedoch reicht ein einfaches Berichtswesen aus. Die Verbesserung der Berichterstattung an sich trägt nicht zu einer Verkürzung der Durchlaufzeit des Testens bei.
- *Metriken*
  Metriken sind sehr wichtig für die Untermauerung von Vorschlägen, Plänen oder Entscheidungen. Bei der Testdurchführung spielen sie jedoch keine entscheidende Rolle.
- *Testwaremanagement*
  Eine gute Verwaltung der Testware trägt dazu bei, die Geschwindigkeit und Steuerbarkeit der Testvorbereitung und Testfallspezifikation zu erhöhen. Die Testdurchführung unterstützt sie jedoch nicht.

- *Methodisches Vorgehen*
  Dieser Kernbereich soll die Zusammenarbeit zwischen unterschiedlichen Parteien erleichtern. Er spielt keine wichtige Rolle bei der Verkürzung der Durchlaufzeit.

Fallstricke bei der Verbesserung

Die Ursachen eines zeitaufwendigen Testprozesses werden häufig innerhalb des Testprozesses selbst gesucht. Es kann jedoch sein, dass diese Gründe lediglich die Symptome eines vollkommen anderen Problems außerhalb des Testprozesses sind. Es ist daher wichtig, nach den effektivsten Maßnahmen im gesamten Softwarelebenszyklus zu suchen.

Beispiele für »externe« Fallstricke:

- *»Müll bleibt Müll«*
  Die Qualität des Testobjekts wird durch das Testen nicht verbessert; es wird lediglich eine Aussage über den Qualitätsgrad getroffen. Wenn Tests und Nachtests immer wieder durchgeführt werden müssen, deutet dies darauf hin, dass es im Anforderungs-, Entwurfs- und/oder Entwicklungsprozess oder z.B. im Projektmanagement ein vermutlich höheres Verbesserungspotenzial gibt.
- *Begrenzter Einblick*
  Oft herrscht kaum eine Vorstellung davon, wie viel Zeit das Testen in einem Projekt in Anspruch nimmt. Dies ist insbesondere bei Unternehmen der Fall, die immer auf einer Ad-hoc-Basis getestet haben und die sich nun Herausforderungen wie z.B. der Expansion der IT-Abteilung, der zunehmenden Komplexität von Systemen oder strengeren Vorschriften gegenübersehen.
  Notwendigkeit, Wert und Komplexität des Testens werden nicht immer verstanden. Das Testen wird als teuer und zeitaufwendig betrachtet. Viele Manager sind sich nicht darüber bewusst, wie viele Störungen in der Produktion auftreten, die sehr viel Schaden verursachen können und behoben werden müssen. Obwohl es eine sehr viel schlechtere Entscheidung wäre, gar nicht zu testen, sieht ein Manager vielleicht nur die durch das Testen beanspruchte Zeit – und nicht den Nutzen. Paradoxerweise könnten viele dieser Störungen durch mehr Testzeit verhindert werden.
- *Änderungsmanagement*
  Testen erfordert eine solide Planung und Vorbereitung. Änderungen der Spezifikationen (bzw. Änderungsanforderungen) können zu Änderungen des Plans und zu Nachbearbeitungen einiger Vorbereitungsstufen führen. Insbesondere dann, wenn das Testobjekt bereits getestet wird und Testfälle ausgeführt wurden, können Änderungen zu Neulieferungen und Nachtests, aber auch zu Anpassungen der Testfälle führen, was zusätzliche Zeit in Anspruch nimmt. Wenn kurzfristige Änderungen reduziert oder zumindest ihre Auswirkungen angemessen analysiert werden, kann die Testzeit noch weiter verkürzt werden.

- *Projektmanagement*
  Um sicherzustellen, dass die Testdurchführung mit der Bereitstellung des Testobjekts sofort beginnt (nur die Testdurchführung sollte sich auf dem kritischen Pfad des Projekts befinden), sollten die Tester im Vorfeld mit ihrer Vorbereitung beginnen können. Das Projektmanagement muss daher die Testressourcen in einer frühen Phase des Projekts zuweisen. Darüber hinaus muss das Projektmanagement sicherstellen, dass bestimmte Vorbedingungen rechtzeitig erfüllt sind. Zu den Vorbedingungen für das Testen zählen die rechtzeitige Verfügbarkeit der Testumgebung, die geplante Verfügbarkeit von Entwicklern zur Behebung der gefundenen Fehler sowie die rechtzeitige Bereitstellung von Testdaten und Konfiguration.
- *Konfigurationsmanagement*
  Tester müssen sich darauf verlassen können, dass sie das richtige Objekt oder die richtige Version testen. Falls dies nicht der Fall ist, wird nicht nur Zeit verschwendet, sondern auch zusätzliche Zeit in Anspruch genommen, um das »richtige« Objekt zu testen.

6.3.4 Kosteneffizienz der IT

Die konkreten Ziele der Verbesserung

Die Senkung der Testkosten ist für die meisten Unternehmen ein ständiger Treiber. Kostenkontrolle kann für die Verbesserung des Wettbewerbsvorteils eines Unternehmens von grundlegender Bedeutung sein oder sie kann als Überlebensstrategie in Zeiten eines Konjunkturabschwungs dienen. Somit müssen die Kosten reduziert werden und dies betrifft auch die Kosten für die Entwicklung und das Testen.

Abgesehen davon, dass es sich hierbei um ein Geschäftsziel handelt, kann es noch weitere Gründe geben, die Kosten des Testprozesses ins Auge zu fassen. Wenn das Testen eher als Kostenstelle angesehen wird statt als Nutzbringer, kann der Druck, die Testkosten zu reduzieren, besonders groß sein. In manchen Fällen ist dieser Standpunkt sicher gerechtfertigt.

Die Testkosten können in drei Kategorien unterteilt werden:

- *Kosten der Testaktivitäten*
  Zu dieser Kategorie zählt nicht nur die Anzahl der Personentage, sondern auch die Wartung der Testmethode sowie der Aufbau und die Pflege der Testkompetenz: Verfahren, Techniken, Vorlagen, Checklisten usw. Die Verbesserung des Testprozesses kann dabei helfen, solche Kosten zu reduzieren.
- *Testwerkzeuge*
  Die Lizenzkosten für Testwerkzeuge, aber auch die Kosten für die Pflege der Anpassungen, für Werkzeugskripte, Schulungen und für die Unterstützung

durch den Lieferanten können sehr hoch sein. Die Senkung solcher Kosten kann in erster Linie durch zielgerichtete Bemühungen erreicht werden, wie z.B. die Entwicklung eines Frameworks für automatisiertes Testen. Inwieweit diese Werkzeuge zur Kosteneinsparung beitragen, hängt zwar weitgehend von der Reife des Testprozesses ab, jedoch trägt die Testprozessverbesserung selbst nicht zu einem kosteneffektiveren Einsatz der Testwerkzeuge bei.

- *Testumgebung und Testdaten*
  Die steigende Komplexität der IT-Infrastruktur in der Produktion spiegelt sich in der Komplexität der Testumgebungen und der Testdaten wider. Die Kosten für die Wartung von Testumgebungen sind daher sehr hoch geworden. Ähnlich wie bei den Testwerkzeugen kann gezielt daran gearbeitet werden, die Verwaltung der Testumgebungen und Testdaten zu optimieren. Dies geschieht jedoch in der Regel nicht im Rahmen der Testprozessverbesserung, da es weniger um den Testprozess selbst, sondern eher um den Betrieb der Infrastruktur geht.

Klassifizierung der Kernbereiche nach ihrem Einfluss auf die Senkung der Testkosten

Basierend auf Tabelle 6–2 werden die Kernbereiche wie folgt klassifiziert:

Hoch	Mittel	Niedrig
Grad der Beteiligung	Kommunikation	Engagement der Stakeholder
Teststrategie	Testprozessmanagement	Berichterstattung
Testorganisation	Kostenschätzung und Planung	Metriken
Fehlermanagement	Testwaremanagement	Testumgebung
Testwerkzeuge	Methodisches Vorgehen	
	Professionalität der Tester	
	Testfalldesign	

Die folgenden fünf Kernbereiche unterstützen die Kostenreduktion des Testprozesses und haben daher eine höhere Priorität:

- *Grad der Beteiligung*
  Viele Probleme im Entwicklungsprozess zeigen sich erst im Testprozess – üblicherweise scheinen die Projektkosten erst in der Testphase außer Kontrolle zu geraten. Indem das Testen frühzeitig in den Entwicklungsprozess eingebunden wird und somit Einfluss auf das Entwicklungsprojekt ausüben kann, können viele dieser Probleme vermieden werden. Eine ausreichende, frühzeitige Beteiligung am Projekt führt auch dazu, dass Fehler früher gefunden werden, wodurch die Kosten für die Fehlerbehebung reduziert werden und es weniger Ungewissheit über Nacharbeiten im Projekt gibt. Darüber hinaus werden unangenehme Überraschungen am Ende des Projekts vermieden: »Dies ist nicht, was ich wollte« oder »Ich habe nicht bekommen, was ich wollte«.

- *Teststrategie*
  Die Festlegung einer Teststrategie auf der Basis einer Produktrisikoanalyse lässt den Auftraggeber darüber entscheiden, welche Testeinheiten die höchste Priorität haben und welche Testüberdeckung notwendig ist. Anstatt alles gleichermaßen gründlich zu testen, kann die Testintensität bei Systemteilen und Qualitätseigenschaften, die ein relativ geringes Produktrisiko haben, reduziert werden.
- *Testorganisation*
  Viele Unternehmen straffen ihre Geschäftsaktivitäten, indem sie sich auf Projekte konzentrieren, die kurzfristigen Gewinn versprechen, während sie die (als Kostenstelle betrachtete) Linienorganisation möglichst gering halten. Projekte sind jedoch eingeschränkt, wenn sie die Vorteile von Skaleneffekten nicht nutzen können. Es können erhebliche Kosteneinsparungen realisiert werden, indem knappe Ressourcen wie qualifiziertes Testpersonal, Testumgebungen und Testwerkzeuge innerhalb einer Linienorganisation beschafft und verwaltet werden und den Projekten nach Bedarf als Dienstleistung zur Verfügung gestellt werden können.
- *Fehlermanagement*
  Gutes Fehlermanagement trägt dazu bei, Fehler so effizient wie möglich zu beheben, insbesondere dann, wenn Entwickler ebenfalls Zugang zu den gleichen Werkzeugen haben wie die Tester. Ein fortschrittliches Fehlermanagement unterstützt auch Maßnahmen zur Fehlervermeidung, z.B. in der Ursachenanalyse.
- *Testwerkzeuge*
  Der Einsatz von Testwerkzeugen kann die Testkosten erheblich reduzieren. Die automatisierte Testdurchführung ist an sich sehr viel kostengünstiger als die manuelle Testdurchführung. Darüber hinaus gibt es Testwerkzeuge, die effizientes Test-, Fehler- und Testwaremanagement (Konfigurationsmanagement) ermöglichen. Ohne besondere Werkzeuge ist dies nur schwer durchzuführen, insbesondere in größeren Entwicklungs- und Testteams.

Die sieben neutralen Kernbereiche sind:

- Kommunikation
- Testprozessmanagement
- Kostenschätzung und Planung
- Testwaremanagement
- Methodisches Vorgehen
- Professionalität der Tester
- Testfalldesign

Diese Kernbereiche sind in Bezug auf die Kostenreduktion neutral. Sie sind an dieser Stelle lediglich der Vollständigkeit halber aufgeführt, werden jedoch in Kapitel 4 ausführlicher beschrieben.

Die folgenden vier Kernbereiche der Klasse »Niedrig« tragen begrenzt zur Kostenreduktion bei und haben daher eine geringere Priorität:

- *Engagement der Stakeholder*
  Das Testen profitiert auf vielerlei Weise von einem starken Engagement der Stakeholder, aber die Einsparung von Testkosten ist davon nicht betroffen.
- *Berichterstattung*
  Die Berichterstattung ist zwar wichtig für die Überwachung der Kosten und die kosteneffektive Verwaltung des Testprozesses, jedoch reicht ein einfaches Berichtswesen aus. Die Verbesserung der Berichterstattung an sich trägt nicht zu einer Einsparung von Testkosten bei.
- *Metriken*
  Ähnlich wie beim Kernbereich »Berichterstattung« sind einfache Metriken notwendig, um die Kosteneinsparung zu unterstützen. Ein intensiverer Einsatz von Metriken lässt zwar eine genauere Steuerung durch das Testprozessmanagement zu, trägt jedoch an sich nicht zur Kostenreduktion bei.
- *Testumgebung*
  Die Verwaltung von Testumgebungen und Testdaten kann sehr teuer sein und häufig besteht ein starkes Interesse, diese Kosten zu reduzieren. In diesem Fall sollte daran gearbeitet werden, die Verwaltung der Testumgebungen zu verbessern.

Fallstricke bei der Verbesserung

Bei der Verbesserung des Testprozesses mit dem Ziel, die Testkosten zu reduzieren, gibt es mögliche Fallstricke:

- *Testwerkzeuge*
  Die automatisierte Testdurchführung wird häufig als die wichtigste Lösung zur Kosteneinsparung betrachtet. Diese Antwort ist jedoch zu einfach. Automatisierte Testdurchführung setzt voraus, dass das Testdesign sehr gut durchdacht ist: Wenn Chaos automatisiert wird, erhalten Sie automatisiertes Chaos!

  Die automatisierte Ausführung von Testfällen an sich ist natürlich kostengünstiger als eine manuelle Ausführung, jedoch sind auch Kosten damit verbunden. Neben den Kosten für Werkzeuglizenzen, Support und die Anwenderschulungen entstehen Kosten durch die Erstellung und Wartung von Skripten, die erheblich teurer sind, als einen Testfall »einfach« manuell auszuführen. Die Wartung von Skripten ist erforderlich, wenn bestehende Skripte auf neue Versionen des Testobjekts angewandt werden. Letzteres ist üblicherweise bei Regressionstests der Fall – just in dem Szenario, bei dem sich die anfallenden Kosten durch eine häufige automatisierte Testdurchführung bezahlt machen können. Die Minimierung der Wartungskosten stellt zusätzliche Anforderungen an den Testprozess selbst.

- *Problemursachen außerhalb des Testprozesses*
  Die Tatsache, dass die Kosten des Testprozesses häufig höher ausfallen als erwartet, kann auf Ursachen außerhalb des Testens zurückzuführen sein. Die »zu hohen Kosten des Testens« sind oftmals nicht das tatsächliche Problem, sondern ein Symptom einer »externen« Ursache, wie z. B. schlechtes Konfigurationsmanagement, Änderungsmanagement oder Projektmanagement.
- *Begrenzter Einblick*
  Oft herrscht kaum eine Vorstellung davon, wie viel das Testen tatsächlich kostet. Dies ist insbesondere bei Unternehmen der Fall, die immer auf einer Ad-hoc-Basis getestet haben und die sich nun Herausforderungen wie z. B. der Expansion der IT-Abteilung, der zunehmenden Komplexität von Systemen oder strengeren Vorschriften gegenübersehen.
  Wenn man sich die Kosten aus einer übergeordneten Perspektive ansieht, kann dies zur Erkenntnis führen, dass es kostengünstiger ist, mehr zu testen als weniger zu testen. Diese Perspektive wird aber selten eingenommen, da es nur einen begrenzten Einblick in solche Testkosten gibt, die sich außerhalb des Einflussbereichs eines Managers befinden. Bei der Initiierung eines Projekts berechnen die Entscheidungsträger auch häufig nicht, wie viel Aufwand wirklich erforderlich ist und wie viel es kostet, Störungen zu beheben und den Betrieb von Anwendungen aufrechtzuerhalten.
- *Releasemanagement*
  Häufig finden letzte Releaseänderungen ohne angemessenes Testen statt, da dem Projekt nicht mehr viel Zeit zur Verfügung steht und ein festes Releasedatum einzuhalten ist. Ein Reduzieren solcher Änderungen kann sehr viel unerwünschte Nacharbeit verhindern.

6.3.5 Transparenz und Verständnis der IT

Die konkreten Ziele der Verbesserung

In manchen Fällen ist das Testen zwar zufriedenstellend, d. h., in der Produktion tauchen nicht viele schwere Fehler auf, aber es besteht dennoch keine ausreichende Einsicht in die Praxis des Testens. Ein besserer Einblick in den Testprozess kann notwendig sein, um externe regulatorische Anforderungen zu erfüllen, wie z. B. den Sarbanes-Oxley Act (SOX), Sicherheitsanforderungen, wie z. B. die verschiedenen Stufen des SIL[1], oder die GxP[2] der US-Gesundheitsbehörde FDA (Food and Drug Administration).

---

1. SIL (Sicherheits-Integritätslevel): relatives Niveau der Risikoverringerung, die durch eine Sicherheitsfunktion erreicht wird, oder Spezifizierung des angestrebten Niveaus der Risikoverringerung.
2. GxP ist eine allgemeine Bezeichnung für Qualitätsrichtlinien und -bestimmungen für bewährte Verfahrensweisen. Das »x« steht für eine bestimmte Verfahrensweise (GMP ist z. B. die Abkürzung für Good *Management* Practice).

Einen besseren Einblick in das Testen kann auch vom Unternehmen selbst benötigt werden, um ein besseres Verständnis für den Wert des Testens zu gewinnen. Nicht zuletzt kann es auch vorkommen, dass die Stakeholder im Entwicklungs- oder Testprojekt unter den Folgen unzulänglicher Kommunikation leiden und das Geschehen im Testprozess besser in den Griff bekommen wollen.

Eine erhöhte Transparenz im Testprozess bedeutet höhere Sorgfalt bei der Kommunikation darüber, was im Testprozess geschieht. Je nachdem, wie transparent der Prozess sein muss, kann anhand dokumentierter Ergebnisse dargelegt werden, dass alle Aktivitäten durchgeführt werden bzw. wurden. Darüber hinaus werden alle wichtigen Entscheidungen des Testteams oder der Stakeholder dokumentiert, wobei durch spezifische Anforderungen festgelegt wird, wie diese Ergebnisse berichtet werden.

Dadurch, dass man vorweist, was beim Testen geschehen ist, verbessert sich die Effektivität oder Effizienz des Prozesses nicht automatisch. Es kann sogar von einem gewissen Mehraufwand dafür ausgegangen werden, was die Effizienz des Prozesses beeinträchtigt. Ebenso wenig gibt es einen Zusammenhang zwischen der Transparenz und der allgemeinen Reife: Ein Testprozess kann sehr unstrukturiert, aber transparent sein, während ein anderer Prozess vielleicht sehr effizient ist, es jedoch keinen Nachweis darüber gibt, dass die Aktivitäten wirklich durchgeführt worden sind.

Eine höhere Transparenz erleichtert die Steuerung des Testprozesses. Es besteht Klarheit darüber, welche Aktivitäten wie durchgeführt werden, was dabei hilft, bessere Entscheidungen zu treffen. Eine bessere Einsicht in den Testprozess macht üblicherweise auch Verbesserungspotenzial sichtbar: Das Testteam oder die Stakeholder können Wege einschlagen, die schnelle Erfolge versprechen oder andere Verbesserungsziele verfolgen.

Klassifizierung der Kernbereiche nach ihrem Einfluss auf die Erhöhung der Transparenz des Testens

Basierend auf Tabelle 6–2 werden die Kernbereiche wie folgt klassifiziert:

Hoch	Mittel	Niedrig
Teststrategie	Kommunikation	Engagement der Stakeholder
Berichterstattung	Testwaremanagement	Grad der Beteiligung
Testprozessmanagement	Methodisches Vorgehen	Testorganisation
Kostenschätzung und Planung	Testfalldesign	Professionalität der Tester
Metriken	Testwerkzeuge	Testumgebung
Fehlermanagement		

Die folgenden sechs Kernbereiche unterstützen die Erhöhung der Transparenz des Testprozesses und haben daher eine höhere Priorität:

- *Teststrategie*
  Die Teststrategie basiert auf (Produkt-)Risiken. Einer der wichtigsten Aspekte von Produktrisiken ist der Schaden, der von einem Fehler verursacht werden kann. In fast jeder Situation handelt es sich dabei um den geschäftlichen Schaden, der für das Unternehmen entsteht. Die Teststrategie ist daher ein wertvolles Instrument, um Informationen über diese Risiken bzw. die Begrenzung dieser Risiken zu liefern. Da die Risikoanalyse zusammen mit verschiedenen Stakeholdern durchgeführt wird, trägt sie erheblich zur Transparenz des Prozesses bei.
- *Berichterstattung*
  Vom Testprozessmanagement und Fehlermanagement gewonnene Informationen müssen den Stakeholdern auf die im Vorfeld vereinbarte Weise zur Verfügung gestellt werden. Berichte werden wahrscheinlich auch für spätere Referenzzwecke aufbewahrt, z.B. für Audits oder als Input für zukünftige Verbesserungsaktivitäten.
- *Testprozessmanagement*
  Die Testaktivitäten sollten gemäß dem Testplan durchgeführt werden. Der Plan bietet einen guten Einblick in alle bestehenden Vereinbarungen zwischen Stakeholdern und Testern, den Ansatz, die Strategie, die Planung usw.
- *Kostenschätzung und Planung*
  Eine Planung des Testens bietet zusammen mit einer verlässlichen Schätzung der verschiedenen Aktivitäten eine Basis für die Erwartungen zwischen Testteam und Stakeholdern sowie die Erwartungen innerhalb des Testteams selbst. Stakeholder können Einfluss auf den Testplan nehmen und ihn freigeben.
- *Metriken*
  Metriken dienen der objektiven Messung von Beobachtungen. Übliche Beispiele sind Budget, Zeit und die Anzahl der Fehler. Diese Metriken können kombiniert werden, um komplexere Beobachtungen messbar und objektiver zu machen, wie z.B. Fortschritt, Testüberdeckung, Qualität des Testobjekts und Effizienz des Testprozesses.
- *Fehlermanagement*
  Das Fehlermanagement verwaltet alle Fehler, die während des Testens gefunden werden. Alle wichtigen Eigenschaften eines Fehlers werden erfasst und können für die Berichterstattung eingesetzt werden. Durch die Zusammenführung dieser Informationen kann das Fehlermanagement eine präzise Erkenntnis über die Qualität des Testobjekts liefern.

Die fünf neutralen Kernbereiche sind:

- Kommunikation
- Testwaremanagement
- Methodisches Vorgehen
- Testfalldesign
- Testwerkzeuge

Diese Kernbereiche sind in Bezug auf die **Transparenz** des Testens neutral. Sie sind an dieser Stelle lediglich der Vollständigkeit halber aufgeführt, werden jedoch in Kapitel 4 ausführlicher beschrieben.

Die fünf Kernbereiche der Klasse »Niedrig« sind:

- *Engagement der Stakeholder*
  Ein gewisses Engagement der Stakeholder ist zwar erforderlich (häufig durch externe Vorschriften initiiert), um den Mehrkosten zuzustimmen, die mit einer Erhöhung der Transparenz einhergehen. Das Engagement der Stakeholder verstärkt sich jedoch üblicherweise erst dann, wenn eine höhere Transparenz erreicht worden ist.
- *Grad der Beteiligung*
  Eine verstärkte Einbeziehung des Testens in den Entwicklungsprozess ist üblicherweise darauf zurückzuführen, dass ein stärkeres Bewusstsein darüber herrscht, wie das Testen zu einer besseren Produktqualität beitragen kann. Diese Maßnahmen werden in der Regel ergriffen, sobald die Transparenz gesteigert wurde. Der Grad der Beteiligung selbst trägt nicht zur Erhöhung der Transparenz des Testprozesses bei.
- *Testorganisation*
  Eine Organisationseinheit zur methodischen Unterstützung des Testens kann dabei helfen, Berichterstattung und Metriken verschiedener Projekte anzugleichen (z.B. durch die Schaffung von Leitlinien und Vorlagen), und auf diese Weise die Transparenz effizient erhöhen. Die Testorganisation selbst trägt jedoch nicht zu einer höheren Transparenz bei.
- *Professionalität der Tester*
  Tester und Testmanager müssen nicht hochqualifiziert sein, um einen Bericht über ihre Aktivitäten zu erstellen. Es kann jedoch sein, dass sie zusätzliche Schulungen benötigen, um eine strukturiertere Arbeitsweise zu erlernen.
- *Testumgebung*
  Werkzeuge in Testumgebungen können Informationen über die Umgebungen selbst liefern und lassen sich in der Berichterstattung nutzen. Eine Verbesserung der Testumgebungen über den Einsatz dieser Werkzeuge hinaus unterstützt die Transparenz des Testprozesses jedoch nicht.

Fallstricke bei der Verbesserung

Bei der Verbesserung des Testprozesses mit dem Ziel, die Transparenz des Testens zu erhöhen, gibt es mögliche Fallstricke:

- *Metriken*
  Bei der Forderung nach Metriken muss man verstehen, welche Metriken von Bedeutung sind, und wissen, ob sie auf klare Weise gemessen werden können. Wenn zu viele Metriken erhoben werden oder Metriken gewählt werden, die für die Stakeholder nicht leicht verständlich sind, wird der Testprozess unnötig belastet. Falls den Stakeholdern nicht klar ist, welche Metriken sie anfordern sollen, beginnen Sie mit einer Anzahl üblicher Metriken auf der Grundlage bewährter Vorgehensweisen und gesammelter Erfahrungen und stimmen Sie diese auf die Anforderungen des Kunden ab. Jeder, der an der Erhebung, Bereitstellung und der Anwendung von Metriken beteiligt ist, muss sich dieser Unsicherheit bewusst sein und kooperativ handeln.

  Ein gängiges Problem mit Metriken besteht darin, dass sie vom Management erwünscht sind, ihre Bereitstellung jedoch auf Widerstand stößt! Das Erheben von Metriken wird als zusätzliche Belastung und Ablenkung wahrgenommen. Es kann auch zu einem Gefühl des Misstrauens führen, da die Tester möglicherweise glauben, dass das Management anhand der Metriken ihre Leistung beurteilt. Achten Sie deshalb darauf, nicht nach Metriken zu fragen, anhand derer sich die Leistung von Einzelnen beurteilen lässt, und machen Sie den Grund und das Ziel der Erhebung der geforderten Metriken deutlich.

- *Testwerkzeuge*
  Es gibt viele Testwerkzeuge, die Metriken bereitstellen. Testmanagementwerkzeuge liefern Berichte über die Anzahl an Testfällen eines bestimmten Status (Entwurf, durchgeführt, bestanden oder nicht bestanden). Auch Fehlermanagementwerkzeuge bieten Metriken über die Anzahl an Testfällen eines bestimmten Status, möglicherweise mit Verweisen zu Testfällen und Anforderungen. Diese Bereitstellung von Berichten kann eine große Unterstützung sein, vorausgesetzt, die benötigte Information ist vom Werkzeug generiert und stammt nicht aus einer externen Quelle.

  Falls Informationen aus verschiedenen Werkzeugen zusammengeführt werden müssen, ist sowohl das Sammeln als auch das Zusammenführen dieser Informationen deutlich komplexer. Falls beispielsweise die Zeit pro Aktivität in einem Zeiterfassungssystem und nicht pro Testfall in einem Testmanagementwerkzeug festgehalten wird, kann es schwierig sein, diese Informationen bei Bedarf miteinander zu verbinden. Um die Daten zusammenzuführen, müssen sie aus den Werkzeugen in eine Tabellenkalkulation mit benutzerdefinierter Berichterstattung exportiert werden. Alternativ könnten die gleichen Informationen in mehreren Werkzeugen erfasst werden.

6.4 Kosten und Nutzen der Testprozessverbesserung

6.4.1 Einführung

Wie viel kostet es und wie profitieren wir davon? Diese beiden Fragen zur Testprozessverbesserung sind naheliegend, jedoch gleichzeitig schwer zu beantworten – zumindest auf konkrete Weise und in finanzieller Hinsicht. Einer der Gründe liegt darin, dass es schwierig ist, die Kosten des Testens zu kalkulieren und den präzisen Nutzen zu bestimmen. Kosten werden häufig anhand der Personalkosten dargestellt: eine Anzahl an Mitarbeitern, die für eine bestimmte Zeit für einen bestimmten Stundensatz an einem Projekt beteiligt sind. Wie hoch sind jedoch die Kosten, wenn *gar nicht* getestet wird? Oder die Kosten der Fehlerbehebung und Nachtests nach dem Finden von Fehlern? Was wissen wir über den Nutzen des Testens? Können wir eine Aussage darüber treffen, in welchem Ausmaß die Produktrisiken begrenzt worden sind und das Testen zur Qualität des Produkts beigetragen hat?

Diese Fragen sind nicht leicht zu beantworten und daher ist es ebenso schwierig, eine Antwort auf die Fragen nach Kosten und Nutzen der Testprozessverbesserung zu geben. Der folgende Abschnitt geht auf Faktoren ein, die eine Kosten-Nutzen-Analyse beeinflussen, und liefert einige Vorschläge für das Sammeln der richtigen Informationen und Daten.

6.4.2 Preis-Leistungs-Verhältnis

Realität oder Fiktion

Auslöser für die Testprozessverbesserung ist in der Regel die Beobachtung, dass das Testen »zu teuer« oder zu »zeitaufwendig« ist. Es gibt jedoch bestimmte Faktoren, die diese Bewertung »verfälschen« können:

- Selten ist alles nur weiß oder schwarz; üblicherweise gibt es mehr als einen triftigen Grund für eine bestimmte Situation.
- Der vermutete Auslöser und die Grundursache können unterschiedlich sein.
- Der Auslöser kann durch externe Einflussfaktoren bedingt sein (z.B. Tester »tun nichts«, da das Testobjekt nicht rechtzeitig geliefert wurde).

Bei jedem Auslöser sollte auf Aspekte geachtet werden, die teilweise außerhalb des Testprozesses liegen. Tabelle 6–3 zeigt einige Beispiele.

Auslöser	Mögliche Ursachen
Das Testen ist zu zeitaufwendig.	Falls viele Fehler gefunden wurden, musste viel Zeit mit der Überarbeitung des Entwurfs, der Korrekturen und Nachtests verbracht werden.
	Das Testobjekt wurde nicht rechtzeitig geliefert, was zu Wartezeiten für die Tester führte.
	Die Testumgebung stand nicht rechtzeitig bereit.
	Eine Vielzahl von Änderungsanforderungen während des Testprozesses führte zu permanenten Änderungen der Funktionalität und folglich zur Änderung von Testfällen und Skripten. In manchen Fällen muss die gesamte Strategie angepasst werden.
Das Testen ist zu teuer.	Der Testmanager zeigte die tatsächlichen Testkosten auf, was zuvor noch nie getan wurde.
	Höhere Produktrisiken erforderten höhere Qualifikationen und mehr Ressourcen.
	Es wurden mehr Ressourcen benötigt, da das Testobjekt nicht rechtzeitig geliefert wurde, der Termin des Produktionsbeginns jedoch unverändert blieb.
Die Qualität des Testens ist nicht gut genug.	Produktionsfehler in den ersten Wochen nach der Einführung wurden durch Mängel der Anforderungen oder der Infrastruktur verursacht.
	Das Management beschloss, das Produkt einzusetzen, obwohl das Testen noch nicht abgeschlossen war.
	Falsche Erwartungen zwischen Entwicklern und Testern führten zu Lücken in der Testüberdeckung.

Tab. 6–3 *Auslöser für Testprozessverbesserung und ihre möglichen Ursachen*

6.4.3 Kosten der Verbesserung

Wie jedes andere Verbesserungsprojekt kostet ein BDTPI-Projekt Zeit und Geld. Zu den typischen Aspekten der Testprozessverbesserungskosten zählen:

- Bewertungsaspekte, z.B. Interviews, Analysen, Besprechungen
- Entwicklungszeit für (neue) Methoden, Verfahren und Vorlagen. Eine Auswahl vordefinierter Vorlagen und Checklisten stehen unter *www.tmap.net* bereit. Es ist sinnvoll, diese Dokumente auf die individuelle Situation anzupassen.
- Einführung von Testwerkzeugen. Dies wird häufig als der schnellste Weg zur Kostenreduktion angesehen. Die Auswahl, Implementierung und Auslieferung des richtigen Werkzeugs nimmt jedoch Zeit in Anspruch. Darüber hinaus fallen sowohl für mehrere Lizenzen als auch durch Nebenausgaben wie z.B. für Handbücher Kosten an, die einen Großteil des verfügbaren Budgets aufbrauchen können. Die Zeit und Kosten, die für die angemessene Wartung des Werkzeugs notwendig sind, sollten ebenfalls nicht unterschätzt werden.
- Schulungen, Pilotprojekte und Erprobungen

- Beobachtungen und Berichte zu Verbesserungen. Während des Prozesses müssen Indikatoren entwickelt und gepflegt werden, um die Signifikanz der Verbesserungen darlegen zu können.

Und wenn wir gar nichts tun?

Es besteht immer die Möglichkeit, gar nichts zu tun! Einer der Kostenfaktoren kann gemessen werden, indem man die Kosten berechnet, die durch Untätigkeit, d.h. ein (kurzfristiges) Belassen des Istzustands, verursacht würden. Dies könnten z.B. die Kosten sein, die durch eine geschätzte Anzahl von Fehlern in der Produktion entstehen. Typische Aspekte dieser Kosten sind:

- Fehlerfindung und Bearbeitung: Helpdesk, Kundenbetreuung usw.
- Fehlerbehebung: Neuentwurf, Reimplementierung und Nachtest
- Entwicklung von Workarounds
- Imageverlust
- Unzufriedene Anwender und/oder Kunden

6.4.4 Nutzen der Verbesserung

Es ist nicht einfach, die Kostenaspekte der Testprozessverbesserung definitiv zu bewerten. Noch schwieriger ist es, den tatsächlichen Nutzen zu bestimmen. Die Bewertung des Nutzens war einer der Gründe für drei weltweite Umfragen zum Einsatz des TPI-Modells.

Die Umfragen ergaben interessante Aspekte zum Nutzen von TPI:

- *Bessere Softwarequalität*
  61 % der Befragten gaben eine verbesserte Softwarequalität an, die sich z.B. in weniger Fehlern in der Produktion zeigt.
- *Bessere Kontrolle über den Testprozess*
  Die Implementierung von Testprozessverbesserungen führt nach Angaben von 83 % der Befragten zu einer besseren oder viel besseren Kontrolle über das Testen. In vielen Fällen bewirkt dies kürzere Testprojekte.
- *Sehr gute Rendite*
  77 % der Befragten gaben an, dass sich die für die Implementierung der Testprozessverbesserung notwendige Investition tatsächlich bezahlt gemacht hat.

In zahlreichen weltweiten TPI-Projekten haben wir viele weitere Vorteile gesehen, die in der Praxis erzielt worden sind. Die folgenden Vorteile sind Interviews mit verschiedenen Testmanagern entnommen:

- *Personal*
  - Die Verbesserung der Fähigkeiten und des Wissens von Testern führte zu einer Erhöhung ihrer Produktivität und Leistung.
  - Gezielte Ressourcenplanung, reduzierte Wartezeiten und Gemeinkosten
  - Engere und effizientere Zusammenarbeit in komplexen Projekten zwischen Testern und anderen Mitarbeitern
- *Effizienz*
  - Stärkere Konzentration auf das Messen und Berichten von Produktqualität und -risiken
  - Fehler wurden im Lebenszyklus früher gefunden (und behoben!), was zu einer Kostensenkung führte. Verbesserungen im Systemtest führten zu einer 50 %igen Reduktion der technischen Fehler im Abnahmetest.
  - Durch das Wiederverwenden gut dokumentierter und angepasster Testfälle wurde die Vorbereitungszeit für die Testfälle um 50 % verkürzt.
- *Verlässlichkeit*
  - Die Qualität der Informationssysteme konnte genauer vorausgesagt werden.
  - Eine angemessene Analyse der Risiken und Auswirkungen auf das Produkt wurde früh im Prozess durchgeführt, was den Projektleiter in der Projektsteuerung unterstützte.
  - Annahme und Prüfung der Testbasis führten zu entsprechenden Rückmeldungen zu den Spezifikationen.
  - Die Verwendung von Planungs- und Budgetierungswerkzeugen und Techniken führte zu verlässlichen Zahlen.

Im Detail – Reorganisation der Mitarbeiter in effizientere Gruppen

Während einer TPI-Bewertung wurden bereits Maßnahmen getroffen, um Tester zu schulen, die jeweils für ein bestimmtes Programm innerhalb der Softwarewartung arbeiteten. Die Tester wurden in einen einzigen Pool von Testern zusammengeführt und lernten, andere Systeme zu testen und andere Techniken für den Entwurf von Testfällen anzuwenden. Die Wartezeiten der Tester wurden drastisch reduziert und Wartungstestprojekte verkürzten sich im Vergleich zu vorher um die Hälfte der Zeit.

Die Herausforderung der Metriken und Statistiken

Die üblichen Ziele der Testprozessverbesserung sind, wie bereits erwähnt:

- Die Testkosten sollten reduziert werden.
- Das Testen muss schneller durchgeführt werden.

Wir haben ebenso darauf hingewiesen, dass Verbesserungsmaßnahmen Geld kosten und Zeit erfordern, um ein gutes Preis-Leistungs-Verhältnis und eine Rendite zu erzielen. Darüber hinaus stellt sich die Frage, wie wir beweisen können, dass die Maßnahmen tatsächlich greifen und die Testzeit tatsächlich verkürzt worden ist. Wir müssen nach Indikatoren und Kennzahlen suchen, die darlegen und nachweisen, dass der Prozess an Reife gewonnen hat.

Die Tatsache, dass Kennzahlen über die Testaktivitäten häufig nicht vorliegen, kann keine Rechtfertigung dafür sein, Qualität und Ergebnisse der Verbesserungsmaßnahmen nicht nachzuweisen. Es ist notwendig, Kennzahlen über Testergebnisse, Testfälle, Fehler, Ressourcen und Produktivität zu sammeln, zu analysieren und zu berichten. Relevante Indikatoren, wie z.B. das Verhältnis zwischen Entwicklungs- und Testzeit, können hilfreich sein, den Wert eines Verbesserungsprojekts aufzuzeigen und Akzeptanz für weitere Schritte zu schaffen.

Anwendung von Indikatoren

Um auf das Ergebnis einer durch BDTPI erhöhten Testreife hinzuweisen, ist es erforderlich, Metriken sowohl der jetzigen als auch zukünftigen Situationen zu erheben. Im Folgenden werden bekannte und einfach anzuwendende Indikatoren pro Geschäftstreiber aufgelistet.

- *Kostengesteuert*
  - Verhältnis zwischen Entwicklung und Testen:
    Verhältnis von Aufwand oder Kosten, die für die Entwicklung und das Testen verwendet wurden
  - Prozentualer Anteil der Testkosten an den gesamten Projektkosten
  - Fehlerbasierte Kosten:
    Verhältnis zwischen Teststunden/-kosten und der Gesamtzahl gefundener Fehler
- *Zeitgesteuert*
  - Anteil der Warte- bzw. Leerlaufzeiten der Tester an der gesamten Testzeit
  - Anzahl der Teststunden pro Teststufe
  - Anzahl der Teststunden pro Phase in einer Teststufe
  - Tatsächlich verbrauchte Zeit im Verhältnis zur geplanten und geschätzten Zeit
- *Qualitätsgesteuert*
  - Qualität einer Teststufe:
    Anzahl gefundener Fehler in der Teststufe als prozentualer Anteil aller gefundenen Fehler
  - Effektivität der Fehlerfindung (Fehlerfindungsanteil):
    Anzahl der gefundenen Fehler einer Teststufe dividiert durch die Summe aller in dieser und in nachfolgenden Teststufen sowie in der Produktion gefundenen Fehler

- Unspezifische Fehler:
  Fehler oder Befunde von solchen Arten, die aktuell nicht erwartet werden, sondern bereits in einer früheren Stufe oder vorhergehenden Phase hätten gefunden werden sollen. Der Indikator bezieht sich auf eine spezifische Teststufe oder auf die Produktion.

Weitere Indikatoren, die die Ergebnisse eines Testprozessverbesserungsprojekts aufzeigen, können durch Meinungsumfragen gewonnen werden, sowohl zu Beginn des Verbesserungsprozesses als auch in regelmäßigen Abständen, z.B. alle sechs Monate. Die Teilnehmer werden gebeten, auf einer Skala von 1 (Ja) bis 5 (Nein) ihre Bewertung abzugeben. Die Meinungsumfragen sollten mit Vertretern unterschiedlicher Stakeholdergruppen durchgeführt werden, einschließlich Tester und Projektmanager.

Fragen an Tester					
	Ja				Nein
Sind alle Testaktivitäten im Griff?	1	2	3	4	5
Sind die Ergebnisse der Testmaßnahmen vorhersehbar?	1	2	3	4	5
Sind die Testaufträge leicht verständlich und übertragbar?	1	2	3	4	5
Trägt das Testen zur Qualität des Produkts bei?	1	2	3	4	5
Macht das Testen Spaß?	1	2	3	4	5

Fragen an Projektmanager					
	Ja				Nein
Ist der Fortschritt des Testprozesses klar zu erkennen?	1	2	3	4	5
Ist die Qualität des Testobjekts klar zu erkennen?	1	2	3	4	5
Gibt es eine gute Zusammenarbeit und ein gutes Verständnis zwischen den Testern und den Entwicklern?	1	2	3	4	5
Profitieren Projekt und Unternehmen vom Testen?	1	2	3	4	5
Macht das Testen Spaß?	1	2	3	4	5

Tab. 6–4 *Fragebogen für subjektive Indikatoren*

Darlegen von Zahlen und Fakten

Es können die folgenden Schritte unternommen werden, um Zahlenmaterial für die Indikatoren zu sammeln und zu analysieren. Die Schritte werden anhand des Indikators »unspezifische Fehler« beispielhaft erklärt:

1. *Den Indikator definieren*
   Fehlerzustände, Fehler oder Mängel, die in einer vorhergehenden Stufe des Testprozesses hätten gefunden werden sollen. Beispiel: Ein Fehlerzustand,

der im Abnahmetest gefunden wurde, aber bereits im Systemtest hätte gefunden werden sollen.

2. *Den Indikator mit einem oder mehreren Zielen verknüpfen*
   Ziel: Am TT/MM/JJJJ sollte sich die Anzahl unspezifischer Befunde des Abnahmetests im Vergleich zur aktuellen Anzahl um XX % reduziert haben.
3. *Daten definieren*
   Die Daten für diesen Indikator bilden die in der Kategorie »unspezifisch« aufgelisteten Fehlerzustände.
4. *Datenquellen definieren*
   Die Daten stehen im Fehlermanagement (Excel-Tabelle »Fehlermanagement Projekt X«) auf dem Server zur Verfügung.
5. *Vorgehensweise der Analyse beschreiben*
   - Im Fehlermanagementwerkzeug (Excel-Tabelle) sollte eine weitere Kategorie »unspezifisch« hinzugefügt werden.
   - Die Kategorie sollte durch den Tester ausgefüllt werden.
   - Der Tester sammelt die Daten und Dokumente und legt sie im Systemtest-Analyseformular ab.
   - Der Tester berichtet seine Analysen an seinen Vorgesetzten.
   - Der Vorgesetzte sammelt alle Analyseformulare und fasst sie in einem monatlichen Managementbericht zusammen.
6. *Berichterstattung*
   Der Indikator wird im Systemtest-Analyseformular, dem monatlichen Managementbericht und dem Projektbericht mitgeteilt.
7. *Ausgangssituation definieren*
   Die analysierten Daten des heutigen Tages zeigen die folgenden Zahlen:
   - Gesamtanzahl der Fehlerzustände im Systemtest: XXX
   - Anzahl unspezifischer Fehler: XXX
   - Aktueller prozentualer Anteil der unspezifischen Fehler im Systemtest: XX %

Im Detail – Tipps für Indikatoren

- Seien Sie sich darüber bewusst, dass Messungen Zeit in Anspruch nehmen und Aufwand und Kosten verursachen. Die Einführung von Metriken und Indikatoren wird häufig als eigener Prozess betrachtet.
- Das Betrachten einzelner Indikatoren kann zu den falschen Schlussfolgerungen führen. Verwenden Sie mindestens drei Indikatoren.
- Messungen sollten generell über einen längeren Zeitraum hinweg durchgeführt werden. Um einen Vergleich anstellen zu können, werden sowohl »Vorher«- als auch »Nachher«-Daten benötigt. Daten der »Vorher-Situation« stehen üblicherweise nicht zur Verfügung. Sie sollten daher so früh wie möglich mit der Messung und Sammlung von Daten beginnen.

7 Einsatz des Geschäftsbasierten TPI-Modells in verschiedenen Situationen

TPI wurde zwar in erster Linie aus der Perspektive von High-Level-Tests wie z.B. System- und Abnahmetests entwickelt, ist in der Anwendung jedoch keineswegs auf diese Teststufen beschränkt. Dieses Kapitel beschreibt, wie Geschäftsbasiertes TPI in verschiedenen IT-Umgebungen und Situationen angewandt werden kann, z.B. bei agiler Softwareentwicklung oder in Kombination mit anderen Modellen zur Softwareprozessverbesserung[1].

Folgende Themen werden im Zusammenhang mit Testprozessverbesserung behandelt:

1. Iterative Entwicklungsmethoden
2. Agile Entwicklungsmethoden
3. Unterschiedliche Testprozesse im Unternehmen
4. Von Grund auf neuer Testprozess
5. Softwarewartung
6. Softwareprozessverbesserung
7. Outsourcing und Offshoring
8. Managed Testing Services
9. Entwicklertests
10. Evaluation
11. Integration

7.1 Iterative Entwicklungsmethoden

Bei einem iterativen Ansatz der Softwareentwicklung wird das Produkt in mehreren Iterationen geliefert, wobei das Ergebnis jeder Iteration einen immer größeren Teil des Endprodukts darstellt. Erst in der letzten Iteration wird das finale Produkt geliefert.

Dieser Ansatz hat bestimmte Vorteile gegenüber der Entwicklung nach dem Wasserfallmodell. Erstens liefert der Prozess Teile des finalen Systems viel früher,

1. Beschreibungen weiterer BDTPI-Anwendungen werden auf der TPI-Webseite www.tpinext.com veröffentlicht, sobald sie verfügbar sind.

was dem Auftraggeber die Möglichkeit gibt, Feinheiten der Anforderungen anzupassen. Zweitens kann der Entwicklungsprozess früher beginnen, selbst wenn die Anforderungen zu Beginn des Projekts noch nicht vollständig geklärt sind. Grund dafür ist, dass die pro Iteration benötigte Zeit kürzer und der Betrachtungsbereich eingeschränkter ist als bei einer Entwicklung nach dem Wasserfallmodell.

Das gesamte Projekt wird auf höherer Ebene geplant. Hierbei wird entschieden, in wie vielen Iterationen das Endprodukt geliefert werden soll und was das Ziel jeder Iteration sein soll. Die Entscheidung, welcher Teil bzw. welche Teile des Systems zuerst entwickelt werden sollen, basiert häufig auf einer Kombination aus Produktrisiken, technischen Risiken und Projektrisiken.

7.1.1 Iterative Entwicklung und Testen

Es ist allgemein anerkannt, dass die Testaktivitäten nicht erst im Nachhinein stattfinden, sondern in den Entwicklungszyklus eng eingebunden sein sollten. Unit-Tests, Unit-Integrationstests und Systemtests werden in jeder Iteration durchgeführt. Abnahmetests werden ebenfalls in jeder Iteration durchgeführt, in der Software in Betrieb genommen wird. Im Falle einer »Big-Bang-Inbetriebnahme« (eine einzige, umfassende Integration des gelieferten Endprodukts) wird der Abnahmetest bei der letzten Iteration durchgeführt. Bei einer schrittweisen Inbetriebnahme, bei der die Arbeitsergebnisse jeder Iteration nacheinander in Betrieb genommen werden, finden in jeder Iteration Abnahmetests statt.

Für jede Iteration wird ein Iterationsplan als detaillierter Projektplan entwickelt. Das Testen ist auf ähnliche Weise strukturiert, indem ein übergeordneter Testplan vom Gesamtprojektplan abgeleitet wird und Iterationstestpläne auf der Basis des übergeordneten Testplans und der Iterationspläne erstellt werden. Da der Umfang jeder Teststufe innerhalb einer Iteration beschränkt ist, werden in der Regel alle Teststufen einer Iteration durch den zugehörigen Iterationstestplan abgedeckt.

Die Berichterstattung über die Qualität des Testobjekts erfolgt üblicherweise pro Iteration. Basierend auf der Qualität, die während des Testens ermittelt wurde, kann der Umfang zukünftiger Iterationen im Projekt angepasst werden.

Iterative Entwicklung zeichnet sich auch dadurch aus, dass eine Dokumentation, insbesondere die Testdokumentation vor der Testdurchführung, kaum Beachtung findet. Testfälle werden in der Regel nicht im Vorfeld erstellt (skriptbasiertes Testen). Stattdessen ist exploratives Testen üblich, wobei qualifizierte Tester die Testfälle *während* der Testdurchführung entwerfen. Testdesigntechniken können angewandt werden, aber es ist schwierig, die Testüberdeckung verschiedener Teile des Systems zu beweisen.

Da jede Iteration auf dem Ergebnis vorhergehender Iterationen aufbaut, sind in jeder nachfolgenden Iteration Regressionstests erforderlich. Nicht nur die zusätzliche Funktionalität sollte getestet werden, sondern auch die bisherige

Funktionalität, die ohne Qualitätsverlust (Regression) bestehen bleiben muss. Formale, wiederverwendbare Testfälle können für die Beschleunigung des Regressionstests wertvoll sein; der Schwerpunkt liegt jedoch eher auf der Automatisierung der Ausführung von Testfällen.

Automatische Testdurchführung kann sicherlich nützlich sein, jedoch nur dann, wenn die Qualität der zu automatisierenden Testfälle gut genug ist. Falls dies nicht der Fall ist, ist der Aufwand für die Automatisierung der Testdurchführung verschwendet. Folglich führen der Mangel an guten Testfällen für die Regressionstests einerseits sowie fehlende automatisierte Testdurchführung andererseits zu sehr eingeschränkten Regressionstests.

7.1.2 Iterative Entwicklung und Testprozessverbesserung

Testen in der iterativen Entwicklung ist eher auf die Durchführung der eigentlichen Tests ausgerichtet und weniger darauf, die Testaktivitäten durch detaillierte Dokumentation zu belegen. Durch die beschränkte Dokumentation kann es daher schwierig sein, herauszufinden, ob bestimmte Aspekte des Testprozesses die Kontrollpunkte des Modells erfüllen.

Gleichzeitig kann es passieren, dass ein vollkommen strukturierter Testprozess mit zu viel Dokumentation einhergeht und daher gegen die Prinzipien der iterativen Entwicklung verstößt. Auch hier gilt es, die goldene Mitte zu finden. Falls die Neigung besteht, zu wenig zu dokumentieren, ist es umso wichtiger, sich auf den geschäftlichen Nutzen zu konzentrieren, den strukturiertes Testen im Entwicklungsprojekt mit sich bringt.

Im Detail – Testen im Rational Unified Process

Rational Unified Process (RUP) [Kruchten 1999] ist die wahrscheinlich bekannteste iterative Entwicklungsmethode. Bei RUP werden mehrere Teilprozesse (engl. »disciplines«) von Anfang bis Ende parallel durchgeführt. Einer dieser Teilprozesse ist das Testen.

Der Entwicklungsprozess ist in mehrere Phasen unterteilt: Die Konzeptionsphase (eine Iteration) konzentriert sich darauf, völlige Klarheit über die zu erfüllenden Geschäftsanforderungen zu erlangen; die Entwurfsphase (zwei Iterationen) gilt der Definition der technischen Lösung zur Erfüllung dieser Anforderungen; in der Konstruktionsphase (*n* Iterationen) wird die Lösung entwickelt und die Auslieferungsphase (zwei Iterationen) konzentriert sich darauf, die entwickelte Lösung auszuliefern und zu übergeben.

RUP ordnet den Unit-Test (UT) in den Teilprozess »Entwicklung« ein, den Integrationstest (IT) in den Teilprozess »Integration«, den Systemtest (ST) in den Teilprozess »Testen« und der Abnahmetest (AT) ist Teil der »Auslieferung«.

Da sich der Teilprozess »Testen« nur auf den Systemtest konzentriert, ist auch der Lebenszyklus des Testens auf den Systemtest beschränkt. Der gleiche Lebenszyklus wird in jeder Iteration und auch in der Konzeptions-, Entwurfs- und Auslieferungsphase angewandt. →

Es wird ein Masterplan für alle Systemtests aller Iterationen definiert und ein Iterationstestplan für den Systemtest in jeder Iteration erstellt. Vor der Testdurchführung wird kein explizites Testfalldesign entwickelt und es wird ein relativ großer Schwerpunkt auf die Automatisierung von Testfällen gelegt.

Engagement der Stakeholder

Beim Testen geht es in erster Linie um Risikomanagement. Daher sollten die risikoreichsten oder unsichersten Teile des Systems so früh wie möglich geliefert und getestet werden, um umfassende Möglichkeiten zu schaffen, auf gefundene Fehler zu reagieren. In der Praxis wird die Reihenfolge der Lieferung von Systemteilen üblicherweise von der Entwicklung festgelegt, ohne dass Tester einen großen Einfluss darauf nehmen können und ohne dass besonders darauf geachtet wird, risikoreiche Software zuerst auszuliefern. Es ist die Aufgabe des Testers, das Projektmanagement und andere Entscheidungsträger zu überzeugen, die Reihenfolge der Lieferung so anzupassen, dass risikoreiche Teile so früh wie möglich zur Verfügung gestellt werden.

Teststrategie

Bei der iterativen Entwicklung konzentriert sich die Teststrategie mehr darauf, was pro Iteration getestet werden soll, und weniger darauf, was pro Teststufe getestet werden soll. Die Test- und Entwicklungszyklen sind im Allgemeinen zu kurz, um alle Teststufen separat durchzuführen; daher sind manche kombiniert oder integriert. Wenn in Zyklen entwickelt wird, die wenige Wochen dauern, ist es nicht möglich, für jeden Zyklus einen vollständigen End-to-End-Test durchzuführen. In diesem Fall beschreibt die Teststrategie, nach welchem Zyklus ein End-to-End-Test durchgeführt werden soll. Wenn ein Projekt z.B. in sechs vierwöchige Iterationen aufgeteilt ist, kann die Teststrategie angeben, dass neben einem Entwickler- und Systemtest pro Iteration nach der zweiten, vierten und sechsten Iteration ein End-to-End-Test durchgeführt werden soll.

Die Teststrategie muss auch explizit beschreiben, wie die Regressionstests pro Iteration stattfinden sollen. Falls dies versäumt wird, besteht die Gefahr, dass neu entwickelte Software den gesamten Testaufwand pro Iteration in Anspruch nimmt und die ganzheitliche Qualität der Software mit jeder Iteration langsam abnimmt.

Kommunikation

Die Kooperation in der iterativen Entwicklung ist grundsätzlich informell. Kurze Kommunikationswege zwischen allen beteiligten Parteien zählen zu den Voraussetzungen für eine erfolgreiche Arbeit. Dies birgt die Gefahr, dass kaum noch dokumentiert wird und daher nicht nachvollziehbar ist, wann, geschweige denn warum, Entscheidungen getroffen wurden. Achten Sie darauf, dass Beschlussfassungen und das Sammeln oder Verbreiten von Informationen nicht chaotisch werden und der Testprozess nicht behindert wird.

Testwaremanagement

Jede Iteration baut auf den Arbeitsergebnissen der vorhergehenden Iterationen auf. Es besteht ein eminentes Risiko einer Regression und jede Iteration muss sicherstellen, dass die bestehende Software noch immer genauso funktioniert wie zuvor (Regressionstest). Die Zeit, die pro Iteration für Regressionstests zur Verfügung steht, ist stark begrenzt, während der Umfang der zu testenden Software mit jeder Iteration zunimmt. Es ist daher erforderlich, eine relativ kleine Regressionstestmenge zu erstellen und zu pflegen, die in jeder Iteration um iterationsspezifische Testfälle erweitert wird.

Testfalldesign

Das Erstellen von Testfällen kann sehr viel Zeit kosten – und Zeit ist bei der iterativen Entwicklung knapp. Das explorative Testen als Testtechnik entstand als Antwort auf diesen Zeitmangel. Es bietet die Möglichkeit, bei minimaler Vorbereitung effektiv zu testen. Wenn exploratives Testen gut durchgeführt wird, d.h. vor der Testdurchführung eine Test-Charta zusammengestellt und ein gutes Protokoll darüber geführt wird, was wie getestet wird, ist der dritte Kontrollpunkt des Reifegrads »Kontrolliert« erfüllt.

Bei der iterativen Entwicklung werden automatisierte Regressionstests häufig praktiziert. In solchen Fällen müssen die Testfälle besonders sorgfältig entworfen werden.

7.2 Agile Entwicklungsmethoden

Das Agile Manifest

Agile Methoden bevorzugen viele Verfahren, die aus der Perspektive des Testens hervorragend geeignet sind, wie z.B. die testgetriebene Entwicklung und das explorative Testen. Trotzdem wird in der Praxis auch deutlich, dass die Vorgehensweise und der Prozess des Testens in agilen Projekten häufig nicht zufriedenstellend sind.

Es gibt zwar verschiedene Varianten der agilen Entwicklung, jedoch gehen die Wurzeln jeder heute angewandten agilen Methode auf das Agile Manifest [Agile 2011] zurück, das besagt:

Wir erschließen bessere Wege, Software zu entwickeln, indem wir es selbst tun und anderen dabei helfen. Durch diese Tätigkeit haben wir diese Werte zu schätzen gelernt:

Individuen und Interaktionen	**mehr**	als Prozesse und Werkzeuge
Funktionierende Software	**mehr**	als umfassende Dokumentation
Zusammenarbeit mit dem Kunden	**mehr**	als Vertragsverhandlung
Reagieren auf Veränderung	**mehr**	als das Befolgen eines Plans

Das heißt, obwohl wir die Werte auf der rechten Seite wichtig finden, schätzen wir die Werte auf der linken Seite höher ein.

Wir haben uns entschieden, in diesem Buch keine spezifische Methode wie z.B. RUP [Kruchten 1999], Scrum [Schwaber 2001] oder DSDM [Craddock 2008] zu besprechen, da es beim Geschäftsbasierten TPI-Modell keine Rolle spielt, welche Methode angewandt wird. Unabhängig davon, ob klassisch oder agil entwickelt wird, sind die Kernbereiche des BDTPI-Modells immer anwendbar und von Nutzen. Die Kernbereiche geben z.B. an, *welche* Aktivitäten ausgeführt werden müssen, schreiben jedoch nicht vor, *wie* dies geschehen muss. Sie können, falls dies für Ihr Unternehmen am sinnvollsten ist, einen hundertseitigen Testplan verfassen, oder Sie können eine Liste auf dem Whiteboard erstellen, falls sich dies eher anbietet. Individuelle Arbeitsweisen sind unternehmens- oder eventuell sogar projektabhängig.

Das Manifest mit den zwölf Prinzipien, die dahinter stehen, bildet den Ausgangspunkt dieses Abschnitts über die allgemeinen Konzepte agiler Methoden (siehe auch »Agile Prinzipien in Verbindung mit den Kernbereichen« auf S. 200).

7.2.1 Agile Entwicklung und Testen

Es ist wichtig, zu verstehen, dass agile Methoden aus der Perspektive von Softwareentwicklern entstanden sind. Die Prinzipien wurden im Februar 2001 mit der Veröffentlichung des »Manifests für Agile Softwareentwicklung« formuliert. Das Manifest selbst war gegenüber dem Fachgebiet Testen zwar neutral, jedoch konzentrierten sich die Methoden, die der agilen Philosophie folgten, weder darauf, wie das Fachgebiet Testen in eine agile Softwareentwicklung sinnvoll integriert werden kann, noch berücksichtigten sie die Auswirkungen für dezidierte Testexperten. Es ist daher nicht überraschend, dass die Einrichtung eines Testprozesses in einem agilen Umfeld nicht immer sehr erfolgreich war.

Der grundlegende Gedanke der agilen Philosophie ist es, so früh wie möglich einen Geschäftswert in Form einer lauffähigen Software mit dem kleinstmöglichen Funktionsumfang zu schaffen. Diese Funktionen bzw. das Produkt müssen getestet werden, um nachzuweisen, dass die entwickelte Software wie gefordert funktioniert, und um ihren Geschäftswert aufzuzeigen. Das Testen ist daher zweifellos ein wesentlicher Bestandteil agiler Projekte.

In herkömmlichen Entwicklungsmethoden ist der Projektumfang üblicherweise festgelegt, während Zeit und Qualität variieren können. In der agilen Entwicklung hingegen sind Zeit und Qualität festgelegt und der Umfang flexibel. Herkömmliche Entwicklungsmethoden starten mit dem Testen zu einem späteren Zeitpunkt im Lebenszyklus, wohingegen die agile Entwicklung das Testen von Anfang an und im Verlauf des gesamten Prozesses mit einbezieht. Dies bedeutet, dass agile Projektteams enger zusammenarbeiten und aus Vertretern unterschiedlicher Fachbereiche zusammengesetzt sein müssen. Darüber hinaus müssen agile Projekte fähig sein, auf Änderungen leichter zu reagieren, was Testautomatisierung, effiziente und effektive Dokumentation und mehr direkte, persönliche Kommunikation erfordert. Diese Unterschiede setzen eine andere Vorgehensweise und andere Fähigkeiten der Tester voraus.

Die agile Denkweise

Befürworter der agilen Entwicklung sprechen häufig von einer besonderen »Denkweise«, die bei der Arbeit in einem agilen Umfeld als notwendig betrachtet wird. Diese Denkweise basiert und konzentriert sich auf sich selbst organisierende Teams, gegenseitiges Vertrauen, gemeinsame Verantwortung im Team, Professionalität und Vielfalt. Die Fähigkeit, diese Denkweise in die Praxis umzusetzen, ist der wahrscheinlich schwierigste Aspekt auf dem Weg zur agilen Entwicklung und ebenso wesentlich bei der Durchführung agiler Entwicklungsprojekte.

Im Detail – Agil nur dem Namen nach?

Wenn das Geschäftsbasierte TPI-Modell bei einer agilen Entwicklung angewandt wird, sollte man sich zunächst die Frage stellen, ob die Entwicklungsmethode tatsächlich agil ist, d.h. ob sie die Kriterien des Agilen Manifests erfüllt. Falls dies nicht der Fall ist, sollten Sie in Erwägung ziehen, BDTPI wie bei einem generischen Testprozess anzuwenden, eventuell mit stärkerer Beachtung des Kernbereichs »Methodisches Vorgehen«.

Wenn eine agile Methode effektiv implementiert ist, bedeutet agiles Arbeiten, dass in einem multidisziplinären Team alle Teammitglieder in der Lage sind, nicht nur ihre eigenen Ziele, sondern auch die Ziele des Teams zu erreichen.

Das folgende Prinzip der agilen Entwicklung [Agile 2011] geht auf die Verantwortung des einzelnen Teammitglieds sowie die kollektive Verantwortung des Teams ein:

> Errichte Projekte rund um motivierte Individuen. Gib ihnen das Umfeld und die Unterstützung, die sie benötigen, und vertraue darauf, dass sie die Aufgabe erledigen.

Bei diesem Prinzip geht es um das Vertrauen, das Manager in ihr Team haben sollten, dass dieses in der Lage ist, sich auf die effizienteste Weise selbst zu organisieren. Der Ansatz des »Teams als Ganzes« und die »Denkweise des agilen Testens« wie von Crispin und Gregory [Crispin 2008] beschrieben, gehen aus dieser kollektiven Verantwortung des Teams hervor.

In agilen Methoden wird ein großer Anteil der üblichen Überwachung und Steuerung vom Team selbst ausgeführt. Es gibt nur geringe oder in manchen Fällen überhaupt keine Einbindung des Managements. Die Einstellung verlagert sich von »leiten und kontrollieren« hin zu »fördern und ermutigen«. Diese Denkweise ist richtungsweisend für die Verbesserung der Testaktivitäten in einem agilen Prozess.

7.2.2 Agile Entwicklung und Testprozessverbesserung

In diesem Abschnitt beschreiben wir auf der Grundlage der oben skizzierten Denkweise, wie damit begonnen werden kann, den Testprozess in agilen Entwicklungen mithilfe des Geschäftsbasierten TPI-Modells zu optimieren. Um Ihnen den Anfang zu erleichtern, haben wir sechs vorrangige Kernbereiche ausgewählt, die im Folgenden besprochen werden. Es ist nicht unser Ziel, die Anwendung des Geschäftsbasierten TPI-Modells bei agilen Softwareentwicklungsmethoden eingehend zu beschreiben. Vielmehr möchten wir zeigen, dass BDTPI in solch einem Zusammenhang nützlich sein kann, und praktische Tipps geben, wo und wie mit der Verbesserung des Testprozesses begonnen werden kann.

Vorrangige Kernbereiche

Wenn der Testprozess in einem agilen Softwareprozess verbessert wird, ergeben sich die wichtigsten Kernbereiche aus der agilen Denkweise. Die Stichworte »fördern und ermutigen« sind bei der Auswahl der Kernbereiche tonangebend. Bei einer wirklich agilen Methode sollte jeder dieser Kernbereiche bereits eine fortgeschrittene Reife haben.

- *Anmerkung: Die folgende Liste ist nicht vollständig. Sie soll lediglich die richtige Richtung vorgeben. Die Anforderungen und Gegebenheiten sind für jedes Unternehmen und jedes Projekt unterschiedlich und müssen daher im Vorfeld sorgfältig geprüft werden.*

Die sechs ausgewählten vorrangigen Kernbereiche sind:

1. Engagement der Stakeholder
2. Grad der Beteiligung
3. Teststrategie
4. Testwaremanagement
5. Professionalität der Tester
6. Testumgebung

Engagement der Stakeholder

Bei agilen Methoden sind die Stakeholder kontinuierlich und eng in den Prozess eingebunden. Das Engagement der Stakeholder ist notwendig, um ein effizientes und motiviertes agiles Team aufzubauen und zusammenzuhalten.

Engagement ist auch für eine gute Kundenbeziehung von wesentlicher Bedeutung. Es muss ein beidseitiges Engagement sein – von den Stakeholdern zum Team und vom Team zu den Stakeholdern. Eine Möglichkeit, Engagement zu schaffen, besteht in der Einbeziehung des Kunden in den Prozess: Der Kunde erhält Feedback und ist stets gut informiert, was sein Engagement stärkt. Das Team kann auch auf direktere Weise von einem größeren Engagement profitieren: Engagierte Kunden sind eher bereit, zusätzliche, detailliertere Informationen zur Verfügung zu stellen, z.B. über den Schaden als Aspekt des Produktrisikos, Probleme zu besprechen, über Änderungen zu entscheiden usw. Kurze Kommunikationswege tragen erheblich zu dieser Effizienz bei.

Verbesserungsvorschläge

- Sorgen Sie dafür, dass die Stakeholder immer gut informiert sind. Finden Sie als Erstes heraus, an welchen Informationen sie interessiert sind und wie häufig sie informiert werden möchten. Vermeiden Sie eine Flut an überflüssigen Informationen.
- Wenn Sie von Stakeholdern Feedback erhalten, zeigen Sie ihnen deutlich, dass Sie ihr Engagement schätzen. Informieren Sie sie später, was daraufhin unternommen wurde und warum.
- Machen Sie den Stakeholdern deutlich, wie früh das Testen Fehler und dadurch Kosten und Verzögerungen verhindern kann. Machen Sie ihnen den Mehrwert des Testens bewusst.
- Erheben Sie Metriken über Kosten und Nutzen der Verbesserung, um aufzuzeigen, dass der Testaufwand eindeutige Vorteile und einen Mehrwert mit sich bringt.

Grad der Beteiligung

Es ist für das Testen und alle weiteren Fachgebiete in agilen Umgebungen unerlässlich, bereits zu einem frühen Zeitpunkt am Prozess beteiligt zu sein. Dies ist ein wesentlicher Bestandteil der agilen Arbeitsweise, der im Agilen Manifest mit dem Wert »Auf Änderungen reagieren« ausgedrückt wird. In agilen Prozessen können Anforderungen einfacher geändert werden als in nicht agilen Prozessen. Wenn die Änderung innerhalb des Teams und mit dem Kunden besprochen und vereinbart wird, kann den Änderungen niemand mehr entgegenstehen. Im Fall von sich ändernden Anforderungen ist das Testen in einer frühen Phase besonders wichtig, da es die Analyse der Auswirkungen und die Risikoanalyse unterstützen kann. Je früher auf Änderungen reagiert werden kann und Maßnahmen ergriffen werden können, desto besser.

Verbesserungsvorschläge

- Weisen Sie einer oder mehreren Personen zu Beginn eines agilen Projekts spezifische, mit dem Testen verbundene Verantwortlichkeiten zu.
- Schaffen Sie bei allen Teammitgliedern und Stakeholdern ein Bewusstsein für den Mehrwert der Testrollen.
- Tragen Sie Metriken oder andere erfahrungsbasierte Daten zusammen, zum Beispiel zu den möglichen Folgen eines frühen Fehlers. Diese Daten helfen Ihnen, Hinweise und Vorschläge zu begründen.
- Beziehen Sie die Tester in den Komponententest mit ein. Eine gegenseitige Unterstützung zwischen Programmierern und Testern stellt eine effizientere Verfahrensweise (und eine höhere Qualität) des gesamten Projekts sicher.

Teststrategie

Die Teststrategie ist die Grundlage für jede Testmaßnahme, jede Aktivität, jeden Prozess oder jedes Projekt. Sie bildet die Vorgabe dafür, was wie getestet werden soll, basierend auf einer angemessenen Produktrisikoanalyse unter dem Motto: »Kein Risiko, kein Test«. Die Teststrategie beschreibt die Testziele, das Vorgehen und die Art und Weise der (Produkt-)Risikoabdeckung. Risiken haben einen erheblichen Einfluss auf die Priorisierung, d.h., den risikoreichsten Bereichen muss die höchste Priorität zugewiesen werden. Eine Betrachtung der Risiken unterstützt darüber hinaus die charakteristische Flexibilität agiler Prozesse bei Entscheidungen zu Fragen über Zeit, Kosten und Qualität. Die Teststrategie ist daher ein Wegweiser für das gesamte agile Team.

Verbesserungsvorschläge

- Schaffen Sie ein Bewusstsein, indem Sie die möglichen Risiken der anfälligeren Teile des Systems aufzeigen und angeben, wie viel Zeit gespart werden könnte, wenn die weniger risikoanfälligen oder risikolosen Teile vom Testen ausgeschlossen werden.
- Beziehen Sie die verschiedenen Stakeholder in die Teststrategie ein und überzeugen Sie sie, eine Produktrisikoanalyse mit den Schlüsselpersonen durchzuführen, die über die mögliche Auswirkung eines Fehlers Bescheid wissen (z.B. die Fachseite oder die Vertriebsleitung) und dessen Auftrittswahrscheinlichkeit einschätzen können (z.B. Softwareingenieure und -architekten).
- Besprechen Sie die gefundenen Fehler mit dem agilen Team und den Stakeholdern und entwickeln Sie eine Methode, die Fehler nach den festgestellten Risiken zu kategorisieren. Überlegen Sie auf der Grundlage dieser Kategorien, ob eine komplette Testwiederholung, ein »schlanker« Fehlernachtest (pro Fehler/Funktion/Subsystem) oder gar keine Testwiederholung durchgeführt wird.
- Sorgen Sie für den Aufbau und die Wartung eines Regressionstests, der eingesetzt wird, um neue Systemreleases auf Regression zu testen. Solch ein Test

setzt sich häufig aus bestehenden Testfällen zusammen und sollte sich zur Automatisierung eignen.

- Stellen Sie sicher, dass die Teststrategie zur Arbeitsweise der verwendeten Methode passt, z.B. zur Herangehensweise bei der Iterationsplanung. Dies bedeutet auch, die agile Denkweise in die Teststrategie zu integrieren. Fragen Sie das Team, welche strategischen Schritte dem Projekt dienen können.

Testwaremanagement

In agilen Methoden zählt das Reagieren auf Veränderung mehr als das Befolgen eines Plans [Agile 2011]. Dies bezieht sich jedoch nicht nur auf sich ändernde Anforderungen. Was geschieht, wenn sich Teammitglieder oder Rollen ändern? In solchen Situationen spielt die Übertragbarkeit von z.B. Testskripten eine Rolle. Darüber hinaus kann es recht schwierig sein, auf Änderungen zu reagieren, wenn der Wartbarkeit, Übertragbarkeit und Wiederverwendbarkeit wenig oder gar keine Aufmerksamkeit gewidmet wurde. An dieser Stelle kommt das Testwaremanagement ins Spiel.

Ein agiles Team muss effizient arbeiten, um in jeder Iteration funktionsfähige Software liefern zu können. Das Testwaremanagement verbessert die Wartbarkeit, Übertragbarkeit und Wiederverwendbarkeit und ist daher eine wichtige Stütze für ein agiles Team.

Verbesserungsvorschläge

- Installieren Sie ein Werkzeug zur Versionsverwaltung und vergewissern Sie sich, dass es von allen Teammitgliedern verwendet wird.
- Stellen Sie sicher, dass Wartbarkeit, Übertragbarkeit und Wiederverwendbarkeit der Testware Teil der Teststrategie sind.
- Beziehen Sie Aktivitäten des Testwaremanagements in die (Iterations-)Planung ein.

Professionalität der Tester

In agilen Prozessen ist das Team dafür verantwortlich, die Arbeit auszuführen und auftretende Probleme zu lösen. Die Mitglieder dieses Teams müssen sich gegenseitig vertrauen und auch das Management muss ihnen Vertrauen entgegenbringen. Es ist daher absolut notwendig, dass das Team aus qualifizierten Mitarbeitern besteht. »Qualifiziert« sollte dabei jedoch nicht mit »hervorragend« verwechselt werden! Tester brauchen nicht überdurchschnittlich intelligent zu sein, um in einem agilen Team arbeiten zu können; jeder, der Interesse und Aufgeschlossenheit mitbringt, kann das Arbeiten in einem agilen Prozess erlernen.

Die Tester müssen die angewandten agilen Methoden kennen und sie benötigen die Fähigkeiten und Kompetenzen, um ihrer Verantwortung gerecht zu werden und ihre Rolle auszufüllen. Um erfolgreich zu sein, dürfen die im Team verfügbaren Fähigkeiten und Kenntnisse nicht zur Diskussion stehen. Diese

Kompetenzen müssen vorzugsweise vor Projektbeginn vorhanden sein oder es sollten in einer frühen Projektphase Schulungen stattfinden. Die Fähigkeiten sollten sich auf folgende Aspekte konzentrieren: Zusammenarbeit, Kommunikation innerhalb des Teams und mit der »Außenwelt«, Teambildung und Entscheidungsfindung.

Eines der wesentlichen Merkmale, die ein agiles Team von einem herkömmlichen Team unterscheidet, ist die kollektive Teamverantwortung. Von den Mitgliedern eines agilen Teams wird viel erwartet, da sie fähig sein müssen, andere Teammitglieder zu unterstützen. Agile Tester sollten daher bereit sein, Aufgaben zu übernehmen, die bei traditionellen Testmethoden nicht anfallen.

Im Mittelpunkt agiler Methoden steht die Motivation des Teams. Die Teams organisieren sich selbst und die Teammitglieder müssen engagiert sein, insbesondere in Hinblick auf die Fertigstellung der Arbeit in einem gegebenen Zeitrahmen.

Testrollen werden in agilen Methoden zwar als nützlich und wichtig betrachtet, jedoch wird ihnen üblicherweise zu wenig Aufmerksamkeit gewidmet: Es ist häufig nicht klar, welche spezifischen Testrollen es gibt und was in den Aufgabenbereich der Tester fällt. Klar definierte Aufgaben und Verantwortlichkeiten in Verbindung mit praktischer Schulung am Arbeitsplatz oder im Vorfeld stattfindenden Schulungen können dabei helfen, Klarheit für alle Beteiligten zu schaffen.

Verbesserungsvorschläge

- Stellen Sie sicher, dass alle Teammitglieder in der verwendeten agilen Methode geschult sind.
- Besprechen Sie im Team die Rolle des Testens. Definieren Sie die spezifischen Fähigkeiten, die für bestimmte Aufgaben, z.B. für das Entwickeln einer Teststrategie und den Entwurf von Testfällen, sowie für andere Techniken und Methoden benötigt werden.
- Wenn qualifizierte, mit Testmethoden vertraute Tester in ein agiles Team einsteigen, müssen sie in der Lage sein, mit den agilen Methoden arbeiten zu können. Falls sie dies nicht können, finden Sie die Gründe heraus und ergreifen Sie entsprechende Maßnahmen (Schulung, Übung, Teambildung), um sie auf das erforderliche Niveau zu heben.
- Eine wirksame Zusammenarbeit zwischen Teammitgliedern kann durch eine Vielzahl kultureller Unterschiede behindert werden. Sorgen Sie für Klarheit darüber, welche kulturellen Werte im Unternehmen oder Projekt gelten (z.B. in Bezug auf Kommunikation und Verhalten).

Testumgebung

Die Lieferung funktionstüchtiger Software setzt eine robuste, stabile und verlässliche Testumgebung voraus, da sich Iterationen oder Inkremente innerhalb kurzer Zeit bewähren müssen. Probleme, die in der Umgebung auftauchen, können den Fortschritt aller anderen Aktivitäten blockieren und daher eine erhebliche Auswirkung auf die Iteration haben. Wenn z.B. die Lösung einer Störung der Testumgebung einen Tag in Anspruch nimmt, hat dies auf eine zweiwöchige Iteration eine viel größere Auswirkung als auf ein zweimonatiges Projekt, in dem keine Zwischenergebnisse zu liefern sind.

Der Kernbereich »Testumgebung« spielt auch eine bedeutende Rolle bei Integrationstests, die aus praktischen Gründen häufig am Ende des Projekts durchgeführt werden. Die Vorbereitung der Testumgebung für diesen Test kann jedoch viel früher erfolgen, was die Auftrittswahrscheinlichkeit von Fehlern im Integrationstest reduziert.

Eine stabile Testumgebung ist eine der wichtigsten Stützen für ein agiles Team. Sie ermöglicht dem Team, am Ende jeder Iteration zuverlässige, funktionsfähige Software zu liefern.

Verbesserungsvorschläge

- Nehmen Sie Kontakt zu den für die Wartung der Produktivumgebungen zuständigen Abteilungen auf. Diese Abteilungen verfügen in der Regel über beachtliches Wissen, Erfahrungen und brauchbare Dokumentationen. Verwenden Sie diese wieder. Stellen Sie auch sicher, dass sie bereit sind, bei Problemen ihre Unterstützung anzubieten.
- Legen Sie einen vorrangigen Fehlerstatus für Fehler in der Testumgebung fest. Lieferanten neigen dazu, die Wichtigkeit von Testumgebungen zu unterschätzen. Auf gewisse Weise haben sie Recht, da eine nicht funktionierende Testumgebung im Vergleich zu nicht funktionierenden Produktivumgebungen in den meisten Fällen relativ geringen Schaden verursacht. Versuchen Sie daher, Situationen zu identifizieren, in denen eine Fehlfunktion der Testumgebung eindeutig identifizier- und verfolgbaren Schaden verursachen würde (z.B. Verzögerungen der Iteration), und vereinbaren Sie für diese Fehler einen vorrangigen Status.
- Versuchen Sie, so autark wie möglich zu sein. Wenn das Team Administratorenrechte für die Testumgebung besitzt und über das Wissen und die Fähigkeiten verfügt, sie gut einzusetzen, können viele umgebungsbasierte Probleme schnell und effizient gelöst werden.

Agile Prinzipien in Verbindung mit den Kernbereichen

Das Agile Manifest [Agile 2011] basiert auf mehreren Prinzipien. Tabelle 7–1 zeigt die Verbindung zwischen den wichtigsten BDTPI-Kernbereichen und den agilen Prinzipien. Die Bemerkungen geben Auskunft über den Nutzen von BDTPI in einem agilen Softwareprozess.

Agiles Prinzip	Kernbereich	Bemerkung
Unsere höchste Priorität ist es, den Kunden durch frühe und kontinuierliche Auslieferung wertvoller Software zufriedenzustellen.	■ Engagement der Stakeholder ■ Grad der Beteiligung ■ Kommunikation ■ Teststrategie	Dies ist zugleich der wichtigste Treiber für das Geschäftsbasierte TPI. Der Auftraggeber und andere Stakeholder nehmen eine unverzichtbare Rolle ein und ihr Interesse spiegelt sich in mehreren Kernbereichen und Kontrollpunkten wider. Darüber hinaus fördert das Geschäftsbasierte TPI-Modell eine frühzeitige und kontinuierliche Beteiligung sowohl des Testens (am Lieferungsprozess) als auch des Auftraggebers (am Testprozess).
Nehme Anforderungsänderungen selbst spät in der Entwicklung an. Agile Prozesse nutzen Veränderungen zum Wettbewerbsvorteil des Kunden.	■ Teststrategie ■ Testwaremanagement ■ Grad der Beteiligung	Eine wohldefinierte Teststrategie und das Testwaremanagement stellen sicher, dass sich ändernde Anforderungen handhabbar sind und eine möglichst geringe Auswirkung auf das Testen haben.
Liefere funktionierende Software regelmäßig innerhalb weniger Wochen oder Monate und bevorzuge dabei die kürzere Zeitspanne.	■ Testprozessmanagement ■ Teststrategie ■ Testumgebung ■ Testwerkzeuge	Häufige Lieferungen bedeuten häufiges Testen. Die Auswirkung auf den Testprozess und das Testobjekt wird bewertet und gesteuert. Eine stabile Testumgebung und angemessene Werkzeuge können es den Testern ermöglichen, effizienter zu arbeiten.
Fachexperten und Entwickler müssen während des Projekts täglich zusammenarbeiten.	■ Professionalität der Tester ■ Grad der Beteiligung	Ein effektives Team vereint Fachbereichswissen, fachliche Fähigkeiten und Kompetenzen, die so früh wie möglich ins Projekt eingebracht werden.
Errichte Projekte rund um motivierte Individuen. Gib ihnen das Umfeld und die Unterstützung, die sie benötigen, und vertraue darauf, dass sie die Aufgabe erledigen.	■ Professionalität der Tester ■ Engagement der Stakeholder ■ Testorganisation	Motivation ist einer der Schlüsselfaktoren für den qualifizierten Tester. Das Engagement der Stakeholder unterstreicht den Bedarf an Unterstützung und Förderung durch das (Linien-)Management. →

Agiles Prinzip	Kernbereich	Bemerkung
Die effizienteste und effektivste Methode, Informationen an und innerhalb eines Entwicklungsteams zu übermitteln, ist das persönliche Gespräch.	■ Kommunikation ■ Professionalität der Tester	Die Kontrollpunkte dieser Kernbereiche konzentrieren sich auf eine klare Kommunikation, um ein gemeinsames Verständnis und abgestimmte Erwartungen aller beteiligten Parteien sicherzustellen. Eine Voraussetzung hierfür ist professionelle Kompetenz.
Funktionierende Software ist das wichtigste Fortschrittsmaß.	■ Fehlermanagement ■ Metriken	Die beste Möglichkeit, Softwarequalität zu demonstrieren, ist zu zeigen, dass Fehler (nicht) auftreten. Ein gutes Fehlermanagement ermöglicht die Berichterstattung über den Fortschritt.
Agile Prozesse fördern nachhaltige Entwicklung. Die Auftraggeber, Entwickler und Benutzer sollten ein gleichmäßiges Tempo auf unbegrenzte Zeit halten können.	■ Professionalität der Tester ■ Kostenschätzung und Planung ■ Testprozessmanagement	Dieser Aspekt setzt sowohl fachliche als auch soziale Fähigkeiten und Kompetenzen voraus. Die Kostenschätzung und Planung und das Testprozessmanagement können ein konstantes Tempo unterstützen.
Ständiges Augenmerk auf technische Exzellenz und gutes Design fördert Agilität.	■ Professionalität der Tester ■ Grad der Beteiligung ■ Testfalldesign	Diese Kernbereiche berücksichtigen sowohl technische als auch entwurfsbezogene Aspekte, z. B. durch einen frühzeitigen Beginn der Reviewaktivitäten.
Einfachheit – die Kunst, die Menge nicht getaner Arbeit zu maximieren – ist essenziell.	■ Teststrategie	Dieser Kernbereich zielt darauf ab, Tests mit größtmöglicher Wirkung bei geringstmöglichen Kosten und kleinstmöglichem Aufwand durchzuführen. Das vorrangige Prinzip lautet: Kein Risiko, kein Test!
Die besten Architekturen, Anforderungen und Entwürfe entstehen durch selbstorganisierte Teams.	■ Professionalität der Tester ■ Testorganisation	Grundlegende Elemente sich selbst organisierender Teams sind Klarheit über Aufgaben und Verantwortlichkeiten sowie eine professionelle Einstellung. Die Kernbereiche »Professionalität der Tester« und »Testorganisation« zielen auf diese grundlegenden Elemente ab.
In regelmäßigen Abständen reflektiert das Team, wie es effektiver werden kann, und passt sein Verhalten entsprechend an.	■ Professionalität der Tester ■ Testprozessmanagement ■ Kommunikation ■ Metriken	Das Geschäftsbasierte TPI-Modell fördert kontinuierliche Verbesserung und stellt eine Vielzahl verschiedener Verbesserungsvorschläge zur Verfügung, nicht nur in Bezug auf die Methode, sondern auch hinsichtlich der eigenen Effektivität oder der des Teams. Metriken können dabei helfen, die verbesserungsbedürftigsten Bereiche zu finden.

Tab. 7–1 *Agile Prinzipien in Verbindung mit den Kernbereichen*

Kontrollpunkte

Wenn das Geschäftsbasierte TPI-Modell in agilen Softwareprozessen eingesetzt wird, können die meisten Kontrollpunkte wie in den vorhergehenden Kapiteln beschrieben verwendet werden. Manche Kontrollpunkte müssen jedoch zunächst in einen agilen Zusammenhang gebracht werden. Teststufen müssen z.B. anders betrachtet werden: Teststufen als solche sind im agilen Testen üblicherweise nicht vorzufinden, was jedoch nicht bedeutet, dass Tests, die herkömmlicherweise einer bestimmten Stufe angehören, nicht durchgeführt werden können. Agile Testprozesse sind weitaus unschärfer und Aktivitäten werden eher zeitgleich als nacheinander durchgeführt.

Um ein anderes Beispiel zu nennen: Dokumentation ist nicht zwangsläufig gleichbedeutend mit einem Stapel Papier. Agile Praktiken streben nach effizienter und effektiver Dokumentation. Falls dies bedeutet, dass die Teststrategie lediglich als ein Bild auf einem Whiteboard skizziert wird, ist das in Ordnung. Die Kontrollpunkte beschreiben, *welche* Aktivitäten durchgeführt werden und nicht *wie* diese durchgeführt werden müssen.

Wir beschreiben in diesem Buch keine vollständige Verwendung des Geschäftsbasierten TPI-Modells in einem agilen Softwareprozess, d.h., wir stellen keine ausführliche Beschreibung aller Kontrollpunkte in einem agilen Zusammenhang zur Verfügung. Das Agile Manifest und die agilen Prinzipien sollten zusammen mit der Kenntnis der agilen Denkweise eine allgemeine Vorstellung davon vermitteln, wie das Geschäftsbasierte TPI-Modell in diesem Zusammenhang angewandt werden kann.

7.3 Unterschiedliche Testprozesse im Unternehmen

In vielen Unternehmen gibt es verschiedene IT-Prozesse nebeneinander. Das ist insbesondere in solchen Unternehmen üblich, die multinational oder groß sind, die mehrere, relativ unabhängige Bereiche oder Abteilungen haben oder die bereits seit vielen Jahren existieren. Sind diese Bereiche durch Übernahme entstanden und/oder geografisch verteilt, ist es häufig der Fall, dass sie ihre eigene Kultur und Tradition besitzen. Die Notwendigkeit, die verschiedenen Bereiche aufeinander abzustimmen, kann eingeschränkt sein, falls sie auch auf ihre eigenen Geschäftsprozesse und Märkte konzentriert sind.

Innerhalb eines Unternehmens kann es auch verschiedene technische Plattformen und Entwicklungsmethoden geben, die dazu geführt haben könnten, dass unterschiedliche Testprozesse nebeneinander existieren. Beispielsweise ist bei einer Mainframe-Umgebung, in der die Softwareentwicklung auf dem Wasserfallmodell basiert, ein anderer Testprozess zu erwarten als bei einem SOA-basierten Ansatz, bei dem eine iterative oder agile Entwicklungsmethode eingesetzt wird. Wenn ein Unternehmen ERP-Systeme implementiert, Standardsoftware kauft oder Speziallösungen entwickeln lässt, gibt es ebenfalls andere Anforderungen an die IT-Prozesse.

7.3.1 Unterschiedliche Testprozesse und Testen

Wenn ein Unternehmen in mehrere verschiedene Bereiche gegliedert ist, die jeweils ihren eigenen technischen Hintergrund haben und vielleicht sogar geografisch verstreut sind, kann man davon ausgehen, dass mehrere Testprozesse nebeneinander existieren. Es wäre nicht sinnvoll, einen einzigen Testprozess für alle Bereiche erreichen zu wollen, jedoch kann es einen gewissen Abstimmungsbedarf geben.

Je stärker die Interaktion zwischen Testern und anderen Beteiligten ist, desto mehr wird diese Abstimmung zum Erfolgsfaktor. Die Zusammenarbeit mit anderen beteiligten Parteien muss sich im gesamten Unternehmen auf der gleichen Stufe befinden, der Informationsaustausch muss die gleichen Themen enthalten und vorzugsweise ein ähnliches Format haben, um die Zusammenführung der Informationen aus verschiedenen Bereichen des Unternehmens zu erleichtern.

Die Abstimmung zwischen einzelnen Testprozessen wird in einer übergeordneten Testrichtlinie beschrieben. Dadurch werden die strategischen Aspekte des Testens festgelegt, während die »lokalen« Testprozesse die Testrichtlinie auf der operationalen Ebene ergänzen, auf der eine viel größere Abhängigkeit von der unmittelbaren kulturellen und technischen Situation besteht. Beim Fehlen einer solchen Testrichtlinie kann es erforderlich sein, dass sie vom Unternehmen erstellt wird.

7.3.2 Unterschiedliche Testprozesse und Testprozessverbesserung

Wenn eine Bewertung »des Testprozesses« in einem solchen Unternehmen durchgeführt wird, muss entschieden werden, welche Kernbereiche auf gemeinsamer, übergeordneter Ebene betrachtet werden sollten und welche nur individuell und unabhängig von den anderen untersuchten Testprozessen beurteilt werden können. Als Faustregel gilt: Kernbereiche der Gruppe »Stakeholderbeziehungen« bieten sich gut für eine gemeinsame Bewertung an, Kernbereiche der Gruppe »Testkompetenz« können überwiegend separat beurteilt werden und Kernbereiche der Gruppe »Testmanagement« werden teilweise in übergeordneter Hinsicht und teilweise isoliert bewertet.

Engagement der Stakeholder

Stakeholder sind dafür verantwortlich, eine Risikoanalyse zu liefern, die als Grundlage für die Teststrategie verwendet werden kann. Insbesondere in geografisch verteilten Unternehmen kann ein Konsens über mögliche Risiken und Maßnahmen der Risikobegrenzung fehlen. Offene Meinungsverschiedenheiten über mögliche Risiken können den Erfolg eines Testprojekts gefährden. Unterschwellige Meinungsverschiedenheiten, die nicht explizit angesprochen werden, sind andererseits ein sicherer Weg zu enttäuschenden Testprojektergebnissen.

Teststrategie

Letzten Endes laufen alle Testprozesse zu einer finalen End-to-End-Teststufe zusammen. Der Entwicklertest und der Systemtest können unabhängig von den anderen Testprozessen organisiert und durchgeführt werden. Die ersten Phasen des Integrationstests können ebenfalls relativ unabhängig durchgeführt werden, aber irgendwann wird alles vereint. Eine übergeordnete Teststrategie muss explizit auf die Berührungsebenen, Lücken und Überschneidungen zwischen den verschiedenen Teststufen aller Testprozesse eingehen.

Berichterstattung

Stellen Sie sicher, dass – abhängig von den Bedürfnissen des Kunden – in allen unterschiedlichen Testprozessen die gleiche Art der Berichterstattung erfolgt.

Testprozessmanagement

Selbst wenn es nicht möglich ist, eine gemeinsame Planung für alle Aktivitäten der verschiedenen Testprozesse zu erstellen, ist eine übergeordnete Planung der Meilensteine, die Abhängigkeiten und den kritischen Pfad des Projekts aufzeigt, eine Vorbedingung für einen kontrollierten Testprozess.

Metriken

Bestimmen Sie einen einheitlichen Satz an Metriken, die erhoben und berichtet werden müssen, um Ergebnisse aus verschiedenen Testprozessen zusammenfassen zu können.

Methodisches Vorgehen

Stellen Sie die Testrichtlinie auf zentraler Ebene bereit und sorgen Sie dafür, dass alle »lokalen« Testprozesse mit ihr abgestimmt sind.

7.4 Von Grund auf neuer Testprozess

In manchen, häufig kleineren Unternehmen ist die Softwareentwicklung die Spielwiese von Personen mit umfangreicher Kenntnis des jeweiligen Anwendungsbereichs. In dieser Situation gehen die angewandten Methoden und Verfahren nicht aus Schulungen, Literatur oder gängigen Praktiken hervor, sondern aus einer langjährigen Erfahrung. Aktivitäten und Maßnahmen werden selten dokumentiert, und die Tipps und Tricks werden von erfahrenen Mitarbeitern an ihre

Nachfolger weitergegeben. Hin und wieder gibt es Initiativen, die Prozesse und (sogenannten) Methoden zu strukturieren. Das Gleiche trifft auf das Testen zu: Es gibt keine gut strukturierte Testmethode und die Testvorgehensweise basiert auf der Kenntnis des Anwendungsgebiets.

7.4.1 Neueinrichtung eines Testprozesses

Testaktivitäten werden in diesem Zusammenhang üblicherweise von Mitarbeitern durchgeführt, die Testaufgaben zusätzlich zu ihren eigentlichen Tätigkeiten erfüllen: Produktmanager, Systemdesigner, Entwickler usw. Beim Testen richten sie den Blick darauf, ob (oder wie) eine Software überhaupt funktioniert, und nicht darauf, ob sie anforderungs- und spezifikationsgemäß funktioniert. Der Großteil der Testaktivitäten befindet sich auf dem kritischen Pfad des Projekts: Testfälle werden parallel zur Testdurchführung entwickelt, nachdem das Testobjekt geliefert worden ist. Da das Testen keine Vollzeitbeschäftigung ist, werden die Aktivitäten häufig vom laufenden (Geschäfts-)Prozess unterbrochen. Obwohl der Testprozess oft unter Zeitdruck steht, führen diese Umstände zu einem noch größeren Zeitdruck, einem hastig und unsorgfältig durchgeführten Testprozess und zu unnötigen Fehlern in der Produktion.

Eines der wichtigsten Themen, mit denen man sich befassen muss, ist der Aspekt der Verantwortlichkeiten – sowohl auf der Abnehmer- als auch auf der Lieferantenseite: Wer initiiert Testprojekte, wer ist für die Testergebnisse verantwortlich, wer entscheidet, was getestet werden muss, wann das Testen beendet ist, welche Qualität das Testobjekt hat und wann der Betrieb aufgenommen werden kann?

Tipp – Die Basisgruppierung bietet detaillierte Leitlinien

Wenn darüber nachgedacht wird, eine Testmethode von Grund auf neu aufzubauen, bedeutet dies in der Regel, dass sich der Testprozess noch auf dem Reifegrad »Initial« befindet. Die Basisgruppierung gibt an, wie ein Testprozess einzurichten ist, vom Reifegrad »Initial« bis hin zum Erreichen des Reifegrads »Optimierend«. Beschäftigen Sie sich daher zuerst mit den Kontrollpunkten der Gruppe A, dann mit den Kontrollpunkten der Gruppe B usw. Die Basisgruppierung unterstützt daher nicht nur die schrittweise Verbesserung, sondern auf diese Weise auch die schrittweise Einführung einer etablierten Testmethode.

Als Tester sollten Sie Ihre Arbeitsweise überprüfen: Wie könnten Sie Ihre eigene Arbeit besser oder schneller ausführen? Sie werden vielleicht erkennen, dass mehrere Kontrollpunkte aufgrund Ihrer Arbeitsweise bereits erfüllt sind, während Sie andere ganz natürlich in Ihre Arbeit integrieren können. Konzentrieren Sie sich auf Wege, die schnelle Erfolge versprechen: Änderungen, die nicht viel kosten, aber unmittelbar zu Ergebnissen führen. Stellen Sie sicher, dass Ihre eigene Arbeitsweise über verschiedene Projekte hinweg einen konsistenten Reifegrad hat.

Falls in Ihrem Unternehmen noch andere Testexperten arbeiten, vergleichen Sie deren Arbeitsweise mit Ihrer eigenen und verwenden Sie auch hier das Geschäftsbasierte TPI-Modell als Referenz. Mit großer Wahrscheinlichkeit werden Sie gegenseitig von den Best Practices des jeweils anderen profitieren können, insbesondere dann, wenn Sie Beispiele von Testprodukten austauschen und aus diesen Beispielen Vorlagen ableiten. Setzen Sie die Vorlagen ein und nutzen Sie sie als Leitfaden für Ihre Arbeit. Durch eine kontinuierliche gegenseitige Bewertung individueller Testprozesse können Sie die einzelnen Testprozesse mit vereinten Kräften stärken und einander angleichen. An diesem Punkt helfen (methodische) Schulungen; suchen Sie gemeinsam nach Aspekten in Ihrer Arbeit, die Sie verbessern möchten, und verlangen Sie nach einer spezifischen Schulung oder einem Workshop zu diesem Thema.

7.4.2 Neueinrichtung und Testprozessverbesserung

Teststrategie

Das Testen ist ein Mittel zum Zweck. Die Teststrategie spielt eine wesentliche Rolle, wenn es darum geht, ein gemeinsames Verständnis dieses Zwecks zu schaffen. Der vielleicht wichtigste Schritt auf dem Weg zu gutem Testen besteht darin, zusammen mit den beteiligten Parteien und insbesondere dem Auftraggeber sich darüber zu einigen, welche Testziele zu erreichen sind und was gründlich bzw. weniger gründlich getestet werden soll.

Berichterstattung

Berichten Sie regelmäßig über die Themen von Belang. Die Auswahl kann ein Tester nicht alleine treffen; größtenteils entscheidet der Empfänger, welche Informationen für ihn nützlich sind. Denken Sie daran, dass die Berichterstattung im Idealfall sowohl auf das Testobjekt als auch auf den Testprozess eingeht. Die Berichterstattung über das Testobjekt liefert beispielsweise Antworten auf die Fragen, ob die Testziele erfüllt sind oder welche Risiken noch bestehen. Die Berichterstattung über den Testprozess hingegen beantwortet z.B. die Fragen, ob der Liefertermin noch eingehalten werden kann und wie viele Arbeitsstunden, möglichst im Verhältnis zum geschätzten Wert, mit Testen verbracht worden sind. Wenn lediglich über die Anzahl gefundener und behobener Fehler berichtet wird, wird weder ein Einblick in den Status des Testobjekts noch in den Fortschritt des Testprozesses gewonnen.

Testprozessmanagement

Neben der Einigung mit dem Auftraggeber über Gegenstand und Umfang des Testens muss auch entschieden werden, wie man sicherstellen will, dass die vereinbarten Ziele erreicht werden (Überwachung und Kontrolle des Testprozesses). Dies geht über die Planung der eigenen Arbeit hinaus; die Planung muss auch den Aufwand anderer beteiligter Parteien widerspiegeln. Es müssen Umfang und Vorbedingungen sowie die Rollen und Verantwortlichkeiten der beteiligten Parteien beschrieben werden. Letztendlich muss der Auftraggeber all diesen Punkten zustimmen.

Fehlermanagement

Der wahrscheinlich größte Teil der Kommunikation während eines Testprojekts dreht sich um Fehler. Es ist daher von großer Wichtigkeit, dass alle Beteiligten die richtigen Abläufe der Fehlerbehandlung kennen und die gleichen Definitionen verwenden (z.B. für die Schwere).

Testfalldesign

Das Erstellen von Testfällen kann sehr viel Zeit in Anspruch nehmen. Im Idealfall macht sich diese Zeitinvestition mehrfach bezahlt, und zwar bei jeder Ausführung des Testfalls – sowohl durch den ursprünglichen Ersteller des Testfalls sowie durch andere Tester, z.B. als Teil einer Regressionstestmenge. Ist jedoch ein Testfall schlecht entworfen, so wird dieser wahrscheinlich nur ein- oder zweimal und nur vom Ersteller selbst ausgeführt. Ein erster wichtiger Verbesserungsschritt besteht daher im Entwurf von Testfällen, die für andere zugänglich und mehr oder weniger selbsterklärend sind: Was ist die Ausgangssituation, welche Schritte sind notwendig, um den Test durchzuführen, und was ist das erwartete Ergebnis? Dies kann durch die Anwendung von Testfalldesigntechniken erreicht werden, was jedoch nicht von Anfang an zwingend notwendig ist.

7.5 Softwarewartung

In der IT-Welt unterscheidet man grob drei Arten der Wartung – technische Wartung, Anwendungswartung und funktionale Wartung:

- Die technische Wartung konzentriert sich auf die IT-Infrastruktur, auf deren Basis die Anwendungen betrieben werden. ITIL [Veen 2007] kann als Rahmenwerk für diese Art der Wartung verwendet werden.
- Die Anwendungswartung passt Anwendungen infolge gefundener Fehler und technologischer Änderungen oder funktionaler Anforderungen an. Sie befasst sich mit bestehenden, jedoch nicht mit vollkommen neu entwickelten Anwendungen. ASL [Pols 2006] kann als Rahmenwerk für diese Art der Wartung eingesetzt werden.
- Die funktionale Wartung stellt Anforderungen an die Anwendungen und überprüft, ob diese Anforderungen erfüllt werden. Als Rahmenwerk für diese Art der Wartung kann BiSL [Pols 2007] verwendet werden.

Wenn wir von »Wartung« sprechen, beziehen wir uns auf die funktionale Wartung; BDTPI befasst sich nicht mit dem Testen der Infrastruktur. Die technische Wartung wird in diesem Buch daher nicht behandelt. Die testbezogenen Aspekte der Anwendungswartung werden in Abschnitt 7.9 beschrieben.

7.5.1 Funktionale Wartung und Testen

Bei der funktionalen Wartung liegt der Schwerpunkt darauf, Probleme in der Produktion zu lösen und relativ kleine Änderungen zu implementieren, die voneinander weitgehend unabhängig sind und gegebenenfalls in regelmäßigen Releases zusammengefasst werden. Für die Mitarbeiter, die sich um die funktionale Wartung kümmern, steht das Testen mehr oder weniger an zweiter Stelle. In erster Linie müssen sie sicherstellen, dass die Systeme, für die sie verantwortlich sind, die Betriebsabläufe unterstützen und die vordefinierten, häufig in Form von Key-Performance-Indikatoren (KPI) festgelegten Qualitätsniveaus erreichen. Darüber hinaus sind sie Experten des jeweiligen Fachgebiets. Sie wissen oft mehr über das System, als dokumentiert ist, und verfügen über ein umfangreiches, abrufbereites Wissen, das ihnen dabei hilft, ihren Testaufwand auf das Wichtigste zu fokussieren. Der Testprozess selbst umfasst viele Regressionstests sowie das Testen spezifischer Situationen, die nur selten dokumentiert werden.

Das Testen in einer Wartungsumgebung ist ein kontinuierlicher Prozess. Er besteht aus der wiederholten Ausführung weniger Testfälle in Kombination mit einer Menge von Standardtestfällen, die den gesamten Umfang der Anwendung abdecken – selbst an Stellen, an denen normalerweise keine Auswirkungen der implementierten Veränderung zu erwarten sind.

7.5.2 Funktionale Wartung und Testprozessverbesserung

In diesem Zusammenhang können manche Kernbereiche etwas anders interpretiert werden oder ihr Schwerpunkt kann abweichend von der Standardanwendung des Geschäftsbasierten TPI-Modells gewählt werden. Diese Kernbereiche werden im Folgenden besprochen; andere, in diesem Abschnitt nicht behandelte Kernbereiche können normal angewandt werden.

Teststrategie

Sobald die Teststrategie für eine Anwendung vereinbart worden ist, kann und muss sie für alle Releases wiederverwendet werden, vorausgesetzt, sie wird regelmäßig aktualisiert. Ihre Gültigkeit muss bei jedem Einsatz überprüft werden. Eine Strategie unüberlegt anzuwenden ist nicht besser, als sie gar nicht anzuwenden. Es ist jedoch nicht notwendig, die Strategie für jede einzelne implementierte Änderung umfassend zu überarbeiten.

Kostenschätzung und Planung

Kennzahlen, die bei der Kostenschätzung und Planung eines Wartungstests verwendet werden, können sich von den in Testprojekten verwendeten Kennzahlen unterscheiden, da ein stärkeres Gewicht auf Regressionstests gelegt wird. Die Testdurchführung nimmt verhältnismäßig mehr Zeit in Anspruch, während die Vorbereitung und Testfallspezifikation weniger Zeit erfordert, wenn Testfälle aus vorhergehenden Releases wiederverwendet werden. Das Testbudget für die Wartung wird in vielen Fällen jährlich zugewiesen.

Fehlermanagement

Die Verwaltung des Fehlermanagements muss so strukturiert sein, dass Fehler aus einem Wartungs- oder Releaseprojekt zusammengefasst werden können. Um eine gute Trendanalyse durchführen zu können, sollten die »Fehlerdaten« aus dem Testprozess mit den »Störungsdaten« aus der Produktionsumgebung zusammengeführt werden. Dies setzt ein nahtloses Ineinandergreifen der Werkzeuge voraus, die die Prozesse des Testens und der funktionalen Wartung unterstützen.

Testwaremanagement

Testfälle werden häufig wiederverwendet und sollten daher sorgfältig für das nächste Release überarbeitet und aufbewahrt werden. Wenn Testfälle nicht richtig gewartet werden, das Testen aber von sehr erfahrenen Mitarbeitern der funktionalen Wartung durchgeführt wird, gibt es fast keine unmittelbaren Auswirkungen eines schlechten Testwaremanagements. Das Unternehmen wird jedoch sehr angreifbar. Falls der erfahrene Tester den 10-Millionen-Jackpot im Lotto gewinnt und kündigt, steht nichts und niemand mehr zur Verfügung, um die Qualität der Anwendung zu bewerten.

Professionalität der Tester

Das Testen wird von Mitarbeitern der funktionalen Wartung durchgeführt und hat für diese nicht die höchste Priorität. Ihre Testfähigkeiten müssen jedoch beurteilt und bei Bedarf durch spezifische Schulungen verbessert werden.

Testumgebung

Die Wartungsabteilung sollte eine eigene Umgebung haben. Eine der wichtigsten Aufgaben der Wartungsabteilung besteht in der Analyse der in der Produktion auftretenden Fehler. Dies erfordert einerseits eine Produktionsähnlichkeit der Umgebung, andererseits sollten Testumgebungen jedoch nicht produktionsähnlich sein, sondern flexible Fehleranalysemöglichkeiten bieten! Wartungstests hängen sehr viel stärker von produktionsnahen Testdaten ab als andere Arten des Testens, was besondere Schwerpunkte auf das Datenmanagement legt.

7.6 Softwareprozessverbesserung

In diesem Abschnitt wird das Geschäftsbasierte TPI-Modell mit Bezug auf zwei wichtige Modelle zur Softwareprozessverbesserung (engl. »software process improvement«, SPI) besprochen – CMMI und SPICE:

- CMMI® [CMMI 2010] steht für »Capability Maturity Model Integration«. CMMI repräsentiert eine Familie von Prozessmodellen, die jeweils auf ein bestimmtes Fachgebiet abzielen. In diesem Buch beziehen wir uns auf »CMMI for Development« (CMMI-DEV), das Verbesserungen in Unternehmen unterstützt, die Software, Systeme und Hardware intern entwickeln. CMMI ist eine registrierte Marke des Software Engineering Institute der Carnegie Mellon University.
- SPICE [ISO 2004] steht für »Software Process Improvement and Capability Determination«, zu Deutsch Verbesserung von Softwareprozessen und Bestimmung der Prozessfähigkeit. Es handelt sich um die internationale Norm ISO/IEC 15504.

Es werden auch andere SPI-Modelle wie z.B. Trillium und BOOTSTRAP eingesetzt, diese sind jedoch weniger weit verbreitet. Sie haben aber mit CMMI und SPICE gemeinsam das CMM (ohne »I«) als gleiche »Wurzel«, somit wäre der zusätzliche Nutzen, diese Modelle hier mit einzubeziehen, gering.

Das Geschäftsbasierte TPI-Modell wird zur Optimierung des Testprozesses eingesetzt, während es sich bei CMMI und SPICE um verbreitete Modelle zur Verbesserung des gesamten Softwareentwicklungsprozesses handelt.

CMMI und SPICE beziehen das Testen als Teil des gesamten Entwicklungsprozesses ein, das Geschäftsbasierte TPI-Modell hingegen stellt eine sehr viel detailliertere und gründlichere Methode zur Verbesserung des Testprozesses dar. BDTPI bietet spezifische und umfassende Best Practices für das Testen. Die Anwendung von BDTPI wird üblicherweise durch die erheblichen Testkosten und dessen Einsparungspotenzial gerechtfertigt.

Falls Sie es in Erwägung ziehen, das Geschäftsbasierte TPI-Modell gleichzeitig zu CMMI oder mit CMMI in Folge einzusetzen, lesen Sie bitte Abschnitt 7.6.3, in dem der Geschäftstreiber »Renditemaximierung durch Kombination von BDTPI und CMMI« erklärt wird.

Der Softwareprozess und der Testprozess

Der Zusammenhang zwischen den beiden Prozessen – also für den Test und für die Software – wird in Abbildung 7–1 dargestellt. Es wird deutlich, dass der Testprozess nicht nur Teil des gesamten Softwareprozesses ist, sondern dass beide Prozesse miteinander verflochten sind.

Der Testprozess verwendet die Testbasis und das Testobjekt als primären Input und ermittelt die möglichen Risiken. Dabei erhält man Berichte über Fortschritt und Produktqualität angesichts der identifizierten Risiken. All dies findet innerhalb des Softwareprozesses statt, in den die Erwartungen des Kunden als Input einfließen (Erstellen von Anforderungen) und der das Softwareprodukt liefert. Die Prozesse sind als Wolken dargestellt, da jedes Modell seine eigenen Prozessgrenzen festlegt. So verwendet zum Beispiel SPICE die ISO/IEC-Norm 12207, in der der Rahmen für Prozesse im Lebenszyklus von Software definiert ist.

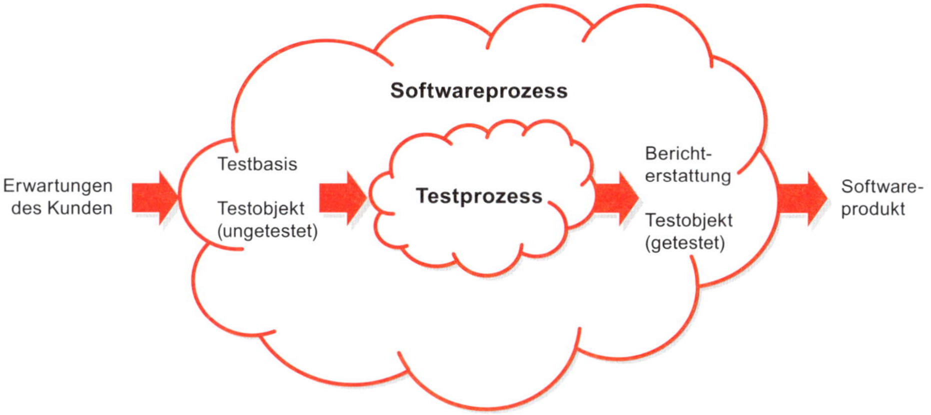

Abb. 7–1 *Der Testprozess ist Teil des Softwareprozesses.*

7.6.1 Softwareprozessverbesserung und Testen

CMMI

CMMI bietet zwei Repräsentationsformen: die kontinuierliche Darstellung und die stufenförmige Darstellung. In der kontinuierlichen Darstellung kann jeder Prozess individuell betrachtet und unabhängig verbessert werden. Dies erhöht die Flexibilität, da ein Unternehmen die Bereiche auswählen kann, die für seine Geschäftsziele die höchste Relevanz haben. Nachteil jedoch ist, dass ein ganzheitliches Vorgehen zur Softwareprozessverbesserung nicht gewährleistet ist, da manche Prozesse ausgelassen werden können und wahrscheinlich auch ausgelassen werden.

Die stufenförmige Darstellung bietet ein ganzheitliches Vorgehen zur Softwareprozessverbesserung. Sie wird umfassender angewandt und stellt einen Fahrplan mit einfachen Stufen zur Verfügung, die als Meilensteine und Benchmarks für Vergleiche dienen. Aus diesen Gründen haben wir diese Darstellung für den Vergleich mit dem Geschäftsbasierten TPI-Modell gewählt.

Das Geschäftsbasierte TPI-Modell beinhaltet sowohl Merkmale des kontinuierlichen als auch des stufenförmigen Modells. Tabelle 7–2 enthält weitere Vergleichsinformationen der drei Modelle.

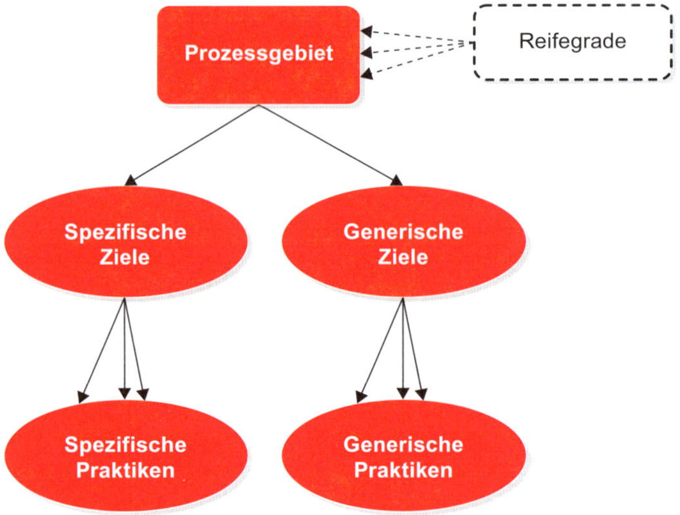

Abb. 7–2 *Die Grundstruktur des CMMI-Modells in der stufenförmigen Darstellung*

Abbildung 7–2 zeigt eine einfache Darstellung der Struktur des CMMI-Modells mit Unterscheidung der verschiedenen Prozessgebiete. Eine definierte Gruppe von Prozessgebieten bildet einen Reifegrad in der stufenförmigen Darstellung. Um ein Prozessgebiet zu erfüllen, müssen alle spezifischen (ein einziges Prozessgebiet betreffenden) Ziele und die generischen (alle Prozessgebiete betreffenden) Ziele erreicht sein. Einem Ziel sind eine oder mehrere Praktiken zugeordnet, die bei der Zielerreichung unterstützen können.

Die stufenförmige Darstellung des CMMI-Modells hat fünf Reifegrade. Für den Reifegrad 1 gibt es keine Anforderungen, da der Prozess »chaotisch und auf Zuruf« (ad hoc) abläuft und nahezu vollständig von der Kompetenz und Professionalität der Mitarbeiter des Unternehmens abhängt.

Für CMMI spricht, dass viele der Prozessgebiete sich implizit mit dem Testen befassen: So decken die Projektplanung sowie die Projektverfolgung und -steuerung z.B. die Testplanung ab, das Anforderungsmanagement enthält die Validierung der Anforderungen, Messungen und deren Analyse können Metriken im Testprozess umfassen und das Konfigurationsmanagement kann Teile des Testwaremanagements abdecken.

Beim Geschäftsbasierten TPI wird auf höhere Detaillierungsgrade und das Fehlen expliziter Testvorgaben in der Praxis eingegangen. Das Projektmanagement erstellt einen Projektplan und das Testmanagement einen Testplan; beide Dokumente haben vieles gemeinsam (wie z.B. Schätzungen und Risikoidentifizierung). Zusätzlich sollte der Testplan die Teststrategie enthalten, die als wichtiges Steuerungselement für den auf identifizierten Produktrisiken basierenden Test dient. Das Geschäftsbasierte TPI-Modell befasst sich gezielt mit der Erstellung der Teststrategie.

Das CMMI-Modell beschäftigt sich in zwei Prozessgebieten der Kategorie »Entwicklung« (»Engineering«) direkt mit dem Testen, nämlich mit Verifizierung und Validierung:

1. *Verifizierung*:
   Es soll sichergestellt werden, dass ausgewählte Arbeitsergebnisse die spezifizierten Anforderungen erfüllen (»Erfüllt das Produkt seine Spezifikation?«).
2. *Validierung*:
   Es soll gezeigt werden, dass ein Produkt oder ein Produktbestandteil in der Zielumgebung seinen beabsichtigten Verwendungszweck erfüllt (»Löst das Produkt die gestellte Aufgabe?«).

In der weitverbreiteten stufenförmigen Darstellung des CMMI-Modells sind beide Prozessgebiete Teil des Reifegrads 3 und finden erst dann Beachtung, wenn Reifegrad 2 erreicht ist. Das Erreichen des CMMI-Reifegrads 2 kann in größeren Unternehmen leicht ein bis zwei Jahre in Anspruch nehmen.

Wie schenkt man während dieser Zeit der Testprozessverbesserung Aufmerksamkeit? Man setzt das Geschäftsbasierte TPI-Modell ein, um den Testprozess für den Reifegrad 3 vorzubereiten, und beachtet dabei insbesondere die Enabler, die für jeden Kernbereich beschrieben sind. Weitere Informationen über CMMI finden Sie auf der Webseite *http://www.sei.cmu.edu/cmmi/*.

SPICE (ISO/IEC 15504)

SPICE teilt den Softwareprozess in mehrere Prozesse auf. Im Besonderen definiert SPICE sechs Fähigkeitsstufen, die jeder einzelne Prozess erreichen kann, indem dieser seine Prozessattribute und die Prozessattribute der vorhergehenden Fähigkeitsstufen erfüllt. Die generischen Praktiken bieten Unterstützung bei der Erfüllung der Prozessattribute. Die Ergebnisse zeigen die spezifischen Resultate des Prozesses und die Basispraktiken sind wichtige Indikatoren für das Erreichen der Ergebnisse. Abbildung 7–3 liefert eine Übersicht über die Struktur von SPICE.

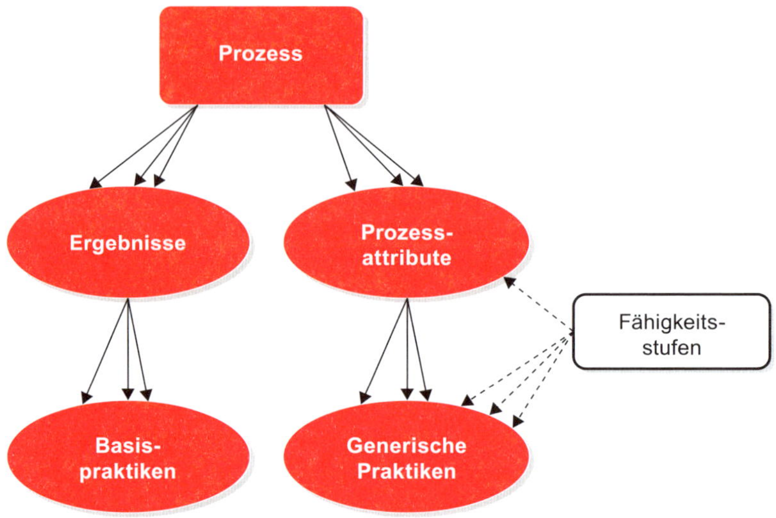

Abb. 7–3 *Grundstruktur des SPICE-Modells*

SPICE deckt das Testen in den folgenden vier primären Lebenszyklusprozessen ab:

1. *Softwaretest*:
   Bestätigt, dass das integrierte Softwareprodukt die definierten Anforderungen erfüllt.
2. *Softwareintegration*:
   Führt die Softwarekomponenten in Übereinstimmung mit dem Softwareentwurf zu einer integrierten Software zusammen und zeigt, dass die funktionalen und nicht-funktionalen Softwareanforderungen auf einer vergleichbaren oder der Zielplattform erfüllt sind.
3. *Systemtest*:
   Stellt sicher, dass die Implementierung jeder Systemanforderung auf Konformität getestet und das System lieferbereit ist.
4. *Systemintegration*:
   Führt die Systemelemente (einschließlich Soft- und Hardware, manueller Operationen und, wenn erforderlich, anderer Systeme) zu einem vollständigen System zusammen, das dem Systementwurf gerecht wird und die in den Systemanforderungen dargelegten Kundenerwartungen erfüllt.

Zusätzlich gibt es drei unterstützende Lebenszyklusprozesse:

1. *Verifizierung*:
   Bestätigt, dass jedes Arbeitsergebnis einer Software und/oder jeder Service eines Prozesses oder Projekts die spezifizierten Anforderungen korrekt widerspiegelt.

2. *Validierung*:
   Bestätigt, dass die Anforderungen für einen bestimmten Verwendungszweck des Softwarearbeitsergebnisses erfüllt sind.
3. *Qualitätssicherung*:
   Stellt sicher, dass die Arbeitsergebnisse und Prozesse den vordefinierten Bestimmungen und Plänen entsprechen.

Eine vollständige Beschreibung der internationalen Norm ISO/IEC 15504 steht auf der Webseite der Internationalen Organisation für Normung zur Verfügung: *http://www.iso.org*.

7.6.2 Softwareprozessverbesserung und Testprozessverbesserung

Durch das Konzept der Enabler verknüpft das Geschäftsbasierte TPI-Modell jeden Kernbereich mit den relevanten Aspekten des Softwareprozesses.

Beispiel – Projektmanagement als Enabler

Das Projektmanagement wird in der Beschreibung der folgenden beiden Kernbereiche als Enabler angegeben:

- Kostenschätzung und Planung
- Testprozessmanagement

Generell ist das Projektmanagement verantwortlich für:

- Projektplanung
- Projektverfolgung und -steuerung

Der Kernbereich »Kostenschätzung und Planung« kann durch den Enabler »Projektmanagement« mit dem Prozessgebiet »Projektplanung« in CMMI und direkt mit dem Prozess »Projektmanagement« in SPICE verknüpft werden.

Der Kernbereich »Testprozessmanagement« kann durch den Enabler »Projektmanagement« mit dem Prozessgebiet »Projektverfolgung und -steuerung« in CMMI und direkt mit dem Prozess »Projektmanagement« in SPICE verknüpft werden.

Sind diese Beziehungen identifiziert, kann das Testteam die Best Practices (Checklisten, Schätzverfahren usw.) der CMMI-Prozessgebiete und der SPICE-Prozesse nutzen und von ihnen profitieren.

Nicht alle Prozesse haben eine direkte Beziehung von einem Modell zum anderen, d.h., nicht alle Enabler der Kernbereiche können eins zu eins zugeordnet werden.

Vergleich der Modelle

Tabelle 7–2 liefert eine Übersicht der wichtigsten Merkmale der drei Modelle.

	CMMI	SPICE (ISO/IEC 15504)	BDTPI
Modell	■ Ein Reifegradmodell für die Softwareprozessverbesserung ■ Das Testen ist auch Teil des Softwareprozesses.	■ Ein Fähigkeitsmodell für die Softwareprozessverbesserung ■ Das Testen ist auch Teil des Softwareprozesses.	Ein Reifegradmodell für die Testprozessverbesserung Dies umfasst: ■ bestimmte Testaspekte, wie z.B. Testfalldesign und Fehlermanagement ■ Testelemente allgemeiner Aktivitäten, die sowohl Teil des Testprozesses als auch des Softwareprozesses sind. Beispiele: Organisationsschulung, Projektplanung und Konfigurations-management. Es besteht nur beschränkter Einfluss auf Prozesse außerhalb des Testens (vgl. Kernbereiche »Grad der Beteiligung« oder »Fehlermanagement«, die das Projekt betreffen).
Anwendungsbereich	■ Softwareentwicklung in einem Projekt, einer Abteilung oder einem Unternehmen ■ Der Anwendungsbereich wird vom Kunden festgelegt.	■ Softwareentwicklung in einem Projekt, einer Abteilung oder einem Unternehmen ■ Der Anwendungsbereich wird vom Kunden festgelegt.	■ Testen in einem Projekt, einer Abteilung oder einem Unternehmen ■ Der Anwendungsbereich wird vom Kunden festgelegt.
Darstellung	■ Entweder stufenförmig oder kontinuierlich	■ Kontinuierlich	■ Gemischt, jedoch eher kontinuierlich ■ Kontinuierlich, da die schrittweise Verbesserung nicht »starr« ist, sondern mithilfe der verfügbaren Gruppen für verschiedene Geschäftstreiber individuell gestaltet wird. Es kann eine Auswahl der zu verbessernden Kernbereiche getroffen werden, während andere Kernbereiche, wie sie in kontinuierlichen Modellen definiert sind, aus der Betrachtung herausfallen können. Jeder Kernbereich kann separat verbessert werden, um die Reifegrade »Kontrolliert«, »Effizient« und »Optimierend« zu erreichen. ■ Stufenförmig, da das Geschäftsbasierte TPI-Modell einen Fahrplan mit den Reifegraden »Initial« bis hin zu »Optimierend« vorgibt, die als Meilensteine und Benchmarks für Vergleiche fungieren.

Tab. 7–2 *Vergleich der CMMI-, SPICE- und BDTPI-Modelle*

Tabelle 7–3 vergleicht spezifische Elemente der einzelnen Modelle. Es werden die Elemente beschrieben, die alle drei Modelle gemeinsam haben, ohne jedoch exakte Entsprechungen darzustellen.

CMMI	SPICE (ISO/IEC 15504)	BDTPI	Erklärung
Prozessgebiet	Prozess	Kernbereich	▪ Einheiten zur Strukturierung des jeweiligen Modells ▪ Kernbereich im Vergleich zu Prozess(gebiet): Ein Kernbereich ist ein Aspekt des Testprozesses, aber nicht zwangsläufig ein Prozess. Dies bedeutet nicht, dass die Modelle zueinander inkompatibel sind. Auf einer detaillierteren Ebene (wie z.B. Ziele, Prozessattribute und Kontrollpunkte) können durchaus Vergleiche angestellt werden.
Reifegrad	Fähigkeitsstufe	Reifegrad (Kontrolliert/ Effizient/ Optimierend)	▪ Beschreibt die anerkannten und festgelegten Stufen innerhalb der jeweiligen Modelle. ▪ BDTPI bietet die Reifegrade in Form von Schritten an, einschließlich kleinerer Verbesserungsschritte mithilfe der Gruppen. ▪ BDTPI-Reifegrade im Vergleich zu Reifegraden/Fähigkeitsstufen: ▪ BDTPI-Reifegrade können in Reifegrade oder Fähigkeitsstufen übersetzt werden, indem man den Inhalt der Modelle (wie z.B. Ziele, Prozessattribute und Kontrollpunkte) miteinander vergleicht.
Ziele (spezifisch oder generisch)	Prozessattribute	Kontrollpunkte	▪ Bei allen Elementen handelt es sich um Kriterien, die erfüllt sein müssen, um einen bestimmten Grad des jeweiligen Modells zu erreichen. ▪ Kontrollpunkte sind im Allgemeinen spezifischer als Ziele oder Prozessattribute.
Praktiken (spezifisch oder generisch)	Praktiken (Basispraktiken und generische Praktiken), Arbeitsergebnisse	Verbesserungsvorschläge	▪ Gemeinsam ist diesen informativen Elementen, dass sie dabei helfen, die Kriterien eines Grads innerhalb des jeweiligen Modells zu erfüllen.

Tab. 7–3 *Bewertung der Gemeinsamkeiten der drei Modelle*

7.6.3 Renditemaximierung durch Kombination von BDTPI und CMMI

Eine Verbesserung des Testprozesses sollte mit der Verbesserung des gesamten Softwareentwicklungsprozesses abgestimmt sein. Wenn der Softwareentwicklungsprozess mithilfe von CMMI bewertet und verbessert wird, können die Gruppen, wie in Tabelle 7–5 dargestellt, zur Renditemaximierung verwendet werden. Das Geschäftsbasierte TPI kann dabei sowohl zur Unterstützung des CMMI-Bewertungsteams eingesetzt werden als auch zur teilweisen Übernahme seiner Aufgaben.

Jedem CMMI-Reifegrad ist in der Testreifematrix eine eigene Gruppe zugeordnet. Diese Gruppen stellen eine Interpretation der Prioritäten dar, die bei der Testprozessverbesserung für jeden CMMI-Reifegrad gelten.

Der BDTPI-Reifegrad »Initial« entspricht dem CMMI-Reifegrad »Initial«. In beiden Fällen werden von den Modellen keine Anforderungen vorgegeben. In Tabelle 7–4 sind die einzelnen CMMI-Reifegrade mit den entsprechenden BDTPI-Gruppen aufgelistet.

CMMI-Reifegrad	BDTPI-Gruppe
Reifegrad 1 – Initial	Reifegrad »Initial«
Reifegrad 2 – Geführt	Gruppe A
Reifegrad 3 – Definiert	Gruppe B
Reifegrad 4 – Quantitativ geführt	Gruppe C
Reifegrad 5 – Prozessoptimierung	Gruppe D

Tab. 7–4 *CMMI-Reifegrade mit den entsprechenden BDTPI-Gruppen*

Falls es das Ziel Ihres Unternehmens ist, einen bestimmten CMMI-Reifegrad zu erreichen, können Sie folgendermaßen vorgehen:

1. Bewerten Sie zunächst den Istzustand des Testprozesses mithilfe der BDTPI-Kontrollpunkte. Das Ergebnis ist eine ausgefüllte Testreifematrix.
2. Listen Sie die fehlenden Kontrollpunkte der Gruppe auf, die Ihrem angestrebten CMMI-Reifegrad entsprechen.

   Beispiel: Falls das Ziel Ihres Unternehmens der CMMI-Reifegrad 2 ist, überprüfen Sie, welche Kontrollpunkte der Gruppe A Sie nicht erfüllt haben.
3. Legen Sie Verbesserungsmaßnahmen zur Erfüllung der fehlenden Kontrollpunkte fest, indem Sie Folgendes mit den CMMI-Projekt-Initiatoren klären, die verantwortlich für die Implementierung des angestrebten CMMI-Reifegrads sind:
   - Um welche Verbesserungsmaßnahmen wird sich das CMMI-Projekt (unternehmensweit) kümmern? Dies verhindert, dass doppelt – zunächst durch die Testorganisation und später durch das CMMI-Projekt – investiert wird.

     Beispiel: Wird das Prozessgebiet »Konfigurationsmanagement« als Teil des CMMI-Reifegrads 2 eingerichtet, können fehlende Teile des Kernbereichs »Testwaremanagement« direkt abgedeckt werden.

- Welche Verbesserungsmaßnahmen können in Zusammenarbeit zwischen Testorganisation und CMMI-Projekt durchgeführt werden? Dies kommt beiden Seiten zugute.

  Beispiel: Die Reife des Kernbereichs »Metriken« wird durch einen Beitrag an der Implementierung des Prozessgebiets »Messung und Analyse« als Teil des CMMI-Reifegrads 2 verbessert.
- Welche Verbesserungsmaßnahmen des BDTPI-Teams sorgen dafür, dass die CMMI-Ziele erfüllt werden?

  Beispiel: Das CMMI-Prozessgebiet »Verifizierung« als Teil des CMMI-Reifegrads 3 behandelt das Testen. Wenn das BDTPI-Team den Testprozess verbessert, ist ein Großteil der Arbeit für das CMMI-Team bereits erledigt.

4. Schlussendlich kümmert sich die Testorganisation um alle anderen Maßnahmen, die zur Verbesserung des Testprozesses notwendig sind. Es ist empfehlenswert, die in Tabelle 7–5 dargestellten Gruppen nur als einen zu berücksichtigenden Aspekt der Testprozessverbesserung zu betrachten. Ziehen Sie auch andere Aspekte wie z.B. Ihre Geschäftstreiber und Ihre individuelle Situation in Betracht, um den Testprozess sinnvoll zu verbessern.

   Beispiel: Die Testorganisation beschließt, den Kernbereich »Teststrategie« auf den Reifegrad »Kontrolliert« anzuheben, indem die Zuweisung des Aufwands und der Testressourcen verbessert wird. Der Gruppe A zufolge wäre diese Verbesserungsmaßnahme noch nicht notwendig.

Falls Sie BDTPI zur Verbesserung des Testprozesses gemäß den Gruppen in Tabelle 7–4 verwenden, decken Sie die testrelevanten CMMI-Praktiken ab und ermöglichen so eine effiziente Kombination von BDTPI und CMMI.

<table>
<tr><th colspan="2"></th><th>Initial</th><th colspan="12">Kontrolliert</th><th colspan="12">Effizient</th><th colspan="12">Optimierend</th></tr>
<tr><td>1</td><td>Engagement der Stakeholder</td><td></td><td colspan="3">A</td><td colspan="3">A</td><td colspan="3">A</td><td colspan="3">B</td><td colspan="4">B</td><td colspan="4">B</td><td colspan="4">B</td><td colspan="4">D</td><td colspan="4">D</td><td colspan="4">D</td></tr>
<tr><td>2</td><td>Grad der Beteiligung</td><td></td><td colspan="3">A</td><td colspan="3">A</td><td colspan="3">A</td><td colspan="3">A</td><td colspan="4">A</td><td colspan="4">A</td><td colspan="4">B</td><td colspan="6">D</td><td colspan="6">D</td></tr>
<tr><td>3</td><td>Teststrategie</td><td></td><td colspan="3">A</td><td colspan="3">A</td><td colspan="3">B</td><td colspan="3">B</td><td colspan="4">B</td><td colspan="4">B</td><td colspan="4">B</td><td colspan="6">B</td><td colspan="6">D</td></tr>
<tr><td>4</td><td>Testorganisation</td><td></td><td colspan="3">A</td><td colspan="3">A</td><td colspan="3">B</td><td colspan="3">B</td><td colspan="3">B</td><td colspan="3">B</td><td colspan="3">B</td><td colspan="3">B</td><td colspan="4">B</td><td colspan="4">C</td><td colspan="4">C</td></tr>
<tr><td>5</td><td>Kommunikation</td><td></td><td colspan="3">A</td><td colspan="3">A</td><td colspan="3">A</td><td colspan="3">A</td><td colspan="4">A</td><td colspan="4">A</td><td colspan="4">A</td><td colspan="6">B</td><td colspan="6">D</td></tr>
<tr><td>6</td><td>Berichterstattung</td><td></td><td colspan="4">A</td><td colspan="4">A</td><td colspan="4">A</td><td colspan="4">A</td><td colspan="4">A</td><td colspan="4">A</td><td colspan="6">B</td><td colspan="6">D</td></tr>
<tr><td>7</td><td>Testprozessmanagement</td><td></td><td colspan="3">A</td><td colspan="3">A</td><td colspan="3">A</td><td colspan="3">A</td><td colspan="4">A</td><td colspan="4">A</td><td colspan="4">B</td><td colspan="6">D</td><td colspan="6">D</td></tr>
<tr><td>8</td><td>Kostenschätzung und Planung</td><td></td><td colspan="3">A</td><td colspan="3">A</td><td colspan="3">A</td><td colspan="3">A</td><td colspan="3">A</td><td colspan="3">A</td><td colspan="3">A</td><td colspan="3">A</td><td colspan="4">B</td><td colspan="4">B</td><td colspan="4">C</td></tr>
<tr><td>9</td><td>Metriken</td><td></td><td colspan="4">A</td><td colspan="4">A</td><td colspan="4">A</td><td colspan="3">A</td><td colspan="3">B</td><td colspan="3">B</td><td colspan="3">B</td><td colspan="6">C</td><td colspan="6">D</td></tr>
<tr><td>10</td><td>Fehlermanagement</td><td></td><td colspan="3">A</td><td colspan="3">A</td><td colspan="3">A</td><td colspan="3">B</td><td colspan="3">B</td><td colspan="3">B</td><td colspan="3">C</td><td colspan="3">C</td><td colspan="4">C</td><td colspan="4">C</td><td colspan="4">D</td></tr>
<tr><td>11</td><td>Testwaremanagement</td><td></td><td colspan="3">A</td><td colspan="3">A</td><td colspan="3">A</td><td colspan="3">A</td><td colspan="4">A</td><td colspan="4">B</td><td colspan="4">B</td><td colspan="4">C</td><td colspan="4">C</td><td colspan="4">–</td></tr>
<tr><td>12</td><td>Methodisches Vorgehen</td><td></td><td colspan="4">A</td><td colspan="4">A</td><td colspan="4">B</td><td colspan="3">B</td><td colspan="3">B</td><td colspan="3">C</td><td colspan="3">C</td><td colspan="6">C</td><td colspan="6">D</td></tr>
<tr><td>13</td><td>Professionalität der Tester</td><td></td><td colspan="3">A</td><td colspan="3">A</td><td colspan="3">A</td><td colspan="3">B</td><td colspan="3">B</td><td colspan="3">B</td><td colspan="3">B</td><td colspan="3">B</td><td colspan="4">B</td><td colspan="4">B</td><td colspan="4">D</td></tr>
<tr><td>14</td><td>Testfalldesign</td><td></td><td colspan="4">A</td><td colspan="4">B</td><td colspan="4">B</td><td colspan="3">B</td><td colspan="3">B</td><td colspan="3">B</td><td colspan="3">B</td><td colspan="4">B</td><td colspan="4">B</td><td colspan="4">D</td></tr>
<tr><td>15</td><td>Testwerkzeuge</td><td></td><td colspan="12"></td><td colspan="12"></td><td colspan="12"></td></tr>
<tr><td>16</td><td>Testumgebung</td><td></td><td colspan="12"></td><td colspan="12"></td><td colspan="12"></td></tr>
</table>

Tab. 7–5 *Gruppen für den Geschäftstreiber »Renditemaximierung durch Kombination von BDTPI und CMMI«*

Begründung

Natürlich gibt es CMMI-Praktiken, die für den Testprozess nicht relevant sind (z.B. die spezifische Praktik »Produktkomponenten zusammenfügen«, die auf die eigentliche Konstruktion des Testobjekts eingeht und daher nicht in den Bereich des Testens oder der Testprozessverbesserung fällt). Diese Praktiken können als irrelevant gekennzeichnet werden.

Wenn man sich die Gruppen der Testreifematrix ansieht, fallen verschiedene Dinge ins Auge. Die Verbesserungen werden in unterschiedlicher Reihenfolge durchgeführt. Bei manchen Kernbereichen muss der Reifegrad »Effizient« erreicht werden, um zum CMMI-Reifegrad 2 zu gelangen. Beim Kernbereich »Testfalldesign« genügt das Erfüllen eines einzigen Kontrollpunkts, um den CMMI-Reifegrad 2 für den Testprozess zu erreichen. Für ungefähr die Hälfte der Kernbereiche gibt es kein Äquivalent des CMMI-Reifegrads 4. Grund dafür ist, dass das BDTPI-Modell vier, das CMMI-Modell hingegen fünf Reifegrade hat. Der CMMI-Reifegrad 4 kann aus BDTPI-Sicht als »Zwischenschritt« betrachtet werden. Drei Kernbereiche entsprechen keiner Praktik des CMMI-Reifegrads 5. Falls das Erreichen des CMMI-Reifegrads 5 das Endziel ist, können daher nach dem Erreichen des BDTPI-Reifegrads »Optimierend« zusätzliche Maßnahmen erforderlich sein.

Der Kontrollpunkt 3 des Reifegrads »Optimierend« für das Testwaremanagement kann keiner CMMI-Praktik zugeordnet werden, da dieser Kontrollpunkt sehr testprozessspezifisch und daher für das Erreichen eines CMMI-Reifegrads irrelevant ist.

Zuletzt muss noch erklärt werden, warum die Kernbereiche »Testwerkzeuge« und »Testumgebung« ausgegraut sind: CMMI definiert keine Praktiken für Werkzeuge und andere unterstützende Einrichtungen. Lediglich dem CMMI-Prozessgebiet »Verifizierung« ist eine Praktik zugeordnet, die diesen Zweck erfüllt. Dies würde bedeuten, dass beide Kernbereiche dem CMMI-Reifegrad 3 exakt entsprechen. Wir sind jedoch der Ansicht, dass dies in der Praxis im Rahmen der Testprozessverbesserung nicht zum Ziel führt. Wir empfehlen Ihnen, für diese Kernbereiche neben dem Erreichen der CMMI-Reifegrade Ihre eigenen Verbesserungsziele festzulegen oder die Basisgruppierungen aus Kapitel 3 heranzuziehen.

7.7 Outsourcing und Offshoring

Outsourcing kann als Untervergabe eines Prozesses, wie z.B. Produktdesign oder Herstellung, an ein Drittunternehmen definiert werden. Unternehmen entscheiden sich zur Untervergabe bestimmter Aktivitäten, um verschiedene Vorteile zu erzielen, z.B.:

- *Kostenersparnis*:
  Senkung der Gesamtkosten der Testdienstleistungen für das Unternehmen. Dies kann z.B. durch Begrenzung in Anspruch genommener Testdienstleistun-

gen, durch Festlegung von Qualitätsniveaus, neue Preisgestaltung, Neuverhandlung und Kostenumstrukturierung erreicht werden.

- *Fokussierung auf das Kerngeschäft*:
  Durch die Auslagerung von z.B. IT-Support an spezialisierte IT-Dienstleister stehen Unternehmen mehr IT-Ressourcen für die Entwicklung des Kerngeschäfts zur Verfügung.
- *Qualitätsverbesserung*:
  Erreichen einer Qualitätsänderung durch Outsourcing der Dienstleistungen mit neuen Service Level Agreements.
- *Wissen*:
  Zugang zu einem größeren Wissens- und Erfahrungspool.
- *Verträge*:
  Die Dienstleistungen beruhen auf rechtsverbindlichen Verträgen, die bei Nichterfüllung Geldstrafen und rechtliche Konsequenzen nach sich ziehen. Bei internen Dienstleistungen ist dies nicht der Fall.
- *Erfahrung im praktischen Betrieb*:
  Zugang zu operativen Best Practices, deren interne Entwicklung zu schwierig oder zeitaufwendig wäre.
- *Zugang zum Talentpool*:
  Zugang zu einem größeren Talentpool und einer zukunftsfähigen Quelle von Kompetenzen, insbesondere in Wissenschaft und Technik.
- *Kapazitätsmanagement*:
  Verbesserte Methode des Kapazitätsmanagements von Dienstleistungen und Technik, bei der das Risiko von Überkapazitäten vom Lieferanten getragen wird.

Im Detail – Offshoring

Outsourcing ist eine weitverbreitete Methode der Kostensenkung, insbesondere in Verbindung mit Offshoring. Offshoring ist eine Sonderform des Outsourcings, bei der das Drittunternehmen in einem anderen Land angesiedelt ist. In der Praxis handelt es sich häufig um Niedriglohnländer wie z.B. Indien, Mexiko und osteuropäische Länder. Offshoring bringt spezifische Vorteile und Herausforderungen mit sich, die auf kulturellen Unterschieden, Sprachbarrieren und unterschiedlichen Zeitzonen beruhen.

Auch der Testprozess kann ausgelagert werden – entweder teilweise oder ganz. Typische Beispiele für Test-Outsourcing sind der Entwurf und die manuelle Ausführung von Testfällen, die Automatisierung von Testfällen sowie Planung, Vorbereitung und Durchführung von Performanztests. Darüber hinaus werden auch Hosting (Bereitstellung) und Management von Testumgebungen häufig ausgelagert, insbesondere dann, wenn auch die Produktionsumgebung nicht im Hause ist.

7.7.1 Outsourcing und Testen

Aus der Perspektive des Outsourcings gibt es zwei spezifische Herausforderungen, bei denen das Geschäftsbasierte TPI-Modell hilfreich sein kann. Erstens muss die Qualität des vom Lieferanten durchgeführten Testens sichergestellt sein: Wie kann der Kunde den vom Lieferanten bereitgestellten Testergebnissen vertrauen? Der Kunde kann Anforderungen an den Lieferanten bezüglich der Transparenz und der Reife des Testprozesses stellen. Diese Anforderungen können Teil eines Service Level Agreement zwischen Lieferant und Kunde bilden.

Die zweite Herausforderung für den Kunden besteht darin, dass die Auslagerung des Testens auch Verpflichtungen für ihn selbst mit sich bringt. So früh wie möglich benötigt man eine klare Kommunikation zwischen Kunde und Lieferant. Neben den Abnahmekriterien des Kunden, die im Vorfeld definiert und vereinbart werden müssen, muss das Fachgebiets- und Systemwissen, das auf der Kundenseite häufig *implizit* vorhanden ist, dem Lieferanten zugänglich gemacht werden. Es müssen im Vorfeld klare Vereinbarungen getroffen werden, um sicherzustellen, dass der Lieferant einfachen Zugriff auf dieses Wissen hat.

Der Kunde kann zwar vom Lieferanten eine definierte Teststrategie erwarten, den notwendigen Input jedoch muss er liefern. Wenn der Kunde z.B. die Abnahmetests durchführt, muss dies in der übergeordneten Teststrategie festgehalten werden.

Im Rahmen einer Testplanerstellung muss der Kunde dem Lieferanten Informationen zur Verfügung stellen und auch nach der Zustimmung zum Testplan sein Engagement zeigen. Der Testplan kann auf einem Mastertestplan oder einer Testrichtlinie basieren, die vom Kunden bereitgestellt werden. Er sollte als Vertrag zwischen Kunde und Lieferant betrachtet werden, der die gegenseitigen Erwartungen respektiert. Wenn es während der Ausführung des Testplans zu Abweichungen kommt, muss der Lieferant auf die Notwendigkeit aufmerksam machen, den Testplan neu zu verhandeln.

Auch das Fehlermanagement muss mit dem Lieferanten abgestimmt werden. Man kann sich entweder auf ein getrenntes oder ein gemeinsames Fehlermanagement verständigen. Es müssen Vereinbarungen über Werkzeuge und den Zugriff getroffen und eine Einigung darüber erzielt werden, welche Informationen ausgetauscht werden sollen.

Nicht zuletzt bringt auch der Integrationstest Herausforderungen mit sich: Der Kunde wird das Produkt in einer Testumgebung und mit (möglicherweise produktionsähnlichen) Testdaten verwenden, die dem Lieferanten nicht zwangsläufig zur Verfügung stehen. Es müssen Vereinbarungen getroffen werden, die den Auswirkungen dieser Einschränkungen Rechnung tragen.

7.7.2 Outsourcing und Testprozessverbesserung

Das Geschäftsbasierte TPI-Modell kann den Kunden wesentlich dabei unterstützen, die Qualität des Testprozesses auf Lieferantenseite zu messen und die Transparenz des Testprozesses zu verbessern. Zu Beginn eines Outsourcing-Projekts kann der Kunde den Testprozess des Lieferanten einem BDTPI-Assessment unterziehen und Verbesserungsziele und -vorschläge für beide, Lieferant und Kunde, vereinbaren. Dieses Assessment kann dann z.B. alle sechs Monate wiederholt werden.

Im Folgenden sind Vorschläge für mehrere Kernbereiche in einer Outsourcing-Situation aufgeführt:

Teststrategie

Stellen Sie sicher, dass der Kunde zur Analyse der Produktrisiken beiträgt und dass der Lieferant die Teststrategie auf diesen Produktrisiken aufbaut. Lassen Sie den Lieferanten und den Kunden besprechen, ob die erstellte Teststrategie die vom Kunden wahrgenommenen und analysierten Produktrisiken ausreichend abdecken kann.

Kommunikation

Definieren Sie im Mastertestplan einen übergeordneten Kommunikationsplan, der auch die Kommunikation zwischen Kunde und Lieferanten behandelt. Gehen Sie dabei besonders auf die Kommunikation per Internet, Telekonferenzen und ggf. Zeitverschiebungen ein.

Berichterstattung

Stellen Sie sicher, dass der Lieferant schwerpunktmäßig über die Qualität des Testobjekts und über abgedeckte Produktrisiken berichtet. Berichte über den Fortschritt oder die Projektrisiken sind weniger relevant, da Lieferanten normalerweise ihre eigene Performanz überwachen und für ihre Ergebnisse selbst verantwortlich sind.

Metriken

In erster Linie sollten die Metriken betrachtet werden, die eingesetzt werden können, um die Effektivität des Testens auf Lieferantenseite zu messen. Ein Beispiel ist die Messung der Anzahl und Schwere der Fehler, die in der nachfolgenden Teststufe oder in der Produktion gefunden werden.

Vom Lieferanten zur Verfügung gestellte Metriken über die Effizienz des Testprozesses oder etwa die Performanz des Lieferanten (wie z.B. pro Stunde entworfene Testfälle) sollten auf exakten, überprüfbaren Daten basieren.

Professionalität der Tester

Um zu gewährleisten, dass dem Lieferanten ausreichendes testmethodisches Wissen und Support zur Verfügung steht, kann der Kunde fordern, dass ein bestimmter Anteil der Tester geschult und zertifiziert ist. Um sicherzustellen, dass der Lieferant tatsächlich über das Branchen- und Fachwissen sowie das technische Know-how verfügt und dieses auch nutzt, kann der Kunde als Qualitätssicherungsmaßnahme Testware wie z.B. Testfälle regelmäßig überprüfen lassen.

Testumgebung

Generell gibt es zwei denkbare Situationen: Entweder stellt der Kunde die Testumgebung zur Verfügung, in der die ausgelagerte Testdurchführung vom Lieferanten vorgenommen wird, oder der Lieferant richtet eine eigene Testumgebung ein und der Testauftrag kann vollkommen unabhängig vom Kunden ausgeführt werden. Im ersten Fall müssen strenge Vereinbarungen über die Dienstleistungsstufe der Testumgebung getroffen werden. Auf diese Weise kann der Einfluss der Qualität und der Verfügbarkeit der Testumgebung auf die vereinbarten Arbeitsergebnisse höchst objektiv bewertet werden. Einer der Vorteile des Testens in der Umgebung des Kunden besteht darin, dass es zu weniger Konfigurationsproblemen kommt, wenn die Software in der Abnahmeumgebung des Kunden in Betrieb genommen wird. Dies kann sehr mühsam sein, wenn der Lieferant seine gesamten Tests in einer separaten, eigenen Umgebung durchgeführt hat. Es ist empfehlenswert, im Vorfeld mit dem Lieferanten zu vereinbaren, dass seine Leistung erst dann endet, wenn die Software in der Zielumgebung des Kunden in Betrieb genommen und eine grundlegende Menge von Testfällen erfolgreich ausgeführt worden ist.

7.8 Managed Testing Services

Abschnitt 7.7 geht darauf ein, wie der Kunde im Falle von Test-Outsourcing BDTPI anwenden kann. BDTPI kann aber auch durch die Lieferantenseite eines Outsourcing-Verhältnisses eingesetzt werden, wenn das Testen prozessorientiert durchgeführt und als Managed Service angeboten wird.

7.8.1 Managed Testing Services

Unternehmen entscheiden sich häufig dafür, eine permanente Testorganisation einzurichten (siehe Kernbereich »Testorganisation«), die eine ganze Palette von Testdienstleistungen anbietet. Im Gegensatz zum projektbasierten Testen führt eine permanente Testorganisation ein einzelnes Element des Testprozesses nicht auf der Basis eines einzelnen Projekts, sondern projektübergreifend aus.

Eine permanente Testorganisation bietet üblicherweise einen oder mehrere Managed Testing Services an. Ein Managed Testing Service kann als permanente Menge an technischen Komponenten und zugehörigen Abläufen (Testumgebung) definiert werden, die auf folgende Abnehmer zugeschnitten ist:

- Ein spezifisches Unternehmen (einen Kunden) und/oder spezifische Systeme (Anwendungen), die vom Testprozess bedient werden.
- Eine Gruppe von Kunden, die vom Testprozess bedient werden und die den Managed Testing Service aus Effizienzgründen gemeinsam nutzen; üblicherweise kann jeder Kunde den Managed Testing Service jederzeit in eingeschränktem Umfang nutzen.

Wenn eine permanente Testorganisation mehreren (internen oder externen) Kunden mehrere Managed Testing Services zur Verfügung stellt, besteht dringender Bedarf, die Performanz und Qualität dieser Dienstleistungen objektiv zu messen.

7.8.2 Managed Testing Services und Testprozessverbesserung

In einer permanenten Testorganisation kommen TPI-Assessments regelmäßig zur Anwendung. Die gesammelten Informationen dienen dazu, die Qualität der angebotenen Leistungen zu überwachen und anschließend zu verbessern sowie zu beweisen, dass die angebotenen Leistungen den vertraglich vereinbarten Leistungsindikatoren und Abläufen entsprechen.

Wenn die TPI-Assessments durch ein leichtverständliches Werkzeug unterstützt werden und Multiple-Choice-Fragen enthalten, können sie von den Testern selbst durchgeführt werden. Die Informationen und Analyseberichte werden auf einem übersichtlichen Niveau gehalten. Die Leistungsfähigkeit eines solchen TPI-Überprüfungswerkzeugs ist in seiner leichten Anwendung und der Benutzerfreundlichkeit des Fragenkatalogs begründet. Die Ergebnisse der vorhergehenden Bewertung dienen als Standardwerte für die neue Bewertung, und so kann sich der für die Qualität der Testdienstleistung verantwortliche Testmanager gezielt um die Bereiche kümmern, in denen Verbesserungsbedarf besteht. Die Ergebnisse für jede spezifische Testdienstleistung sowie eine Übersicht über alle angebotenen Testdienstleistungen werden vierteljährlich zur Verfügung gestellt und es kann schnell auf Abweichungen vom gewünschten Standard reagiert werden.

Dieses Vorgehen bietet den Vorteil einer schnellen Bewertung über die verschiedenen Testdienstleistungen hinweg. Aus diesen übergeordneten Daten können signifikante Abweichungen identifiziert werden, die genau die Punkte liefern, die ein erfahrener TPI-Gutachter einer gründlicheren Bewertung unterziehen kann.

Der Wunsch, ein bestimmtes Ergebnis zu erzielen, birgt jedoch das Risiko, dass Testdienstleistungsmanager die Resultate der Bewertung »aufpolieren«, um das geforderte Ergebnis zu erreichen. Dies lässt sich durch Stichproben verhindern. Außerdem führt ein erfahrener TPI-Gutachter eine jährliche Referenzprüfung durch, anhand derer bewertet wird, ob die Standards für alle Testdienstleistungen gleich interpretiert werden.

Spezifische Enabler

Außer den Kernbereichen gibt es auch Enabler, die für die Bewertung eines Managed Testing Service von besonderem Interesse sind.

- *Management der Lieferantenvereinbarungen*:
  Dies ist einer der Prozesse, die angewandt werden, um Vereinbarungen mit dem Testdienstleister zu treffen und zu pflegen. Natürlich ist es sehr wichtig, dass Vereinbarungen klar definiert sind und von allen beteiligten Parteien verstanden werden.
- *Zusammenarbeit mit dem Kunden*:
  Neben formalen Vereinbarungen ist auch die Zusammenarbeit mit dem Kunden des Managed Testing Service von großer Wichtigkeit. Werden unerwartete Probleme ohne endlose Diskussionen gelöst? Gibt es ein beiderseitiges Entgegenkommen bei Fragen, die in der Vereinbarung nicht klar definiert sind? Usw.
- *Anforderungsmanagement*:
  Die Qualität der Testbasis, insbesondere ihre Benutzbarkeit – ihre Verständlichkeit für Tester –, ist wichtig, um einen soliden Testprozess sicherzustellen.
- *Releasemanagement*:
  Neue Versionen der zu testenden Software müssen gemäß einem klar definierten Prozess eingesetzt werden, um Überraschungen in der permanenten Testorganisation zu vermeiden.

Bei der Bewertung eines Managed Testing Service sind manche Kernbereiche des Geschäftsbasierten TPI-Modells wichtiger oder haben bedeutend andere Auswirkungen als andere. Diese Kernbereiche sind im Folgenden aufgeführt:

Teststrategie

Die Teststrategie ist üblicherweise einer der sehr wichtigen Kernbereiche, die bei jedem Start eines Projekts oder Release Aufmerksamkeit erfordern. Falls ein Kunde mit einem Testdienstleister einen Vertrag über mehrere Releases in einem bestimmten Zeitraum abschließt, kann eine Teststrategie für den gesamten Zeitraum vereinbart oder eine regelmäßige Neubewertung der Teststrategie geplant werden. Diese übergeordnete Teststrategie ist Teil der Vereinbarung zwischen Kunde und Lieferant. Eine solche Vereinbarung, die sich im Wesentlichen auf das Testen konzentriert, ist als »allgemeine Testvereinbarung« oder »generischer Mastertestplan« bekannt. Es ist daher nicht unüblich, dass einem einzelnen Testauftrag zwischen dem Testdienstleister und dem Kunden keine eigene Teststrategie zugrunde liegt. Das Ergebnis der zu erbringenden Testdienstleistung ist in

Bezug auf Betrachtungsbereich, Anzahl der auszuführenden Testfälle und Testzyklen usw. eindeutig beschrieben und folgt den Richtlinien der übergeordneten Teststrategie.

Berichterstattung

Die Berichterstattung ist immer ein wichtiger Teil des Testprozesses. Im Zusammenhang mit Managed Testing Services liegt ein besonderer Schwerpunkt auf der rechtzeitigen Lieferung vollständiger und konsistenter Berichte. Wenn Kunde und Lieferant dem gleichen Unternehmen angehören, kann eine unzureichende Berichterstattung durch eine informelle Kommunikation ausgeglichen werden. Dies ist nicht der Fall, wenn das Verhältnis rein geschäftlich ist und den Regeln und Vereinbarungen folgen muss, die in verbindlichen Verträgen festgelegt sind.

Testprozessmanagement

In den meisten Situationen ist es empfehlenswert, den Testplan mit dem Auftraggeber zu besprechen und seinen Inhalt gemeinsam festzulegen. Wenn ein Kunde eine Dienstleistung in Auftrag gibt, ist er normalerweise nicht daran interessiert, auf welche Weise diese Dienstleistung erbracht wird – was zählt, ist das Endergebnis. In der Tat ist der Wunsch, mit den spezifischen Details einer Dienstleistung nichts zu tun zu haben, häufig einer der Gründe für den Erwerb einer Dienstleistung.

Metriken

Es gibt zwei Arten von Metriken: Prozessmetriken, die darlegen, wie gut oder schlecht der Testprozess durchgeführt wird, und Produktmetriken, die aufzeigen, inwieweit das Testobjekt seine Anforderungen erfüllt. Bei der Erbringung von Testdienstleistungen sind Prozessmetriken unternehmensintern von großer Wichtigkeit, für den Kunden jedoch kaum von Interesse. Produktmetriken hingegen sind das Mittel, mit dem der Kunde das Preis-Leistungs-Verhältnis messen kann.

Testwaremanagement

Managed Testing Services werden häufig für einen längeren Zeitraum in Anspruch genommen, z.B. für alle Abnahmetests in einem bestimmten Geschäftsbereich über mehrere Jahre. Alle Testprodukte, die bei der Erbringung einer solchen Testdienstleistung entstehen, können mit großer Wahrscheinlichkeit zukünftig – beim Testen eines nächsten Release – wiederverwendet werden oder als Referenz dienen. Um die Qualität der Dienstleistung auf einem hohen Niveau und die Kosten gering zu halten, ist Wiederverwendbarkeit der Testprodukte eine wichtige Voraussetzung. Außerdem legen viele Kunden vertraglich fest, dass sie – und nicht der Lieferant – das letztendliche Eigentumsrecht an der Testware haben. Dadurch wird sichergestellt, dass der Kunde am Ende des Dienstleistungszeitraums problemlos den Dienstleister wechseln kann, ohne die bisherigen Investitionen zu verlieren.

Testumgebung

Die Leistungsmerkmale, die eine Testumgebung bereitstellen muss, beeinflussen das Wesen einer angebotenen Testdienstleistung in entscheidender Weise. Wenn der Testdienstleister vollkommene Kontrolle über die Testumgebung hat und keine anderen Parteien Einfluss darauf haben, ist ein solides Service Level Agreement realisierbar. Wenn der Testdienstleister in Bezug auf die Testumgebung (oder Teilen davon) auf den Kunden angewiesen ist (z.B. falls große Altsysteme für die Testdurchführung unerlässlich sind), hängt das Ergebnis der erbrachten Dienstleistung von einem zusätzlichen Faktor ab: nämlich einer Dienstleistung des Kunden in Richtung Lieferant.

7.9 Entwicklertests

Entwickeln ist nicht Testen und Entwickler sind keine Tester! Diese Aussagen würde niemand infrage stellen – und dennoch besteht ein erheblicher Teil der Arbeit eines Entwicklers aus Testen. Zu den bekannten Entwicklertests zählen der Unit-Test und der Integrationstest. Ähnlich wie die Evaluation können diese Tests Fehler in einer früheren Phase der Systementwicklung finden als spätere Teststufen. Entwicklertests sind effizient, da sie wenig Kommunikation erfordern und ein Fehler häufig von der Person gefunden wird, die ihn verursacht hat und die ihn auch beheben wird.

Ganz egal, wer das Testen durchführt – es beinhaltet immer die Überlegung, was und wie getestet werden soll, die Erstellung von Testfällen und ihre Ausführung, häufig den Einsatz von Werkzeugen und eine geeignete Umgebung, die Untersuchung und Meldung von Abweichungen zu den erwarteten Ergebnissen, die Berichterstattung über den Status und Fortschritt des Testens usw. In vielen Fällen sind besondere Fähigkeiten notwendig, was Schulungen und Weiterbildungen erfordert. Dies bedeutet jedoch keineswegs, dass BDTPI für den Entwicklertest in der gleichen Weise angewandt werden kann wie für andere Teststufen wie z.B. den System- oder Abnahmetest.

Im Folgenden richten wir unsere Aufmerksamkeit auf den Erfolgsfaktor eines jeden Tests: die Menschen, die den Test durchführen, in diesem Fall die Entwickler.

Die Denkweise des Testers

Eine wichtige Voraussetzung für gutes Testen ist die Denkweise des Testers. Tabelle 7–6 führt Stärken sowohl von Testern als auch Entwicklern auf [Pettichord 2000].

Tester	Entwickler
Schnelle Einarbeitung	Gründliches Verstehen
Fachwissen	Kenntnis der internen Produktstruktur
Unwissenheit über die Architektur ist wichtig	Expertise in der Architektur ist wichtig
Modelliert das Anwenderverhalten	Modelliert das Systemdesign
Konzentration darauf, was schief gehen kann	Konzentration darauf, wie es funktionieren kann
Konzentration auf den Schweregrad des Problems	Konzentration auf das Interesse am Problem
Empirisch	Theoretisch
Was wird beobachtet?	Wie ist es entworfen?
Skeptisch	Vertrauen ins eigene Können
Toleriert Eintönigkeit	Automatisiert Eintönigkeit
Kann gut mit Konflikten umgehen	Vermeidet Konflikte
Berichtet Probleme	Versteht Probleme

Tab. 7–6 *Zusammenfassung der Stärken von Testern und Entwicklern*

Wie aus Tabelle 7–6 hervorgeht, gibt es bei der Betrachtung und Handhabung von Software große Unterschiede zwischen Entwicklern und Testern. Tester und Entwickler haben jedoch eine wichtige Eigenschaft gemeinsam: Sie sind stolz auf ihre Arbeit. Die Art und Weise, wie BDTPI in der Praxis umgesetzt wird, sollte dies berücksichtigen.

7.9.1 Entwicklertests

Unter Entwicklertests versteht man das Testen mithilfe des Wissens über die technische Implementierung des Systems. Dies beginnt mit dem Testen der ersten/kleinsten Systemteile: Routinen, Units, Programme, Module, Komponenten, Objekte usw. In diesem Buch wird in diesem Zusammenhang nur der Ausdruck »Unit« und folglich *Unit-Test* verwendet.

Im Detail – Teststufen im Entwicklertest

Unit-Test (UT)

Der Unit-Test ist ein vom Entwickler in der Entwicklungsumgebung durchgeführter Test, der belegen soll, dass eine Unit die Anforderungen erfüllt, die in den technischen Spezifikationen festgelegt sind.

Unit-Integrationstest (UIT)

Der Unit-Integrationstest ist ein vom Entwickler in der Entwicklungsumgebung durchgeführter Test, der belegen soll, dass eine logische Gruppe von Units die Anforderungen erfüllt, die in den technischen Spezifikationen festgelegt sind.

Wenn festgestellt wurde, dass die kleinsten Teile des Systems von ausreichender Qualität sind, werden während des Unit-Integrationstests größere Teile des Systems gemeinsam getestet. Das Augenmerk liegt hier auf dem Datendurchsatz und der Kopplung der Units bis zur Subsystemebene.

Eine Fallgrube bei der Organisation von Entwicklertests ist die Versuchung, den Testprozess aus dem Gesichtspunkt eines System- oder Abnahmetests aufzubauen. Wenn man jedoch Entwicklertests mit dem System- oder Abnahmetest vergleicht, wird eine Reihe bedeutender Unterschiede sichtbar.

Im Gegensatz zum System- und Abnahmetest können Entwicklertests nicht als unabhängiger Prozess mit einem mehr oder weniger unabhängigen Team organisiert werden. Die Entwicklertests bilden einen wesentlichen Bestandteil der Softwareentwicklung, wobei der Phasenverlauf der Testaktivitäten in die Aktivitäten der Entwickler integriert ist.

Da im Entwicklertest Wissen über die technische Implementierung des Systems eingesetzt wird, werden andere Arten von Fehlern gefunden als im System- und Abnahmetest. Von Entwicklertests kann z.B. erwartet werden, dass jede Anweisung im Code durchlaufen wird. Ein ähnlicher Überdeckungsgrad ist in der Praxis für System- und Abnahmetests nur sehr schwer zu erreichen, da sich diese Teststufen auf andere Aspekte konzentrieren. Es ist daher schwierig, Entwicklertests durch System- und Abnahmetests zu ersetzen.

Besonders bei den Unit-Tests ist der Entdecker der Fehler (d.h. der Tester) oft auch derjenige, der sie behebt (d.h. der Entwickler), folglich kann die Kommunikation über die Fehler minimal sein.

Der Ansatz der Entwicklertests ist, alle gefundenen Fehler zu beheben, bevor die Software übergeben wird. Die Berichterstattung bei Unit-Tests kann daher beschränkter sein als bei System- und Abnahmetests.

Da es sich um den ersten Testprozess handelt, befinden sich noch alle Fehler im Produkt, was eine kostengünstige und schnelle Behebung erfordert. Um dies realisieren zu können, ist eine flexible Testumgebung ohne Verfahrenshindernisse von großem Belang.

Entwicklertests werden oft von den Entwicklern selbst ausgeführt. Der Entwickler möchte in erster Linie zeigen, dass das Produkt funktioniert, während ein

Tester den Unterschied zwischen erwünschter und tatsächlicher Qualität des Produkts aufzeigen möchte und dabei aktiv nach Fehlern sucht. Diese unterschiedlichen Auffassungen sind der Grund dafür, dass umfangreiche und/oder sehr intensive Entwicklertests nicht mit der Absicht des Entwicklers übereinstimmen und daher auf Widerstand stoßen und/oder achtlos ausgeführte Tests die Folge sind.

Gut durchgeführte Entwicklertests machen sich zweifach bezahlt. Erstens werden die gefundenen Fehler auf relativ kostengünstige Weise behoben. Hätte man die Fehler erst im System- oder Abnahmetest gefunden, wären die Kosten der Nacharbeit erheblich höher (wie 1981 von Boehm bewiesen [Boehm 1981]). Zweitens wird die Testdurchführung späterer Teststufen verkürzt und die Planung dieser Teststufen wird verlässlicher.

7.9.2 Entwicklertests und Testprozessverbesserung

Teststrategie

Tester beschweren sich oft, dass sie Fehler finden, die man mit Sicherheit gefunden hätte, wenn der betreffende Teil der Software wenigstens einmal ausgeführt worden wäre. Die Teststrategie legt fest, wo sich die Entwickler zu welcher Art und welchem zu erreichenden Grad der Überdeckung verpflichten (z.B. 100% Anweisungsüberdeckung), bevor die Software der nächsten Entwicklungs- oder Testphase übergeben wird.

Kostenschätzung und Planung

Testen ist ein wesentlicher Bestandteil der Systementwicklung. Die Einführung von Unit-Tests als eine separate Phase ist wenig sinnvoll, aber in der Planung sollte berücksichtigt werden, dass nach der Ersterstellung von Programmcode ein gewisser Umfang an Nacharbeit und Refactoring notwendig ist. Der Unit-Integrationstest bietet sich hingegen als separate Aktivität im Testplan an.

Metriken

Separate Metriken für Testprodukte, wie z.B. gefundene und behobene Fehler oder Testaktivitäten, sind von sehr geringem Nutzen und können sich sogar kontraproduktiv auswirken. Geben Sie deshalb genau an, was und wie Sie messen. Das »90%-Fertig-Syndrom« (3 Wochen lang berichten, dass man zu 90% fertig ist) ist weit verbreitet, insbesondere wenn Unit-Test und Refactoring zu wenig Beachtung finden.

Fehlermanagement

Fehler werden oft von den Testern behoben, die sie finden. Es kann daher meistens akzeptiert werden, Fehler nicht formell aufzuzeichnen.

Professionalität der Tester

Hier ist die unterschiedliche Denkweise von Testern und Entwicklern relevant. Nicht alle Best Practices des Testens sollten in ihrer Gänze und unangepasst auf Entwicklungsverfahren übertragen werden. Manche Testdesigntechniken wie z.B. der elementare Vergleichstest und der Entscheidungstabellentest können jedoch sehr gut beim Entwicklertest angewandt werden (siehe [Koomen 2006]).

Testumgebung

Entwickler testen üblicherweise in ihrer Entwicklungsumgebung, bei der es sich um eine »Sandbox-Umgebung« handeln kann, die nur wenige oder gar keine Schnittstellen zu anderen Plattformen hat. Die Freiheit, die Entwickler bei der Konfiguration und Anpassung ihrer Umgebung haben, kann daher erheblich größer sein als die Freiheit der Tester in einer »Standardtestumgebung«. Wenn Sie den Entwicklertest in den Betrachtungsbereich eines Assessments einschließen, sollten Sie genau festlegen, wie dieser Kernbereich bewertet wird: Umfasst er auch die Entwicklungsumgebung? Charakteristische Merkmale der Entwicklungsumgebung und dazugehörige Rollen und Verantwortlichkeiten können erheblich von denen einer separaten Testumgebung abweichen.

7.10 Evaluation

Dieser Abschnitt erklärt neben der Evaluation auch den statischen Test, da diese beiden Aktivitäten leicht verwechselt werden.

7.10.1 Evaluation und statisches Testen

Evaluation ist *nicht* das Gleiche wie ein statisches Testen, obwohl bei beiden Aktivitäten Dokumente überprüft und die gleichen Techniken angewandt werden. Die Evaluation ist die Bewertung von *Zwischenprodukten* im Lebenszyklus der Systementwicklung. Das Testen, einschließlich des statischen Tests, betrifft *Endprodukte* des Lebenszyklus der Systementwicklung. Weder bei der Evaluation noch beim statischen Test werden Programme ausgeführt.

Es besteht ein klarer Definitionsunterschied zwischen den beiden Aktivitäten, jedoch wird dies nicht immer intuitiv erkannt. Grund dafür ist, dass es unterschiedliche Auffassungen darüber gibt, was ein *Zwischenprodukt* oder ein *Endprodukt* ist. Ein Endprodukt kann von einem Tester als Zwischenprodukt betrachtet werden und umgekehrt. Der Klarheit halber sind die für den Testprozess relevanten Produkte im Folgenden kategorisiert.

Evaluation von Zwischenprodukten:

- *Testbasis*:
  Anforderungen, Entwurfsdokumente
- *Testware*:
  (Master-)Testplan, Testfälle, Fehler usw.

Statischer Test von Endprodukten:

- *Testobjekt*:
  Quellcode
- *Benutzerdokumentation*:
  Handbücher, Verfahrensbeschreibungen usw.

Es ist sehr schwierig oder gar unmöglich, bestimmte Qualitätsmerkmale durch die Ausführung eines Programms zu testen. Diese Qualitätsmerkmale werden daher statisch getestet.

Beispiele:

- *Wartbarkeit*:
  Starke Abhängigkeit von der Struktur des Quellcodes, wie z.B. der Komplexität des Codes und dem Vorhandensein von Kommentaren im Quelltext.
- *Sicherheit*:
  Bestimmte Sicherheitslücken können in der Praxis nur durch Überprüfung des Quellcodes gefunden werden.

Weitere Qualitätsmerkmale, die üblicherweise durch einen statischen Test überprüft werden, sind Zuverlässigkeit, Installierbarkeit und Übertragbarkeit.

Techniken

Die folgenden Techniken werden sowohl für die Evaluation als auch für statisches Testen verwendet:

- *Reviews*[2]:
  Eine Gruppe von mehreren Personen prüft und bespricht ein Dokument. Es gibt viele verschiedene Arten von Reviews, wie z.B. Peer-Reviews, Walkthroughs, Inspektionen (z.B. nach Fagan) und technische Reviews. Eine Reviewart zeichnet sich am stärksten durch ihren Zweck aus, wie z.B. die Bestimmung der Qualität eines Dokuments, die Einigung über die Lösung oder die Suche nach Verbesserungsmöglichkeiten. Zu den weiteren Eigenschaften einer Reviewart zählen die Rolle des Dokumenterstellers, der Einsatz

2. Für weitere Informationen über Reviews verweisen wir auf TMap Next [Koomen 2006] oder die IEEE-Norm für Softwarereviews (IEEE 1028).

eines Moderators, die Zusammenstellung der Gruppe (Peers, Anwender, Management usw.) sowie der Grad der Formalität.

- *Statische Analyse*:
  Ein Dokument, wie z.B. Quellcode oder eine formal strukturierte Softwaredesignspezifikation, wird mithilfe eines Werkzeugs analysiert Ein bekanntes Analysewerkzeug (von Quellcode) ist ein Compiler.
- *Checklisten*:
  Eine strukturierte, häufig in Reviews verwendete Liste, die sicherstellt, dass alle wichtigen Punkte überprüft sind. Falls keine Checkliste eingesetzt wird, besteht das Risiko, das ein Dokument nur nach Schreibfehlern untersucht wird. Der Inhalt der Checkliste kann in einer frühen Phase vereinbart werden, wodurch Erwartungen und mögliche unterschiedliche Auffassungen bei Reviews im Vorfeld geklärt werden.

Evaluationen bewähren sich immer wieder als die effektivste und effizienteste Art der Fehlerfindung.

Der klare Vorteil einer aktiven Beteiligung des Testteams an Evaluationen besteht darin, dass Probleme früher und kostengünstiger aufgedeckt werden können, als wenn man sie erst im Test oder in der Produktion bemerkt. Evaluationen können leicht durchgeführt werden, da keine Programme auszuführen und keine Testumgebungen zu organisieren sind.

Wenn ein Fehler mithilfe eines gut durchgeführten Reviews gefunden und behoben wird, können die Kosten um das Zehn- oder Hundertfache geringer sein als beim Aufdecken des gleichen Fehlers in der Testdurchführung oder in der Produktion.

Beispiel – Nutzen der Evaluation

Ein Verpackungshersteller hat durch die frühzeitige Evaluation der Entwürfe eine Rendite von 1000% erzielt. Dadurch werden jährlich Projektkosten in Höhe von 21,4 Millionen Euro eingespart und die durchschnittliche Time-to-Market wurde um 1,8 Monate reduziert.

Ein großer Computerhersteller spart 20 Stunden an Testaufwand und 82 Stunden an Nacharbeit durch jede Stunde, die mit Inspektionen verbracht wird.

Die wichtigste Evaluationsaktivität für ein Testteam ist das Testbarkeitsreview – auch Inspektion der Testbasis genannt. Hierbei handelt es sich um eine detaillierte Prüfung der Testbasis auf Testbarkeit, d.h. auf Einfachheit und Schnelligkeit, mit der Systemeigenschaften (nach jeder Anpassung) getestet werden können.

Es ist empfehlenswert, für dieses Review Checklisten zu verwenden: eine Checkliste für die allgemeine Evaluation der Testbasis und eine spezifische Checkliste für die Testdesigntechnik, die für das Testfalldesign eingesetzt wird.

Das Testbarkeitsreview ist aus dreierlei Gründen wichtig:

- Die Testbarkeit der Testbasis zu überprüfen (als Grundlage für das Testfalldesign).
- Frühzeitig Fehler (z.B. Inkonsistenzen) in der Testbasis zu finden.
- Mit der Testbasis vertraut zu werden.

Im Detail – Keine Evaluation und dennoch ein Testbarkeitsreview

Man darf nicht vergessen, dass Systeme und Produkte – unabhängig davon, ob es sich um Zwischenprodukte handelt – anhand einer Reihe von Qualitätsmerkmalen wie z.B. Funktionalität, Performanz, Sicherheit usw. beurteilt werden können. Die Testbarkeit ist nur eins dieser Merkmale. Wenn ein Projektleiter eine Evaluation veranlasst, legt er fest, worauf die Teilnehmer achten sollten – und worauf nicht. Die Testbarkeit kann im Betrachtungsbereich enthalten sein oder auch nicht. Ein Testbarkeitsreview wird daher nicht immer durchgeführt.

Wenn keine Evaluation stattfindet, wird der Testmanager wahrscheinlich Maßnahmen ergreifen, um die Qualität der Testbasis zu überprüfen – im Rahmen der Best Practices des Testens. Diese Maßnahmen werden mit großer Wahrscheinlichkeit »Testbarkeitsreview« genannt!

Die Evaluation ist auch ein gutes Mittel zur Verbesserung der Qualität der Testware. Hier wird das Zwischenprodukt nicht durch einen anderen Prozess (wie es bei der Testbasis der Fall ist), sondern durch das Testen selbst geschaffen. Im Folgenden wird ein Beispiel für die Evaluation von Testware zur Verbesserung der Testprozessqualität beschrieben:

- *Durchführen eines Reviews und Verwenden einer Checkliste*:
  Zum Beispiel wird durch ein Peer-Review des Testfalldesigns oder durch ein Walkthrough durch den Testplan ein gemeinsames Verständnis für die Testvorgehensweise geschaffen.

7.10.2 Evaluation und Testprozessverbesserung

Engagement der Stakeholder

Die Initiative zur Organisation von Reviews der Testbasis und anderen Zwischenprodukten sollte von den Stakeholdern ausgehen (da sie für die Testbasis und die meisten anderen Zwischenprodukte verantwortlich sind). Das Testteam sollte eingeladen werden, an diesen Reviews teilzunehmen. Im Idealfall gehört die Evaluation zum Testauftrag.

Teststrategie

Die Evaluation sollte in der Teststrategie enthalten sein (als Evaluationsstrategie). Nicht alle Zwischenprodukte (oder Teile davon) werden gleich evaluiert – die verschiedenen Evaluationsebenen basieren auf dem Risikopotenzial. Bei Re-Evaluationen wird strategisch zwischen einer Evaluation ausschließlich der Änderungen und einer vollständigen neuerlichen Evaluation entschieden. Um die Intensität der Evaluation zu variieren, können für bestimmte Zwischenprodukte verschiedene Evaluationstechniken gewählt werden. Besprechen Sie die verschiedenen Zwischenprodukte und Qualitätsmerkmale mit dem Auftraggeber und versuchen Sie, ihre relative Wichtigkeit zu ermitteln.

Sehr formale Evaluationen bringen das Problem mit sich, dass Re-Evaluationen häufig als zu teuer betrachtet werden. Um sicherzustellen, dass eine Nacharbeit stattfindet, empfiehlt es sich, die wiederholte Evaluation auf vereinfachte Weise durchzuführen. Falls nur eine Technik zur Verfügung steht, variieren Sie die Intensität auf einfache Weise, z. B. durch das Einbeziehen oder Auslassen von bestimmten Personen und durch Zeitbegrenzung.

Fehlermanagement

Stellen Sie sicher, dass die berichteten Fehler aus den Evaluationen richtig verwaltet werden. Lösungen für wichtige Fehler sollten nachgeprüft werden.

Methodisches Vorgehen

Stellen Sie verschiedene Evaluationstechniken zur Verfügung. Jede Technik besteht im Allgemeinen aus den folgenden Phasen: Planung, Bewertung, Überarbeitung und Nachprüfung.

Checklisten können als Evaluationstechnik eingesetzt werden. Machen Sie den Testern bewusst, dass Checklisten bei der Begründung einer Beurteilung objektiv und relativ lückenlos sind (im Vergleich zu Angaben wie »das Zwischenprodukt ist schwer verständlich«). Informieren Sie die relevanten Stakeholder im Vorfeld über die eingesetzten Checklisten. Holen Sie die Zustimmung des Auftraggebers für die Checklisten ein, um spätere Diskussionen zu vermeiden.

Testfalldesign

Machen Sie den Testern die Wichtigkeit eines Testbarkeitsreviews der Testbasis bewusst. Verwenden Sie Checklisten für die allgemeine Evaluation der Testbasis sowie eine Checkliste für jede eingesetzte Testdesigntechnik. Nicht jede Testdesigntechnik eignet sich für eine gegebene Testbasis. Stellen Sie dem Testteam die Ergebnisse des Reviews zur Verfügung.

7.11 Integration

Bei einem vollständigen System handelt es sich nicht mehr einfach um einen Eigentümer, einen Lieferanten, ein paar Anwender und eine einfache Konfiguration. IT-Produkte werden immer komplexer – nicht nur hinsichtlich ihrer Funktionalität, sondern auch durch die wachsende Integration von Programmen und Systemen. Darüber hinaus bestehen Herausforderungen bei der Steuerung und Koordination von verschiedenen – und in manchen Fällen Dutzenden von – Lieferanten, zahlreichen Anwendern, Backend- und Frontend-Systemen und einer Vielzahl anderer beteiligter Parteien sowohl innerhalb als auch außerhalb des Unternehmens.

Unter dem Begriff »Integration« verstehen wir das Einbinden, das Zusammenfügen oder die Kombination von zwei oder mehr identifizierbaren Endprodukten. Ein solches Endprodukt kann eine Komponente, ein Subsystem oder sogar ein vollständiges System sein. Beim Integrationstest werden solche kombinierten Komponenten getestet. Für das Testen der Integration vollständiger Systeme wird häufig der Begriff End-to-End-Test verwendet, wie z.B. im Buch »End-to-end testing with TMap NEXT®« [Smit 2009] beschrieben. In diesem Abschnitt werden wir von nun an den allgemeinen Begriff »Integrationstest« verwenden.

Abbildung 7–4 veranschaulicht eine vereinfachte Integration verschiedener Komponenten in ein System und zeigt:

- 6 Komponenten (A bis F)
- 4 Integrationsschritte (I bis IV)
- 3 Teams: 2 externe Lieferantenteams und ein internes Team

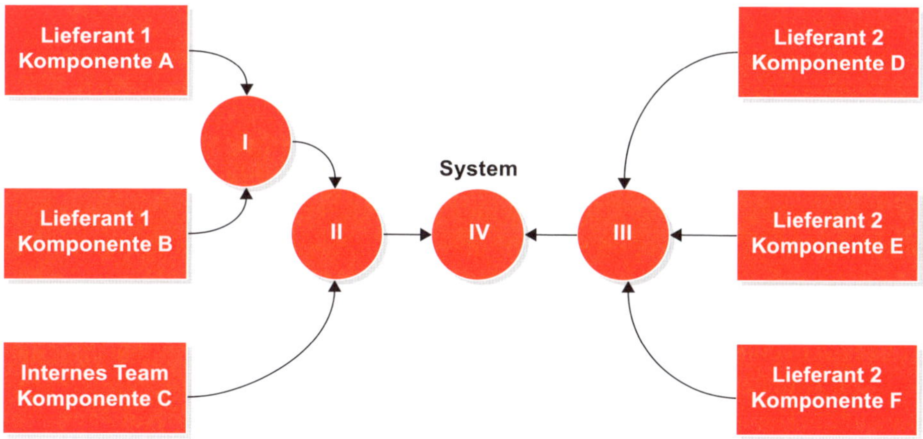

Abb. 7–4 *Beispiel für eine Integration verschiedener Komponenten*

Jeder Integrationsschritt muss organisiert und geplant werden. Bei fast jedem Integrationsschritt ist mehr als eine interne oder externe Partei beteiligt. Eine wichtige Frage, die bei einer Integration entschieden werden muss, ist, welche Funktionalität in welcher Komponente zur Verfügung stehen sollte. Eine bestimmte minimale Funktionalität pro Komponente ist notwendig, um jede Komponente mit anderen (zusammengefügten) Komponenten integrieren zu können.

Anschließend wird die Integration nach einer geplanten Abfolge oder Strategie durchgeführt. Wie Abbildung 7–4 zeigt, sind Abweichungen möglich, da die Integrationsschritte I und III zuerst oder sogar zeitgleich durchgeführt werden können.

Eine weitere Integrationsstrategie könnte eine »Big-Bang-Vorgehensweise« sein, bei der alle Komponenten in einem einzigen umfassenden Integrationsschritt gleichzeitig zusammengeschaltet werden.

7.11.1 Integration und Testen

Der Integrationstest hat die folgenden Ziele:

- Die Bereitschaft einer oder mehrerer Komponenten zu ihrer Zusammenschaltung zu verifizieren (und bei Bedarf zu testen). Diese Verifizierung wird als Eingangskriterium für den Integrationstest durchgeführt.
- Verifizieren, dass das Zusammenschalten von Komponenten (Hardware und/oder Software) nicht zu einer Verschlechterung der Funktionalität dieser Komponenten führt.
- Verifizieren, dass die Schnittstelle und die Kommunikation zwischen den zusammengeschalteten (Hardware- und/oder Software-)Komponenten wie entworfen funktionieren.
- Verifizieren, dass die Integration als Ganzes stabil und zuverlässig ist.
- Validieren, dass das integrierte System die gewünschte Funktionalität bietet.

Die Integrationsstrategie legt die Integrationsabfolge fest. Es sollte sichergestellt werden, dass die Strategie auf Produktrisiken basiert. Beim Beispiel in Abbildung 7–4 könnte es sich bei den Komponenten A und B um Standardpakete handeln, die in der Praxis im Verbund eine erprobte Qualität aufweisen. In diesem Fall ist es vielleicht gar nicht notwendig, die Integration zu testen.

Um die Flexibilität der Integrationsstrategie zu erhöhen, können Stubs und Treiber verwendet werden, die als Platzhalter für »unfertige« Komponenten dienen. Ein Stub befindet sich auf der empfangenden Seite der Schnittstelle, ein Treiber auf der sendenden Seite. Der Nachteil ist, dass ein zusätzlicher Aufwand notwendig ist, um diese Stubs und Treiber zu erstellen (und vielleicht sogar zu testen), und der Integrationsschritt muss nach Lieferung der Komponente wiederholt werden. Der Vorteil ist die erhöhte Flexibilität: Der Integrationstest kann durchgeführt werden, während die für die Integration benötigten Komponenten noch entwickelt werden.

Zu den bekannten Integrationsstrategien zählen:

- *»Big Bang«*:
  Komponenten A bis F werden gleichzeitig integriert. Es werden keine Stubs oder Treiber als Platzhalter für Komponenten eingesetzt.
- *Top-down*:
  Diese Strategie setzt voraus, dass die Komponenten A und B die Komponente C aufrufen oder steuern. Solange die Komponente C nicht zur Verfügung gestellt werden kann, wird sie durch einen Platzhalter ersetzt.
- *Bottom-up*:
  Es wird vorausgesetzt, dass die Komponenten A und B von Komponente C aufgerufen oder gesteuert werden. Solange die Komponente C nicht geliefert werden kann, wird sie durch einen Treiber ersetzt.

Wurde eine Lieferreihenfolge auf der Grundlage von Produktrisiken festgelegt, ist die rechtzeitige Lieferung der Komponenten sehr wichtig. Eine nicht funktionierende Komponente kann den gesamten Integrationsprozess und folglich den Integrationstest verzögern. Dies bedeutet, dass eine gute Koordination zwischen allen beteiligten Parteien von besonderer Wichtigkeit ist. Typische Fehler, die im Integrationstest gefunden werden, betreffen die Kommunikation und die Schnittstellen zwischen den Komponenten, sowohl was die korrekte Interpretation als auch die Implementierung anbelangt.

7.11.2 Integration und Testprozessverbesserung

Wenn BDTPI im Kontext von Integrationstests angewandt wird, haben die folgenden Kernbereiche einen etwas anderen Schwerpunkt und erfordern besondere Aufmerksamkeit:

Teststrategie

Die Teststrategie folgt der Integrationsstrategie. Es sollte abhängig von den Risiken, die eine Komponente betreffen, eine Abstufung in der Intensität der Integrationstests bestehen. Nicht alle integrierten Komponenten werden mit gleicher Gründlichkeit getestet.

Es werden Eingangskriterien für die einzelnen Teile definiert und angewandt, bevor sie zum Integrationstest zugelassen werden. Hierzu zählen z. B. der Anteil der erzielten Testabdeckung und/oder die Anzahl offener Fehler. Regressionstests spielen bei der Strategie in diesem Zusammenhang eine besondere Rolle.

Die Lieferreihenfolge sollte mit allen Parteien koordiniert werden. Anzahl und Reihenfolge der Integrationsschritte basieren auf bewerteten Risiken, technischen Beschränkungen und den Folgen eventueller Änderungen.

Fehlermanagement

Alle zuliefernden Parteien »synchronisieren« ihre Fehlerinformationen. Insbesondere bei der Beteiligung externer Lieferanten ist es sehr wahrscheinlich, dass mehrere Fehlermanagementwerkzeuge im Einsatz sind. Eindeutige Verweise auf den entsprechenden Fehler in einem der anderen Fehlermanagementsysteme sind ein Muss für ein reibungsloses Fehlermanagement. Das Fehlermanagementverfahren sollte auch eine explizite Vereinbarung und Abstimmung hinsichtlich »codierter Attributwerte« vorsehen: Ist ein Fehler der Priorität »1« ein Fehler der höchsten oder der niedrigsten Priorität? Oder bedeutet es weder das eine noch das andere, da auch eine Priorität »0« existiert? Und sollte ein blockierender Fehler innerhalb von zwei, vier oder acht Stunden behoben werden?

Testwaremanagement

Die Reihenfolge der Lieferung vom/von den Lieferanten zum Testen muss definiert und dokumentiert werden.

Der Transfer von Komponenten und Dokumenten zum und vom Testteam sollte nach vereinbarten Abläufen stattfinden. Die Elemente des Transfers sollten in Form eines Lieferberichts beschrieben werden, der die gelieferten Teile und Versionen des Testobjekts, die Version der Testbasis, behobene und nicht behobene Fehler, Konfigurationen usw. dokumentiert.

Professionalität der Tester

Die Rolle des Integrators sollte im Testprojekt berücksichtigt sein. Ein Integrator ist für die Integration der separaten Teile in ein Gesamtsystem einschließlich des Integrationstests verantwortlich. Er steuert den Integrationsprozess und verleiht ihm das nötige Gewicht.

Testfalldesign

Die für den Komponententest verwendeten Testfälle können auch für den Integrationstest eingesetzt werden.

Testumgebung

Die Testumgebung muss die häufige Installation und Deinstallation von Komponenten, Stubs und Treibern unterstützen.

8 Geschäftsbasiertes TPI in der Praxis

Das in diesem Kapitel beschriebene Fallbeispiel zeigt, wie das Geschäftsbasierte TPI in der Praxis erfolgreich eingesetzt wurde. Dabei sind Erfahrungen aus mehreren Fällen eingeflossen, sodass es mehr Einzelaspekte umfasst und komplexer ist, als dies bei einem Einsatz von BDTPI in der Praxis üblicherweise zu erwarten ist.

Das Fallbeispiel ist aus der Perspektive zweier externer BDTPI-Gutachter verfasst. Es folgt der in Kapitel 5 beschriebenen Vorgehensweise für einen generischen Änderungsprozess.

8.1 Schaffung des Bewusstseins

Das Unternehmen in unserem Fallbeispiel ist eine große internationale Bank mit Sitz in Großbritannien und Niederlassungen in den USA, Irland, Deutschland und Frankreich. Die konzerneigene IT hat ihre Zentrale in Großbritannien und ist in die folgenden Geschäftsbereiche aufgeteilt:

- GK → Geschäftskunden
- PK → Privatkunden
- ZV → Zahlungsverkehr
- WP → Wertpapiere

Diese verschiedenen, relativ isolierten Geschäftsbereiche des Unternehmens und ihre jeweils zugeordneten IT-Abteilungen haben über die Jahre ihre eigenen Vorgehensweisen bei Softwareentwicklung und -test entwickelt. Die unterschiedlichen Ansätze beim Testen stellten zunächst kein Problem dar – bis immer mehr geschäftsbereichsübergreifende Projekte durchgeführt wurden. Gleichzeitig war die Reaktionszeit der IT-Betreuung nicht ausreichend, was die Wettbewerbsfähigkeit des ganzen Unternehmens gefährdete. Das IT-Management betrachtete das Testen als eine der Hauptursachen für die Verzögerungen.

Vor Kurzem wurde eine zentrale Testorganisation eingerichtet, die für alle Testprojekte Testumgebungen bereitstellt sowie methodische Testunterstützung und damit zusammenhängende Dienstleistungen anbietet.

8.2 Festlegung von Zielen, Betrachtungsbereich und Vorgehen

Es wurde eine Initiative zur Testprozessverbesserung gestartet. Ziel dieser Initiative war zum einen die Verkürzung der Produkteinführungszeit durch eine Verringerung der Zeitspanne, in der sich das Testen auf dem kritischen Pfad der Entwicklungsprojekte befindet. Zum anderen sollten die Steuerungsmöglichkeiten der verschiedenen Testprozesse aus geschäftlicher Perspektive vereinheitlicht werden.

Im Detail – Der Auftrag

Ziel des Projekts ist es, einen Planungs- und Steuerungsprozess einzurichten, der die Geschäftsbereiche befähigt, zeitgerechte Lieferungen der (gemeinsamen) Releases eigenverantwortlich zu steuern.

Daraus ergibt sich der folgende Auftrag:

1. Implementieren eines integrierten, gemeinsamen Steuerungs- und Berichtswesens, das alle einzelnen Testberichte abdeckt.
2. Reduzieren des Anteils des Testens an der Gesamtdurchlaufzeit um 50 %.

Folgende Themen sollen in den konsolidierten Berichten abgedeckt werden:

1. Geplanter/prognostizierter/tatsächlicher Endtermin
2. Geplantes/prognostiziertes/tatsächliches Budget
3. Risiken und Maßnahmen zur Risikobegrenzung

Maß und Messmethode für den Anteil des Testens an der Gesamtdurchlaufzeit sind folgendermaßen festgelegt:

- Anteil des Testens an der Gesamtprojektdurchlaufzeit
  = Testdurchlaufzeit/Gesamtprojektdurchlaufzeit
- Gesamtprojektdurchlaufzeit
  = Datum der Implementierung – Datum der Freigabe des Projektleitdokuments[1]
- Testdurchlaufzeit
  = Abschlussdatum des Benutzerakzeptanztests – Anfangsdatum des Systemtests

Als Basis für diese Metriken dienen die Daten aller Projekte aus der Projektdatenbank, deren Projektleitdokumente nach dem 1. Januar 2006 freigegeben wurden und deren Implementierungsdatum vor dem 1. April 2009 liegt.

Alle High-Level-Tests (Systemtest, Systemintegrationstest, Abnahmetest) sowie die Entwicklertests des Geschäftsbereichs GK werden in die Bewertung einbezogen. Alle anderen Entwicklertests werden nicht betrachtet.

Auftraggeber war der Manager der internationalen Marketing- und Vertriebsabteilung. Internationale Projekte wurden von dieser Abteilung initiiert. Die gesamte laufende Verwaltung dieser Projekte lag in den Händen der Mitglieder einer kleinen Gruppe von Programmleitern. Einer dieser Programmleiter war für die Verbesserung der Ergebnisse internationaler Projekte zuständig und er übernahm die Funktion des Auftraggebers der Initiative zur Testprozessverbesserung.

1. Begriff aus PRINCE2.

Darüber hinaus gehörten der IT-Leiter des Unternehmens und die Bereichsleiter der einzelnen Geschäftsbereiche dem Lenkungsausschuss an.

Als erster Schritt der Initiative zur Testprozessverbesserung wurde analysiert, auf welche Weise in den vier verschiedenen Geschäftsbereichen getestet wurde. Dafür stellte jeder Geschäftsbereich ein repräsentatives Projekt als Referenz des Istzustands für die Bewertung zur Verfügung. Anschließend wurden geeignete Verbesserungsziele für den Testprozess definiert, gefolgt von einem Fahrplan zum Erreichen dieser Ziele. Dieser Plan diente als Grundlage für ein Projekt zur Testprozessverbesserung.

Alle Testmanager und Tester in den verschiedenen Geschäftsbereichen würden von den Ergebnissen der Initiative zur Testprozessverbesserung betroffen sein. Sie waren daher am Projekt in Form einer Referenzgruppe beteiligt, die die Ergebnisse der Testprozessbewertung besprechen und die Verbesserungsschritte implementieren sollte.

8.3 Bewertung des Istzustands

Die Reife der bestehenden Testprozesse wurde bewertet, indem wir überprüften, welche der Kontrollpunkte des BDTPI-Modells von den Prozessen erfüllt wurden. Wenn man direkt in den Testprozess eingebunden und mit dem BDTPI-Modell vertraut ist, ist es nicht schwierig, eine Selbstbewertung durchzuführen. Falls man mit dem BDTPI-Modell nicht vertraut ist, ist es empfehlenswert, seinen Testprozess von einem externen BDTPI-Experten bewerten zu lassen.

8.3.1 Informationsgewinnung

Als externe Gutachter waren wir mit den zu bewertenden Testprozessen nicht vertraut. Um bestimmen zu können, welche Kontrollpunkte erfüllt waren, interviewten wir am Testprozess beteiligte Personen und analysierten Beispieldokumente. Wir führten die Interviews mit verschiedenen Personen durch, die in irgendeiner Weise am Testprozess beteiligt waren – nicht nur, weil eine einzige Person vermutlich nicht alle Einzelheiten kennt, sondern auch, um verschiedene Perspektiven und Erkenntnisse zu gewinnen.

Es wurden für die jeweiligen Geschäfts- bzw. Organisationsbereiche Interviews mit Inhabern der folgenden Rollen geführt.

- *Geschäftsbereich GK*:
  - Auftraggeber (für Informationen über Stakeholderbeziehungen)
  - Projektmanager (für Informationen über Stakeholderbeziehungen)
  - Testmanager (für Informationen über das Testmanagement)
  - Tester (für Informationen über die Testkompetenz)
  - Leitender Entwickler (für Informationen über Stakeholderbeziehungen und über die Testkompetenz bezüglich der Entwicklertests)

- *Geschäftsbereiche PK, ZV und WP*:
  - Projektmanager (für Informationen über Stakeholderbeziehungen)
  - Testmanager (für Informationen über das Testmanagement)
  - Tester (für Informationen über die Testkompetenz)
- *Testorganisation*:
  - Verantwortlicher für das Testverfahren (für Informationen über das methodische Vorgehen)
  - Verantwortlicher für die Testumgebung (für Informationen über die Testumgebungen)

Nicht alle Rollen konnten ausreichend Informationen über jeden einzelnen Kernbereich liefern. Bei der Gewinnung von Informationen zu einem spezifischen Kernbereich sind daher nicht alle Rollen gleichermaßen relevant. Das BDTPI-Modell kategorisiert die Kernbereiche bereits in Stakeholderbeziehungen, Testmanagement und Testkompetenz. Die Kernbereiche der Kategorie »Stakeholderbeziehungen« (SB) sind typischerweise bei Interviews mit Auftraggebern relevant. Ebenso sollten sich Interviews mit Testmanagern in erster Linie auf die Kernbereiche der Kategorie »Testmanagement« (TM) konzentrieren, während bei Interviews mit Testern der Schwerpunkt auf die Kernbereiche der Kategorie »Testkompetenz« (TK) gelegt werden sollte.

Auf Grundlage dieser Kategorisierung stellten wir in einer Übersicht dar, welche Kernbereiche für jede Rolle relevant waren.

Kernbereich	Kategorie	Test-manager	Tester	Projekt-manager	Auftrag-geber	Leitender Entwickler
Engagement der Stakeholder	SB	+		++	++	++
Grad der Beteiligung	SB	+		++	++	++
Teststrategie	SB	+		++	++	++
Testorganisation	SB	++		+	+	
Kommunikation	SB	+		++	++	
Berichterstattung	SB	+		++	++	
Testprozessmanagement	TM	++	+	+		
Kostenschätzung und Planung	TM	++	+	+		
Metriken	TM	++	+	+	+	
Fehlermanagement	TM	++	+	+		+
Testwaremanagement	TM	++	+	+		+
Methodisches Vorgehen	TK	+	++			++
Professionalität der Tester	TK	+	++			++
Testfalldesign	TK	+	++			++
Testwerkzeuge	TK	+	++			++
Testumgebung	TK	+	++			++

Tab. 8–1 *Die Wichtigkeit jedes Kernbereichs für die zu befragenden Rollen*

Die Rolle des Testmanagers ist natürlich für alle Kernbereiche höchst relevant. Es ist jedoch kaum realistisch, alle Kernbereiche in einem einzigen Interview ausreichend zu behandeln. Wir konzentrierten uns daher darauf, die relevanten Informationen möglichst umfassend aus Interviews mit anderen Rollen zu gewinnen. Auf diese Weise konnten wir das Interview mit den Testmanagern so weit wie möglich »entlasten« und konzentrierten uns dabei nur auf Informationen, die wir in anderen Interviews nicht erhalten konnten. Beim Interview mit dem leitenden Entwickler waren die Kernbereiche der Kategorie »Testkompetenz« speziell bezüglich der Entwicklertests von Interesse.

Bei der Vorbereitung der Interviews wurden die Kernbereiche ausgewählt, die für die jeweilige Rolle relevant waren. Wir vermieden es, die Kontrollpunkte als direkte Fragen zu verwenden. Solch eine direkte Fragestellung würde in der Praxis zu unzuverlässigen Antworten führen, da die grundlegende Bedeutung des Kontrollpunkts von den interviewten Personen häufig nicht ganz verstanden wird. Hinzu kommt, dass es viel einfacher ist, mit einem »Ja« zu antworten, als zuzugeben, dass die wahre Antwort ein »Nein« wäre.

Stattdessen wählten wir einen anderen Ansatz: Bei Kernbereichen, die für die zu befragende Rolle von mittlerer Relevanz waren, formulierten wir den jeweiligen Leitgedanken dieser Kernbereiche zu Fragen um. Bei den Kernbereichen hoher Relevanz formulierten wir die jeweiligen Leitgedanken für die Reifegrade »Kontrolliert«, »Effizient« und »Optimierend« ebenfalls zu Fragen um. Auf diese Weise stellten wir für jede zu befragende Rolle Fragelisten zusammen.

Beispiel – Ableitung von Interviewfragen aus den Leitgedanken

Der Leitgedanke für den Kernbereich »Testfalldesign« lautet: »Das Testfalldesign steuert die Testdurchführung mit dem Ziel, die Fehlersuche nach der Teststrategie auszurichten.« Eine passende Frage könnte lauten: »Wie bereiten Sie die Testdurchführung vor, um die Fehlersuche nach der Teststrategie auszurichten?« Diese Frage könnte bei Interviews eingesetzt werden, bei denen dieser Kernbereich von mittlerer Relevanz ist.

Beim Reifegrad »Kontrolliert« lautet der Leitgedanke: »Die Testfälle machen die Testdurchführung wiederholbar und personenunabhängig.« Eine passende Frage könnte lauten: »Wie stellen Sie sicher, dass die Testdurchführung wiederholbar und personenunabhängig ist?« Diese Frage könnte bei Interviews Anwendung finden, bei denen dieser Kernbereich von hoher Relevanz ist.

Beim Reifegrad »Effizient« lautet der Leitgedanke: »Der Entwurf von Testfällen, die auf das Erreichen einer spezifischen Überdeckung abzielen, unterstützt eine systematische Ausarbeitung der Teststrategie.« Eine passende Frage könnte lauten: »Wie stellen Sie sicher, dass Ihre Testfälle die Testüberdeckung bieten, die der Teststrategie entspricht?« Diese Frage könnte bei Interviews Anwendung finden, bei denen dieser Kernbereich von hoher Relevanz ist.

Beim Reifegrad »Optimierend« lautet der Leitgedanke: »Die Bewertung von Testfällen, Testdesigntechniken und Fehlern schafft eine Möglichkeit, die Testeffektivität zu erhöhen.« Eine passende Frage könnte lauten: »Wie sorgen Sie dafür, dass die Testfälle, Testdesigntechniken und Fehler die Testeffektivität erhöhen?« Diese Frage könnte bei Interviews Anwendung finden, bei denen dieser Kernbereich von hoher Relevanz ist.

Es kam vor, dass die Fragen für die Reifegrade »Effizient« und insbesondere »Optimierend« von der befragten Person nicht verstanden wurden. Falls von der befragten Person auf der Grundlage ihrer Rolle eine Antwort erwartet werden konnte und wir den Eindruck hatten, dass der Testprozess den Reifegrad »Kontrolliert« sowieso noch nicht erreicht hatte, betrachteten wir dies als ein Anzeichen dafür, dass der untersuchte Testprozess noch keine ausreichende Reife erreicht hatte. In solchen Fällen stellten wir keine tiefgreifenderen Fragen zum diesbezüglichen Kernbereich, zumindest nicht im gleichen Interview.

Für jede Fachabteilung analysierten wir die folgenden Dokumente, um sie den Antworten aus den Interviews gegenüberzustellen:

- Projektplan
- Mastertestplan (einschließlich Teststrategie, je Teststufe und übergreifend)
- Testfälle (zusammen mit zugehöriger Testbasis, Beispiele)
- Fehlerberichte (Beispiele)
- Fortschrittsberichte (Beispiele)
- Testberichte (je Teststufe und übergreifend)
- Besprechungsprotokolle (Beispiele)

Auf der Grundlage der Interviews und der Analyse der Dokumente erstellten und sammelten wir rollenübergreifend je Geschäftsbereich und je Kernbereich Notizen. Auf der Basis dieser Notizen ließ sich relativ einfach feststellen, inwieweit die Kontrollpunkte für jeden Kernbereich erfüllt waren.

8.3.2 Darstellung der Ergebnisse in der Testreifematrix

Die Bewertung der einzelnen Testprozesse wurde für jeden Geschäftsbereich in einer Testreifematrix dargestellt. Zusätzlich wurde gezeigt, wie viele Kontrollpunkte abgedeckt wurden, aufgeteilt in die Reifegrade »Kontrolliert«, »Effizient« und »Optimierend« sowie in die drei Kernbereichskategorien.

Die Kontrollpunkte bieten zudem eine hervorragende Möglichkeit, die verschiedenen Testprozesse zu vergleichen. Es wurde eine »Worst-Case-Matrix« entworfen, die darstellt, welche Kontrollpunkte von allen Projekten erfüllt wurden. An dieser Matrix kann man ablesen, welche Kontrollpunkte jeder neue Testprozess mindestens erfüllen würde. Gleichzeitig wurde eine »Best-Case-Matrix« entworfen, die darstellt, welcher Umfang an Fähigkeiten und Erfahrung im Unternehmen insgesamt zur Verfügung steht. Durch deren geschäftsbereichsübergreifende Nutzung könnte dieses Ergebnis von allen Geschäftsbereichen erreicht werden, ohne zusätzliche Kompetenzen im Unternehmen aufbauen zu müssen.

Die Testreifematrix in Abbildung 8–1 stellt die bedeutendsten Problemfelder und die Erfüllung der Kontrollpunkte für den Geschäftsbereich GK beispielhaft dar. Für die anderen Geschäftsbereiche erfolgte die Berichterstattung in gleicher Weise.

		Initial	Kontrolliert	Effizient	Optimierend
1	Engagement der Stakeholder		1 2 3 4	1 2 3	1 2 3
2	Grad der Beteiligung		1 2 3 4	1 2 3	1 2
3	Teststrategie		1 2 3 4	1 2 3	1 2
4	Testorganisation		1 2 3 4	1 2 3 4	1 2 3
5	Kommunikation		1 2 3 4	1 2 3	1 2
6	Berichterstattung		1 2 3	1 2 3	1 2
7	Testprozessmanagement		1 2 3 4	1 2 3	1 2
8	Kostenschätzung und Planung		1 2 3 4	1 2 3 4	1 2 3
9	Metriken		1 2 3	1 2 3 4	1 2
10	Fehlermanagement		1 2 3 4	1 2 3 4	1 2 3
11	Testwaremanagement		1 2 3 4	1 2 3	1 2 3
12	Methodisches Vorgehen		1 2 3	1 2 3 4	1 2
13	Professionalität der Tester		1 2 3 4	1 2 3 4	1 2 3
14	Testfalldesign		1 2 3	1 2 3 4	1 2 3
15	Testwerkzeuge		1 2 3	1 2 3 4	1 2 3
16	Testumgebung		1 2 3 4	1 2 3 4	1 2 3

Abb. 8–1 *Testreifematrix für den Testprozess innerhalb des Geschäftsbereichs GK*

Der Testprozess war im Großen und Ganzen auf dem Reifegrad »Kontrolliert«, jedoch wurden ein paar Problemfelder festgestellt. Die wichtigsten sind im Folgenden aufgeführt:

- Eingeschränkter Grad der Beteiligung:
  In der Startphase wurde dem Projekt ein Testmanager zugeteilt. Dieser nahm am Kick-off-Meeting teil, wo die allgemeine Vorgehensweise besprochen wurde. Aus Zeitmangel war er jedoch erst wieder beteiligt, als die Systeme zum Testen übergeben wurden: Der Testmanager war gleichzeitig noch für zwei andere Testprozesse verantwortlich.
- Die Kommunikation im Projekt war ausreichend, aber nur informell. Alle Mitglieder des Testteams und die Stakeholder waren zwar informiert, jedoch erstellte das Testteam keine Besprechungsprotokolle und konnte vergangene Entscheidungen nicht mehr rückverfolgen. Das Testteam ermöglichte einen Einblick in die Produktqualität, jedoch nicht in die Prozessqualität oder die Projektrisiken.
- Eingeschränkte Professionalität der Tester:
  Die Tester waren mit der von ihnen angewandten Methode nicht genügend vertraut. Bei der Auswahl der Tester für dieses Projekt wurden Testkompetenzen nicht ausreichend berücksichtigt.
- Die Testumgebung wurde mit anderen Projekten geteilt, was die Testdurchführung behinderte. Geplante Änderungen in der Testumgebung mussten mit anderen Projekten abgestimmt werden, was die Durchlaufzeit der Tests erhöhte.

Kontrollpunkte nach Reifegraden und Kategorien	Anzahl gesamt	Anzahl erfüllt	Anteil erfüllt
Kontrolliert	59	44	75%
Stakeholderbeziehungen	23	13	57%
Testmanagement	19	19	100%
Testkompetenz	17	12	71%
Effizient	57	7	12%
Stakeholderbeziehungen	19	3	16%
Testmanagement	18	4	22%
Testkompetenz	20	0	0%

Tab. 8–2 *Erfüllungsgrade für den Testprozess im Geschäftsbereich GK*

Worst Case und Best Case

Die Darstellung des ungünstigsten Falles zeigt alle Kontrollpunkte, die durchgehend von allen Testprozessen erfüllt wurden. Sie zeigt die Reife des Unternehmens als Ganzes und diente in erster Linie zur Veranschaulichung, in welchen Bereichen der größte Verbesserungsbedarf bestand (in Bezug auf die festgelegten Verbesserungsziele).

Die Darstellung des günstigsten Falles zeigt alle Kontrollpunkte, die mindestens von einem der Prozesse erfüllt sind. Sie zeigt, welche Best Practices im Unternehmen zur Verfügung stehen, sodass bei einer notwendigen Verbesserungsmaßnahme einfach auf einschlägige Erfahrungen zurückgegriffen werden kann.

Günstigster und ungünstigster Fall sind gemeinsam in einer Abbildung dargestellt.

		Initial	Kontrolliert				Effizient				Optimierend		
1	Engagement der Stakeholder		1	2	3	4	1	2	3		1	2	3
2	Grad der Beteiligung		1	2	3	4	1	2	3		1	2	
3	Teststrategie		1	2	3	4	1	2	3		1	2	
4	Testorganisation		1	2	3	4	1	2	3	4	1	2	3
5	Kommunikation		1	2	3	4	1	2	3		1	2	
6	Berichterstattung		1	2	3		1	2	3		1	2	
7	Testprozessmanagement		1	2	3	4	1	2	3		1	2	
8	Kostenschätzung und Planung		1	2	3	4	1	2	3	4	1	2	3
9	Metriken		1	2	3		1	2	3	4	1	2	
10	Fehlermanagement		1	2	3	4	1	2	3	4	1	2	3
11	Testwaremanagement		1	2	3	4	1	2	3		1	2	3
12	Methodisches Vorgehen		1	2	3		1	2	3	4	1	2	
13	Professionalität der Tester		1	2	3	4	1	2	3	4	1	2	3
14	Testfalldesign		1	2	3		1	2	3	4	1	2	3
15	Testwerkzeuge		1	2	3		1	2	3	4	1	2	3
16	Testumgebung		1	2	3	4	1	2	3	4	1	2	3

Abb. 8–2 *Testreifematrix für den ungünstigsten (rot) und günstigsten Fall (grau).*

Kontrollpunkte nach Reifegraden und Kategorien	Anzahl gesamt	Anzahl erfüllt	Anteil erfüllt
Kontrolliert	59	19	32%
Stakeholderbeziehungen	23	5	22%
Testmanagement	19	6	32%
Testkompetenz	17	8	47%
Effizient	57	0	0%
Stakeholderbeziehungen	19	0	0%
Testmanagement	18	0	0%
Testkompetenz	20	0	0%

Tab. 8–3 *Erfüllungsgrade für den ungünstigsten Fall*

Kontrollpunkte nach Reifegraden und Kategorien	Anzahl gesamt	Anzahl erfüllt	Anteil erfüllt
Kontrolliert	59	53	90%
Stakeholderbeziehungen	23	19	83%
Testmanagement	19	19	100%
Testkompetenz	17	15	88%
Effizient	57	10	18%
Stakeholderbeziehungen	19	5	26%
Testmanagement	18	5	28%
Testkompetenz	20	0	0%

Tab. 8–4 *Erfüllungsgrade für den günstigsten Fall*

8.4 Definition von Verbesserungen

Als wir die Untersuchungsergebnisse bezüglich des Istzustands mit dem Auftraggeber besprachen, wollte er in einer ersten Reaktion alle Aspekte des Testprozesses verbessern: Verbesserung der Qualität des Testens, Reduzierung der für das Testen benötigten Zeit und Reduzierung der Testkosten. Falls kein spezifischer Geschäftstreiber identifiziert wird oder mehrere Geschäftstreiber gleichzeitig eine Verbesserung des Testprozesses verlangen, kann die Basisgruppierung des BDTPI-Modells verwendet werden. Diese Gruppierung kann angewendet werden, bis der Testprozess einen bestimmten Reifegrad, wie z.B. den Reifegrad »Kontrolliert«, erreicht hat.

Nach weiteren Gesprächen mit dem Auftraggeber wurde die Zeit als dominanter Treiber angesehen. Aus diesem Grund wandten wir die geschäftsbasierten Aspekte des BDTPI-Modells an. Wir vereinbarten mit dem Auftraggeber, die Kernbereiche wie folgt zu priorisieren:

- *Hoch*:
  Engagement der Stakeholder, Teststrategie, Berichterstattung, Testwerkzeuge und Testumgebung
- *Mittel*:
  Grad der Beteiligung, Kommunikation, Testprozessmanagement, Kostenschätzung und Planung, Metriken und Professionalität der Tester
- *Niedrig*:
  Testorganisation, Fehlermanagement, Testwaremanagement, Methodisches Vorgehen und Testfalldesign

Es ist zu beachten, dass wir die in Abschnitt 6.3.3 vorgeschlagene Priorisierung nicht ganz befolgt haben, da sie nur auf der Reduzierung der Durchlaufzeit basiert und teilweise unserem Ziel der Angleichung der Testprozesse und der Einführung einer Testrichtlinie widerspricht. Der Auftraggeber hielt diese angepasste Priorisierung für geeigneter, um die Verfolgung beider Ziele zu unterstützen.

Für die Angleichung der Testprozesse der verschiedenen Geschäftsbereiche definierte der Auftraggeber die folgenden Ziele:

1. Es sollte eine übergeordnete Testrichtlinie festgelegt werden, die für alle Geschäftsbereiche anwendbar sein würde. Diese Testrichtlinie sollte auf die folgenden Kernbereiche eingehen: Engagement der Stakeholder, Teststrategie, Berichterstattung, Testprozessmanagement, Metriken und Methodisches Vorgehen.
2. Für jeden Geschäftsbereich sollte eine bereichsspezifische Testmethode definiert (oder entsprechend angepasst) werden. Diese Testmethoden sollten eine Erweiterung der Testrichtlinie darstellen und von allen Testprozessen in den Geschäftsbereichen angewandt werden. Sie sollten alle Kernbereiche abdecken, die nicht von der Testrichtlinie abgedeckt werden.
3. Die Reife aller geschäftsbereichsspezifischen Testmethoden sollten hinsichtlich der zu erfüllenden Kontrollpunkte angeglichen werden (und auch angeglichen bleiben).

8.5 Erstellung eines Maßnahmenplans

Anhand der Priorisierung der Kernbereiche bildeten wir die folgende Gruppierung:

		Initial	Kontrolliert				Effizient				Optimierend		
1	Engagement der Stakeholder		A	A	A	B	E	G	G		J	L	L
2	Grad der Beteiligung		A	B	C	E	H	H	J		L	L	
3	Teststrategie		A	A	A	D	E	E	G		J	K	
4	Testorganisation		B	E	E	F	J	J	K	K	L	M	M
5	Kommunikation		B	C	C	D	F	F	J		M	M	
6	Berichterstattung		A	B	B		E	F	F		J	J	
7	Testprozessmanagement		A	A	B	B	G	H	J		K	M	
8	Kostenschätzung und Planung		B	B	C	C	G	H	I	I	K	L	L
9	Metriken		C	C	D		G	H	H	I	K	K	
10	Fehlermanagement		B	B	C	E	G	G	I	K	L	M	M
11	Testwaremanagement		C	C	E	F	J	J	K		M	M	M
12	Methodisches Vorgehen		D	E	F		G	I	K	K	M	M	
13	Professionalität der Tester		D	D	E	E	G	G	I	I	K	K	M
14	Testfalldesign		B	B	F		G	J	J	K	L	L	M
15	Testwerkzeuge		D	D	D		E	F	F	H	K	L	L
16	Testumgebung		B	C	C	D	F	G	I	I	K	L	L

Abb. 8–3 *Die spezifische Gruppierung zur Verbesserung des Testprozesses*

Wir erstellten einen Maßnahmenplan, in dem wir Verbesserungsabschnitte definierten, und zwar einen Abschnitt für jede Gruppe von A bis M. In jedem Abschnitt sollten alle noch nicht erfüllten Kontrollpunkte der jeweiligen Gruppe verbessert werden. Das BDTPI-Modell bietet hierfür Vorschläge an.

Jeder Abschnitt im Maßnahmenplan bestand aus zwei verschiedenen Ansätzen, die parallel zur Anwendung kamen. Der erste Ansatz bestand darin, eine Testrichtlinie einzuführen. In Workshops, an denen Stakeholder aus allen Geschäftsbereichen teilnahmen, wurden die Testrichtlinien anhand der Kontrollpunkte aller darin angesprochenen Kernbereiche abgeglichen. Dabei vereinbarten wir, wie genau die Testrichtlinien in einheitlicher Weise verbessert werden sollten.

Der zweite Ansatz bestand darin, die geschäftsbereichsspezifischen Testmethoden mit der Testrichtlinie abzugleichen. Für jeden Geschäftsbereich wurde ein Verbesserungspfad festgelegt, der den Abschnitten des Maßnahmenplans folgte. Für Kernbereiche, die nicht durch die Testrichtlinie angesprochen wurden, wurden Verbesserungsmaßnahmen festgelegt, um einen Erfahrungsaustausch für diese Kernbereiche zu ermöglichen. Die Geschäftsbereiche konnten auf diese Weise aus den Stärken der jeweils anderen lernen und sich außerdem Know-how aus externen Quellen aneignen.

Für jeden Abschnitt wurden Verbesserungsmaßnahmen festgelegt, die sich auf Folgendes bezogen:

- Definition der Testrichtlinie und spezifischer Testmethoden, wobei der Schwerpunkt auf der Beschreibung der Verbesserungen lag (z.B. Weiterentwicklung der Testmethode, Anweisungen und Leitlinien).
- Umsetzung der Testrichtlinie und der spezifischen Testmethoden, wobei in erster Linie die Anwendbarkeit des definierten Prozesses sichergestellt werden sollte (z.B. Durchführung von Workshops und Schulungen oder Erstellung von Vorlagen).
- Überwachung der Einhaltung der Testrichtlinie und der spezifischen Testmethoden, wobei vorrangig sichergestellt werden sollte, dass die Testmethode wie beabsichtigt angewandt wird (z.B. bei der Durchführung von Inspektionen, Reviews und Audits sowie hinsichtlich der Maßnahmen, wenn der Prozess nicht eingehalten wird).

Materialien für die Umsetzung (wie z.B. Schulungsmaterial) und die Überwachung (wie z.B. Checklisten) wurden zusammen mit den Definitionen der Testrichtlinie und der Methoden entwickelt – zeitgleich mit der Einführung in Pilotprojekten für den jeweiligen Abschnitt des Maßnahmenplans. Die geschäftsbereichsübergreifende Umsetzung und Überwachung konnte dann im nächsten Abschnitt realisiert werden.

In jedem Abschnitt wurde die Zeitspanne gemessen, die das Testen auf dem kritischen Pfad des Projekts lag, und mit der ursprünglichen Planung verglichen. Auf diese Weise konnte entschieden werden, inwieweit das Geschäftsziel erreicht wurde und ob eine weitere Testprozessverbesserung im nächsten Abschnitt notwendig sein würde.

Zunächst hatten wir den Erfüllungsgrad der Kontrollpunkte, aufgeteilt nach Stakeholderbeziehungen, Testmanagement und Testkompetenz, ausgewiesen. Da nun die Kernbereiche neu priorisiert worden waren, war dies so nicht mehr aussagekräftig. Daher kategorisierten wir die Kernbereiche jetzt nach Priorität und erfassten den Erfüllungsgrad der Kontrollpunkte dementsprechend.

Die Erfüllungsgrade wurden als Basiswerte für den Geschäftsbereich GK verwendet. Anzumerken ist hier, dass die Erfüllungsgrade aller Kontrollpunkte für die Reifegrade »Kontrolliert«, »Effizient« und »Optimierend« jeweils die gleichen sind wie im vorherigen Abschnitt. Für die anderen Geschäftsbereiche wurden ähnliche Werte ermittelt.

Geschäftsbereich GK

Kontrollpunkte nach Reifegraden und Prioritäten der Kernbereiche	Anzahl gesamt	Anzahl erfüllt	Anteil erfüllt
Kontrolliert	59	44	75%
hoch	18	14	78%
mittel	23	15	65%
niedrig	18	15	83%
Effizient	57	7	12%
hoch	17	0	0%
mittel	21	7	33%
niedrig	19	0	0%

Tab. 8–5 *Basiswerte für den Erfüllungsgrad im Geschäftsbereich GK*

Das Unternehmen hatte bereits Metriken erhoben, aus denen wir die Testdurchlaufzeit je Projekt errechnen konnten. Wir konnten somit auch für jeden Geschäftsbereich (Durchschnitt aller Projekte im jeweiligen Geschäftsbereich in den letzten sechs Monaten) und unternehmensweit (Durchschnitt aller Geschäftsbereiche in den letzten sechs Monaten) die Testdurchlaufzeiten errechnen.

Während des Verbesserungsprojekts ermittelten wir diese Werte sowohl je Geschäftsbereich als auch unternehmensweit. Die Basis- und Zielwerte für die Testdurchlaufzeit sind in der folgenden Tabelle aufgeführt:

Geschäftsbereich	Basiswert	Zielwert
GK	23%	12%
PK	34%	17%
ZV	27%	14%
WP	41%	21%
Unternehmen	31%	16%

Tab. 8–6 *Basis- und Zielwerte für den Anteil des Testens an der Gesamtprojektdurchlaufzeit in den Geschäftsbereichen und im Unternehmen*

8.6 Implementierung der Maßnahmen

Welche Maßnahmen im Einzelnen umgesetzt werden, hängt stark von der Testmethode ab, die im Unternehmen angewandt wird. Ihr Unternehmen setzt vermutlich eine andere Testmethode ein als das in diesem Beispiel geschilderte Unternehmen. Wir gehen daher nicht ausführlich auf die umgesetzten Maßnahmen ein.

Einige Beispiele für Maßnahmen von entscheidender Bedeutung, die in unserem Projekt umgesetzt wurden, sind im Folgenden kurz aufgeführt:

- Straffere Planung des Testprozesses, um die Vorbereitungs- und Spezifikationsaktivitäten vom kritischen Pfad des Gesamtprojekts zu nehmen.
- Frühzeitige Spezifikation und Bestellung von Testumgebungen sowie von Änderungen in Testumgebungen, um Leerlaufzeiten vor und während der Testdurchführung zu reduzieren.
- Erhöhung der Beteiligung der Stakeholder an Produktrisikoanalyse und Teststrategie, um sicherzustellen, dass nur wichtige Tests durchgeführt werden.
- Durchführung von Workshops, Schulungen und Präsentationen, um alle beteiligten Tester und Stakeholder über die Testrichtlinie und die geschäftsbereichsspezifischen Testprozesse im jeweils erforderlichen Umfang zu informieren.
- Entwurf besserer (konkreter) Testfälle, um die Testdurchführung zu beschleunigen (die sich naturgemäß immer auf dem kritischen Pfad befindet).

8.7 Bewertung und Neuausrichtung

Während des Verbesserungsprojekts wurde Folgendes gemessen und berichtet:

In jedem Testprozess ermittelten wir den Erfüllungsgrad der Kontrollpunkte, kategorisiert nach Kernbereichen hoher, mittlerer und niedriger Priorität (siehe Tab. 8–5 und 8–7). Hierzu führten wir schnelle Überprüfungen in Form von Assessments mit geringem Umfang durch: Es wurden kurze Interviews mit den jeweiligen Testmanagern geführt, die ihre Antworten anhand exemplarischer Unterlagen begründeten. Betrachtungsbereich der Interviews waren die Kontrollpunkte für den aktuellen Abschnitt der Prozessverbesserung. Für diese Art der Bewertung erschien uns dies detailliert genug, da die Testmanager bereits mit der Initiative zur Testprozessverbesserung vertraut waren.

Die sich daraus ergebenden Werte wurden von jedem Testprozess als Teil der Testprozessauswertung berichtet.

Im Rahmen des Verbesserungsprojekts fassten wir diese Werte testprozessübergreifend zusammen und berichteten den durchschnittlichen Erfüllungsgrad der Kontrollpunkte – sowohl je Geschäftsbereich als auch unternehmensweit.

Kontrollpunkte nach Reifegraden und Prioritäten der Kernbereiche	GK	PK	ZV	WP	Unternehmen
Kontrolliert	75%	54%	44%	69%	61%
hoch	78%	44%	33%	61%	54%
mittel	65%	43%	78%	74%	65%
niedrig	83%	78%	67%	72%	75%
Effizient	12%	2%	0%	5%	5%
hoch	0%	0%	0%	6%	2%
mittel	33%	5%	0%	10%	12%
niedrig	0%	0%	0%	0%	0%

Tab. 8–7 *Basiswerte für den Erfüllungsgrad je Geschäftsbereich und unternehmensweit*

Darüber hinaus ermittelten wir in jedem Testprozess die Anzahl der Tage, an denen sich die Testdurchführung auf dem kritischen Pfad des Projekts befand, und zwar als prozentualen Anteil an der Gesamtdurchlaufzeit des Projekts. Im Verbesserungsprojekt stellten wir diese Werte ebenfalls zusammen und berichteten die Durchschnittswerte je Geschäftsbereich und für das Gesamtunternehmen. Ein Beispiel ist in Tabelle 8–8 dargestellt.

Geschäftsbereich	Basiswert	Aktueller Wert	Sollwert
GK	23%	20%	12%
PK	34%	28%	17%
ZV	27%	22%	14%
WP	41%	35%	21%
Unternehmen	31%	26%	16%

Tab. 8–8 *Anteil des Testens an der Gesamtprojektdurchlaufzeit je Geschäftsbereich und unternehmensweit*

Nach sechs Monaten im Verbesserungsprojekt hatten wir den Testprozess so weit verbessert, dass alle Kontrollpunkte bis zur Gruppe F erfüllt waren. Die Testrichtlinie und die spezifischen Testmethoden hatten den gewünschten Zustand erreicht, aber die unternehmensweite Testdurchlaufzeit war nicht um den Zielwert von 50%, sondern lediglich um 30% reduziert. Die Geschäftsbereiche GK und WP erreichten ihre Ziele nicht, da sie die Testumgebungen nicht in ausreichendem Maße in den Griff bekamen.

Aufgrund der Kosten, die eine weitere umfassende Testprozessverbesserung mit sich brächte, beschloss der Auftraggeber, die Initiative zur Testprozessverbesserung zu beenden: Es wäre nicht kosteneffektiv, den Verbesserungsprozess in gleicher Weise fortzuführen.

Für die Geschäftsbereiche GK und WP sollte eine zusätzliche, gezielte Anstrengung unternommen werden, um die Testumgebungen zu verbessern, sodass auch diese Geschäftsbereiche schließlich ihre Ziele erreichen würden. Die Initiative zur Testprozessverbesserung war hiermit abgeschlossen.

Der Auftraggeber sowie die meisten anderen beteiligten Personen waren von den Erfolgen der Initiative zur Testprozessverbesserung begeistert. Sie konnten dadurch die Durchlaufzeit ihrer Projekte reduzieren und gleichzeitig das Testen verbessern, was den Entwicklern die Möglichkeit bot, Systeme mit besserer Qualität zu liefern.

Anhang

A Reife des Einsatzes von Testwerkzeugen

A.1 Reifegrade und werkzeugspezifische Reifestufen

Der Kernbereich »Testwerkzeuge« beschreibt die Reife des Testprozesses hinsichtlich des Einsatzes von Werkzeugen, die diesen Prozess unterstützen. Es kann sich hierbei um Werkzeuge jeglicher Art handeln: Testwerkzeuge, die speziell für Testzwecke entworfen wurden, andere Werkzeuge, die Tester bei der Vorbereitung und Durchführung von Tests unterstützen, oder Managementwerkzeuge, die dem Testmanager bei der Planung und Steuerung des Testprozesses helfen. All diese verschiedenen Werkzeugtypen dienen unterschiedlichen Zielen und unterscheiden sich daher in der Art und Weise, wie sie den Testprozess unterstützen. Mit anderen Worten: Die von Werkzeuge leisten je nach Art einen unterschiedlichen Beitrag zur Wirtschaftlichkeit des Testens.

Da der Reifegrad des Kernbereichs »Testwerkzeuge« unabhängig von den tatsächlich eingesetzten Werkzeugen ist, handelt es sich bei diesem Reifegrad immer um eine Verallgemeinerung. Erstens bezieht er sich auf alle eingesetzten Werkzeuge und differenziert daher nicht die Reife beim Einsatz einzelner Werkzeuge. Wenn z.B. sowohl ein Werkzeug zur automatisierten Testdurchführung als auch ein Testmanagementwerkzeug eingesetzt werden, bedeutet ein wohlüberlegter, ausgereifter Einsatz des Werkzeugs zur automatisierten Testdurchführung nicht zwangsläufig, dass diese Reife auch beim Einsatz des Testmanagementwerkzeugs gegeben ist. Zweitens werden auch die verschiedenen Zielsetzungen der unterschiedlichen Arten von Werkzeugen außer Acht gelassen. Ein Testmanagementwerkzeug sollte z.B. eingesetzt werden, um möglichst guten Einblick in die Qualität und den Fortschritt des Tests zu gewinnen, während ein Werkzeug zur automatisierten Testdurchführung dazu dient, den Aufwand und die Durchlaufzeit der Testdurchführung zu minimieren.

Um die verschiedenen Arten der eingesetzten Werkzeuge berücksichtigen zu können, werden zusätzlich zu den Reifegraden werkzeugspezifische Reifestufen genutzt. Diese Reifestufen ermöglichen eine spezifischere Bewertung und bieten eine konkretere Orientierungshilfe für die Verbesserung eines bestimmten Werkzeugeinsatzes. Werkzeugspezifische Reifestufen kalkulieren die Zielsetzungen eines Werkzeugs ein und berücksichtigen die Einbindung des Werkzeugs in den Testprozess. Dies bedeutet, dass es bei Verbesserungen des Werkzeugeinsatzes nicht nur darum geht, wie man die Unterstützung des Testprozesses durch Werkzeuge verbessern kann, sondern auch darum, wie man den Testprozess verbessern kann, um die Werkzeuge möglichst wirkungsvoll einsetzen zu können.

A.1.1 Werkzeugspezifische Reifestufen

Die werkzeugspezifischen Reifestufen beruhen auf der Art und Weise, in der ein Werkzeug zu den unterschiedlichen Aspekten der Wirtschaftlichkeit des Testens beitragen kann: Die Reife beim Einsatz eines Werkzeugs wird höher eingeschätzt, wenn das Werkzeug zu mehr Aspekten beiträgt. Jeder Werkzeugtyp verfügt über Funktionen zur Erledigung spezieller Aufgaben. Die Reifestufen für den Einsatz von Werkzeugen jedoch sind unabhängig davon definiert. Sie beschreiben den Schwerpunkt beim Einsatz des Werkzeugs, sodass ein weiter gefasster Schwerpunkt einen reiferen Einsatz des Werkzeugs impliziert.

- *Werkzeugorientierte Reife*
  Der Einsatz eines Werkzeugs wird als werkzeugorientiert betrachtet, wenn die gebotene Funktionalität die Grundlage für den Einsatz bildet. Das Werkzeug wird als ein Mittel zur Unterstützung oder Verbesserung bestimmter Aktivitäten gesehen, jedoch wird seine Auswirkung auf andere Aktivitäten im Testprozess nicht berücksichtigt.
- *Prozessorientierte Reife*
  Wird die Auswirkung des Einsatzes eines Werkzeugs auf alle relevanten Aktivitäten im Testprozess und die Auswirkung anderer Aktivitäten auf den Anwender des Werkzeugs berücksichtigt, so ist die Reife prozessorientiert. Auf dieser Stufe wird der Einsatz des Werkzeugs zu einem integralen Bestandteil des Testprozesses, was dazu führt, dass das Werkzeug einen größeren Beitrag zur Wirtschaftlichkeit des Testens leistet.
- *Zielorientierte Reife*
  Zielt der Einsatz eines Werkzeugs darauf ab, den Beitrag zur Wirtschaftlichkeit des Testens zu maximieren, so ist die Reife zielorientiert. Auf dieser Stufe wird das Werkzeug als strategisches Mittel zum Erreichen spezifischer Testziele betrachtet.

A.1.2 Anwendung der werkzeugspezifischen Reifestufen

Da eine höhere werkzeugspezifische Reife bedeutet, dass der Einsatz des Werkzeugs zu mehr Aspekten in der Wirtschaftlichkeitsbetrachtung des Testens beiträgt, bringt die Verbesserung der werkzeugspezifischen Reife eine geschäftsbasierte Testprozessverbesserung mit sich. Allerdings liegt der einzige direkte Zusammenhang zwischen den allgemeingültigen BDTPI-Reifegraden und den werkzeugspezifischen Reifestufen in der Beziehung zwischen der zielorientierten Reife und dem Reifegrad »Optimierend«. Die Entwicklung hin zu einer zielorientierten Reife entspricht der Entwicklung hin zum Reifegrad »Optimierend« im Kernbereich »Testwerkzeuge«. Dies trifft auf jedes Werkzeug zu, das auf der Grundlage einer positiven Wirtschaftlichkeitsbewertung für den Einsatz beim Testen eingeführt wird.

Es gibt keinen direkten Zusammenhang zwischen den einzelnen eingesetzten Werkzeugen und der Reife beim Einsatz von Testwerkzeugen; es muss keine bestimmte Art von Werkzeug eingesetzt werden, um eine höhere Reife zu erreichen. Grund dafür ist, dass die Entscheidung, ein Werkzeug nicht einzusetzen, von anderen Faktoren als der Testreife selbst beeinflusst sein kann. Die getestete Anwendung kann eine grafische Benutzeroberfläche (GUI) haben, die sich nicht für den Einsatz von Werkzeugen zur automatisierten Testdurchführung eignet; die Anzahl der Regressionstests kann für eine effiziente Automatisierung zu gering sein; das Unternehmen ist vielleicht nicht groß genug, um ein hochentwickeltes Testmanagementwerkzeug zu implementieren; oder es besteht vielleicht kein Bedarf an Performanztests. Schon die Tatsache, dass diese Faktoren bewertet wurden, ist für sich genommen ein Ausdruck von Reife. Kein Werkzeug einzusetzen kann somit durchaus von höherer Reife zeugen, als eins einzusetzen!

Die werkzeugspezifischen Reifestufen betreffen den Einsatz der Werkzeuge, nicht ihre Einführung. Im Lebenszyklusmodell für die Werkzeugeinführung zählen die Bewertung der Reife und ihre Verbesserung zu den regelmäßigen Aktivitäten der Betriebsphase (siehe Abb. A–1).

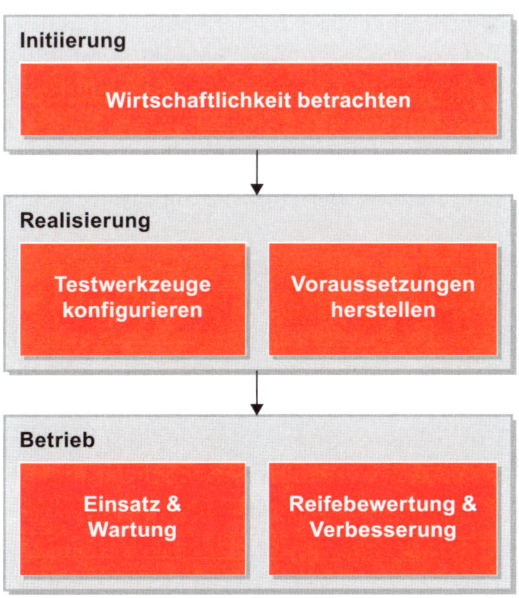

Abb. A–1 *Lebenszyklusmodell für die Werkzeugeinführung*

A.1.3 Arten von Werkzeugen

Die werkzeugspezifischen Reifestufen gelten insbesondere für die Testwerkzeuge, die speziell für das Testen entwickelt wurden. In den folgenden Abschnitten werden die Reifestufen dreier Arten von Testwerkzeugen betrachtet:

- Testmanagementwerkzeuge
- Werkzeuge zur automatisierten Testdurchführung
- Performanztestwerkzeuge

Diese Arten von Testwerkzeugen wurden ausgewählt, da sie am häufigsten eingesetzt werden. Die werkzeugspezifischen Reifestufen sind jedoch nicht auf diese drei beschränkt, sondern können auch auf andere Werkzeugtypen erweitert werden.

Bei der Bestimmung der werkzeugspezifischen Reife besteht kein Unterschied zwischen kommerziellen Werkzeugen, Open-Source-/Freeware-Werkzeugen oder intern entwickelten Werkzeugen. Die Kostenaspekte bezüglich des Erwerbs und der Wartung sind Teil der jeweiligen Wirtschaftlichkeitsbetrachtung der Werkzeuge und haben keine Auswirkung auf die werkzeugspezifische Reife.

A.2 Testmanagementwerkzeuge

Testmanagementwerkzeuge sind Anwendungen zur Speicherung und Verwaltung von Tests, Testergebnissen und Fehlern. Sie werden entweder in Anwendungspaketen oder separaten Anwendungen für Fehler- und Testwaremanagement angeboten.

Testmanagementwerkzeuge sind naturgemäß produktorientiert; ihre Funktionalität ist in erster Linie darauf ausgerichtet, die Produkte der Aktivitäten der Tester zu speichern. Im Testprozess werden diese Produkte hauptsächlich während der Spezifikations- und Durchführungsphase geschaffen. Große Vorteile bietet der Einsatz eines Testmanagementwerkzeugs in der Steuerungsphase, wo es mit seinen Funktionalitäten die Berichterstattung über Qualität und Fortschritt unterstützt.

Die Unterstützung durch ein Testmanagementwerkzeug in der Steuerungsphase bezieht sich auf ein einzelnes Projekt. Das Werkzeug kann jedoch auch Metriken über mehrere Projekte hinweg zur Verfügung stellen. Dies ist ein starkes Argument dafür, ein Testmanagementwerkzeug möglichst umfassend einzusetzen.

Abbildung A–2 zeigt die Hauptprodukte des Testprozesses, die von Testmanagementwerkzeugen erfasst werden, sowie mögliche Beziehungen mit anderen Werkzeugtypen.

Kontext der Produkte

Systemabgrenzung

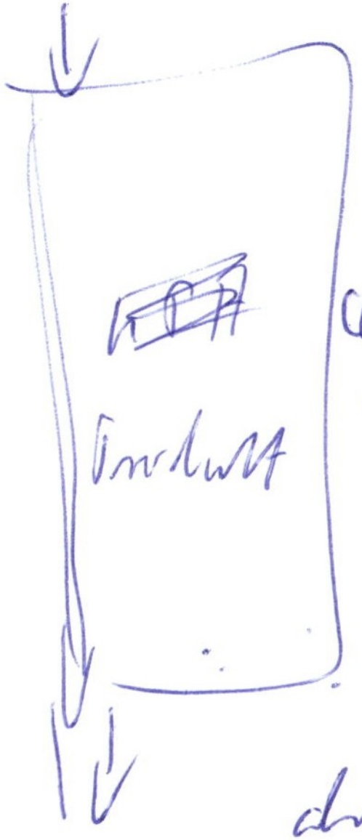

Gesamtprodukt

[illegible] Systemumgebung

Entwicklungsphasen für uns

– Neuentwicklung

– Relaunch

Abwicklungs Ablauf

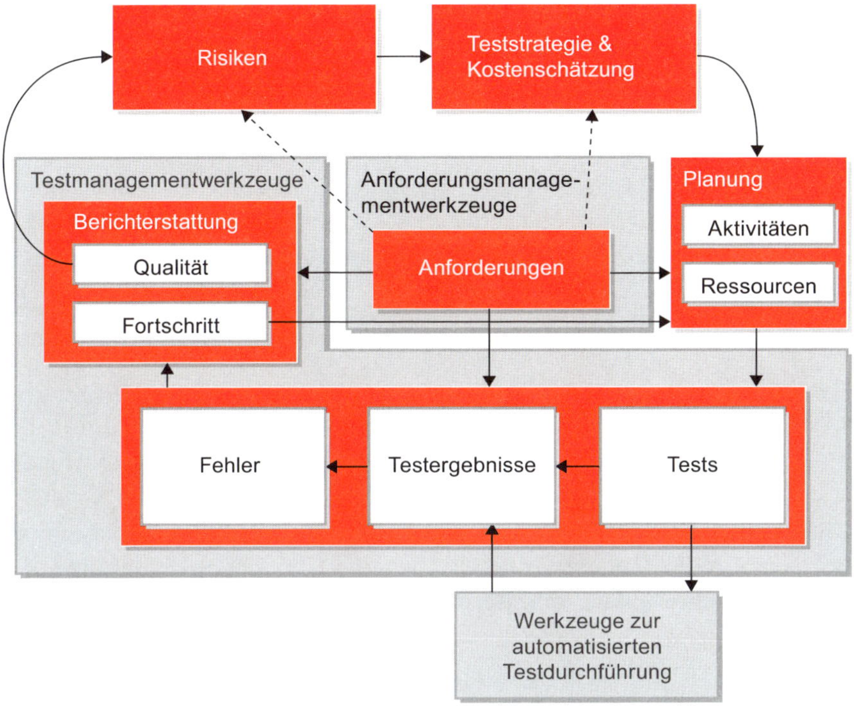

Abb. A–2 *Von Testmanagementwerkzeugen erfasste Produkte des Testprozesses*

Der Umfang der Testprodukte in Abbildung A–2 passt zu Testmanagementwerkzeugen, wie sie in diesem Anhang definiert sind. Diese Definition basiert auf ihrem typischen Einsatz im Testmanagement. Dazu ist anzumerken, dass ideale Testmanagementwerkzeuge auch Unterstützung für Risikomanagement, Teststrategie, Kostenschätzung und Ressourcenplanung einschließen sollten.

Der Einsatz von Testmanagementwerkzeugen ist aufgrund ihres Verwendungszwecks von großem Nutzen für die Reife der Kernbereiche »Testwaremanagement«, »Fehlermanagement« und »Berichterstattung«. Ebenso spielen sie eine Schlüsselrolle bei der Aufbereitung von Metriken, was ein Testmanagementwerkzeug zu einem Enabler des Kernbereichs »Metriken« macht.

A.2.1 Testmanagementwerkzeuge in werkzeugorientierter Reifestufe

Der Einsatz eines Testmanagementwerkzeugs ist als werkzeugorientiert zu betrachten, wenn es in erster Linie der Speicherung der Produkte der Tester dient. Dabei kann es sich entweder nur um die gefundenen Fehler oder auch um Tests und Testergebnisse handeln. Dies bedeutet nicht, dass es auf dieser Stufe keine Prozesse bezüglich dieser Produkte gibt, sondern dass sich diese Prozesse nur auf die Verwaltung und Pflege der Produkte konzentrieren. Falls z.B. ein Fehlerbehandlungsverfahren etabliert ist, so konzentriert es sich hier nur auf den Fehler selbst, auch wenn es durch einen Workflow im Werkzeug unterstützt wird.

In dieser Stufe bringt das Testmanagementwerkzeug bereits erheblichen Nutzen mit sich, vor allem da es einheitliche Informationen aus einer Quelle bietet und alle aus dem Werkzeug gewonnenen Informationen daher auf dem aktuellen Stand sind. Das Werkzeug ermöglicht deshalb einen Einblick in den Stand der Testdurchführung und der Fehler und leistet somit einen wichtigen Beitrag zum Risikoaspekt in der Wirtschaftlichkeitsbetrachtung des Testens.

A.2.2 Testmanagementwerkzeuge in prozessorientierter Reifestufe

In der prozessorientierten Reifestufe wird ein Testmanagementwerkzeug nicht nur zur Speicherung der Produkte eingesetzt, sondern dient auch als Quelle für die Berichterstattung über Qualität und Fortschritt. Die mit dem Testmanagementwerkzeug erstellten Berichte beinhalten Status und Prioritäten für die Testspezifikation, die Testdurchführung und die Fehler. In dieser Stufe ist es äußerst wichtig, dass die Berichterstattung als Grundlage für die Steuerung dient; auch die Planung nachfolgender Schritte basiert hier auf Informationen, die mithilfe des Werkzeugs gewonnen wurden.

Da ein Testmanagementwerkzeug in dieser Stufe eine wichtige Rolle bei der Steuerung spielt, hat sein Einsatz einen direkten Einfluss auf den rechtzeitigen Abschluss eines Testprojekts. Das Werkzeug leistet daher auch einen Beitrag zum Zeitaspekt in der Wirtschaftlichkeitsbetrachtung des Testens.

A.2.3 Testmanagementwerkzeuge in zielorientierter Reifestufe

In der zielorientierten Reifestufe wird das Testmanagementwerkzeug eingesetzt, um einen Einblick in die Abdeckung von Anforderungen und Risiken zu gewinnen. Dies betrifft sowohl die Durchführungs- als auch die Spezifikationsphase.

Ist dies gegeben, wird mithilfe des Testmanagementwerkzeugs bestimmt, ob spezifische Testziele erreicht worden sind. In diesem Fall konzentriert sich die Berichterstattung nicht auf die Anzahl von Testfällen oder Fehlern, sondern auf die Abdeckung und ihren Status bezüglich Testzielen, Risiken und/oder Anforderungen. Es ist sehr viel aussagekräftiger, zu berichten, dass »X Anforderungen getestet und blockierende Fehler für Y dieser Anforderungen gefunden wurden«, als zu berichten, dass »Z Testfälle ausgeführt und Q blockierende Fehler gefunden wurden«.

Da sich die mithilfe des Werkzeugs aufbereiteten Informationen in dieser Stufe auf die Testziele beziehen, trägt das Werkzeug nun auch zum Ergebnisaspekt in der Wirtschaftlichkeitsbetrachtung des Testens bei.

A.3 Werkzeuge zur automatisierten Testdurchführung

Mit Werkzeugen zur automatisierten Testdurchführung lassen sich funktionale Tests automatisch durchführen. Die häufigsten Werkzeuge in dieser Kategorie sind Capture & Replay Tools, die mit Elementen der grafischen Benutzeroberfläche einer Anwendung interagieren können. Eine solche Interaktion besteht nicht nur aus der Eingabe von Testdaten, sondern auch aus der Rückgewinnung von Daten, sodass Überprüfungen durchgeführt werden können.

Der häufigste Grund für den Einsatz eines Capture & Replay Tools ist die Kostenreduzierung. Die Kosten der Testdurchführung werden durch diesen Werkzeugtyp tatsächlich reduziert, jedoch ist beim Einsatz eines Capture & Replay Tools mehr zu berücksichtigen als nur die Testdurchführung. Ob der Einsatz eines solchen Werkzeugs die Kosten auch wirklich reduziert, hängt von den Kosten der Implementierung und Wartung sowie den Einsparungen beim Einsatz der automatisierten Tests ab. Die Wartungskosten entstehen immer wieder und hängen von der Häufigkeit der Änderungen in der getesteten Anwendung ab. Die Einsparungen wiederholen sich ebenfalls, sind jedoch von der Einsatzhäufigkeit der automatisierten Tests abhängig. Jeder dieser Aspekte ist damit verbunden, wie komplex die Anwendung ist, wie gut das Werkzeug mit der grafischen Benutzeroberfläche der Anwendung interagieren kann und wie viele Tests zu automatisieren sind.

Die Kostenreduzierung sollte bei der Wirtschaftlichkeitsbetrachtung der Implementierung eines Capture & Replay Tools berücksichtigt werden. Falls das Werkzeug jedoch nichts zum Kostenaspekt beisteuert, könnte es aufgrund seines Beitrags zu anderen Aspekten, wie z.B. Zeit und Ergebnis, dennoch als lohnenswert betrachtet werden.

Bei den Reifestufen für diesen Testwerkzeugtyp wird der Kostenaspekt außer Acht gelassen, da er nur indirekt von der Reife im Einsatz des Werkzeugs beeinflusst wird. Es gibt jedoch eine Verbindung zwischen der implementierten technischen Lösung und den Wartungskosten. Es stehen drei technische Lösungen für den Einsatz derartiger Werkzeuge zur Verfügung:

- *Capture & Replay*
  Einzelne Testfälle werden mithilfe des Werkzeugs aufgezeichnet, um sie automatisch exakt so ausführen zu können, wie sie aufgezeichnet sind. Wenn sich die Anwendung und die Testfälle ändern, müssen ganze Reihen von Werkzeugskripten gewartet werden, wodurch diese Aktivität teuer wird.
- *Datengetrieben*
  Werkzeugskripte werden aufgezeichnet, wogegen Testdaten aus externen Datenquellen wie z.B. Dateien oder einer Datenbank gewonnen werden. Während der Testdurchführung wird ein Werkzeugskript wiederholt für verschiedene Testdatensätze ausgeführt. Diese technische Lösung reduziert die Anzahl der Werkzeugskripte und verlagert die Wartung der Testdaten auf die externen Datenquellen, was die Wartungsfreundlichkeit erhöht.

- *Schlüsselwortgetrieben*
  Der automatisierte Test wird von externen Datenquellen getrieben. Diese enthalten nicht nur die Testdaten, sondern auch Schlüsselwörter, die angeben, welche Testaktion durchzuführen ist. In das Werkzeug ist ein Prozessor integriert, der die Schlüsselwörter interpretiert und die entsprechenden Funktionen mit den zugehörigen Testdaten aufruft. Diese technische Lösung führt zu einem modularen Aufbau und verlagert die Wartung der Testfälle auf die externen Datenquellen, was die Wartungsfreundlichkeit maximiert.

Durch die Implementierung der richtigen technischen Lösung können die Wartungskosten reduziert werden. Dasselbe gilt für die Durchlaufzeit der Wartung. Eine kurze Durchlaufzeit der Wartung ist unerlässlich, um die automatisierten Tests nach einem neuen Release einer Anwendung so zeitnah wie möglich durchführen zu können.

Da die automatisierte Testdurchführung stark von der Fähigkeit zur Rückverfolgung und Wartung der Testfälle abhängt, ist der Einsatz dieser Werkzeuge in hohem Maße auf die Reife des Kernbereichs Testwaremanagement angewiesen.

A.3.1 Werkzeuge zur automatisierten Testdurchführung in werkzeugorientierter Reifestufe

In der werkzeugorientierten Reifestufe werden Pflege und Einsatz automatisierter Tests als separater Prozess behandelt, der den Testprozess unterstützt, jedoch parallel durchgeführt wird.

Typischerweise beginnt man in dieser Stufe mit der Pflege, wenn die Durchführungsphase bereits angefangen hat. Auslöseimpuls ist die Notwendigkeit, die automatisierten Tests erneut durchzuführen. Falls die automatisierten Tests angepasst werden müssen, wird dieser Anpassungsbedarf erst bei der Durchführung der Tests erkannt.

Die Pflege der automatisierten Tests, eine zeitaufwendige Aktivität, verhindert daher, dass die automatisierten Tests pünktlich durchgeführt werden können. Die mit der Ausführung der Testfälle verbrachte Zeit wird zwar reduziert, jedoch sorgen die automatisierten Tests nicht für eine Verkürzung der Durchlaufzeit. Das Werkzeug trägt somit in dieser Stufe nicht zum Zeitaspekt in der Wirtschaftlichkeitsbetrachtung des Testens bei.

Da das Werkzeug jedoch eingesetzt wird, um Tests durchzuführen, die ansonsten nicht durchgeführt worden wären, erhöht es die Testüberdeckung. Entsprechend leistet es einen Beitrag zum Risikoaspekt in der Wirtschaftlichkeitsbetrachtung des Testens.

A.3.2 Werkzeuge zur automatisierten Testdurchführung in prozessorientierter Reifestufe

Wenn die Pflege automatisierter Tests bereits in der Vorbereitungs- und Spezifikationsphase des Testprozesses berücksichtigt wird, gilt der Einsatz von Werkzeugen zur automatisierten Testdurchführung als prozessorientiert.

Während der Vorbereitungsphase werden die ersten Informationen gesammelt, um die Auswirkungen der Änderungen in der Anwendung und in den Testfällen auf die automatisierten Tests zu bestimmen. In der Spezifikationsphase werden die Testfälle gepflegt und die Pflege der technischen Umsetzung wird begonnen. Der Großteil der Pflege wird aber nach wie vor in der Durchführungsphase erledigt, da in den meisten Fällen das neue Release der Anwendung dafür verfügbar sein muss. Aufgrund der frühzeitigen Berücksichtigung wird dieses jedoch beschleunigt, was eine möglichst frühe Verfügbarkeit korrekt laufender automatisierter Tests sicherstellt.

Die prozessorientierte Reifestufe für Werkzeuge zur automatisierten Testdurchführung zeichnet sich durch eine frühe Verfügbarkeit automatisierter Tests aus. Dies bedeutet, dass die automatisierten Tests hier zu einer Reduzierung der Durchlaufzeit führen. Die Werkzeuge leisten daher nicht nur einen Beitrag zum Risikoaspekt in der Wirtschaftlichkeitsbetrachtung des Testens, sondern auch zum Zeitaspekt.

A.3.3 Werkzeuge zur automatisierten Testdurchführung in zielorientierter Reifestufe

Der Einsatz von Werkzeugen zur automatisierten Testdurchführung ist zielorientiert, wenn Pflege und Einsatz in die Planung und Kostenschätzung des gesamten Testprozesses integriert sind und in die Berichterstattung über Fortschritt und Qualität einbezogen werden. Mit anderen Worten: Automatisierte Tests sind vollkommen in die Planung und Steuerung eingebunden.

Wenn automatisierte Tests während der Planungsphase berücksichtigt werden, wird ihr Beitrag zu den Testzielen einkalkuliert. Darüber hinaus wird hier die erfolgreiche Durchführung automatisierter Tests ein Mittel zum Erreichen dieser Testziele. Die Werkzeuge zur automatisierten Testdurchführung tragen daher in dieser Reifestufe zusätzlich zum Risiko- und Zeitaspekt auch zum Ergebnisaspekt in der Wirtschaftlichkeitsbetrachtung des Testens bei.

A.4 Performanztestwerkzeuge

Mit Performanztestwerkzeugen kann eine große Anzahl von Anwendern simuliert werden, die gleichzeitig eine Anwendung nutzen. Ziel ist es, die Performanz der Anwendung unter Last zu testen.

Dieser Werkzeugtyp umgeht üblicherweise die grafische Benutzeroberfläche und interagiert auf der Ebene des Netzwerkprotokolls mit der Anwendung, indem er Netzwerkanfragen an den Server sendet und entsprechende Antworten zurückbekommt. Dadurch kann eine große Anzahl von Anwendern auf einem einzigen Rechner simuliert werden. Typische Messgrößen, die während des Tests erfasst werden, sind die Reaktionszeiten, also die Zeit zwischen dem Absenden der Anfrage und dem Empfang der Antwort, und die Auslastung der Infrastruktur während des Tests. Die entsprechenden Messwerte werden während der Testdurchführung gesammelt, um zu bestimmen, ob sie den Anforderungen entsprechen.

Bei Anwendungen mit vielen Benutzern, die gleichzeitig und interaktiv darauf zugreifen, ist der Einsatz eines Performanztestwerkzeugs die einzige Möglichkeit, einen Performanztest durchzuführen. Das Werkzeug wird daher zur Voraussetzung, um ein Ergebnis liefern zu können. Der Einsatz garantiert jedoch nicht, dass die Ergebnisse aussagekräftig sind. Das Erzielen eines aussagekräftigen Ergebnisses erfordert besondere Aufmerksamkeit.

Einer der wichtigsten Einflussfaktoren auf die Aussagekraft der Ergebnisse ist die Testumgebung. Sie sollte hinsichtlich der Hardwareausstattung und des Datenvolumens in den Datenbanken repräsentativ für die Produktionsumgebung sein. Damit ergibt sich ein Zusammenhang zwischen dem Einsatz dieses Werkzeugtyps und dem Reifegrad des Kernbereichs »Testumgebung«.

Der andere wichtige Einflussfaktor ist, wie der Performanztest durchgeführt wird. Die Last im Test sollte mit der Last vergleichbar sein, die in der Produktionssituation auftreten wird. Die Qualität des durchgeführten Performanztests trägt zur Reife beim Einsatz von Performanztestwerkzeugen bei.

Der Performanztest selbst ist teuer, was hauptsächlich an den Anforderungen an die Testumgebung liegt. Er kann auch zeitaufwendig sein, da die Testumgebung aufgebaut, die Werkzeugskripte und Testdaten vorbereitet und die Testergebnisse analysiert werden müssen. Außerdem wird der Performanztest am sinnvollsten dann durchgeführt, wenn die Anwendung den funktionalen Test bereits bestanden hat. Der Performanztest ist daher einer der letzten durchzuführenden Tests. Jede Verzögerung aus vorhergehenden Tests wirkt sich auf den Performanztest aus. Somit besteht ein enger Zusammenhang mit der Reife des Kernbereichs »Teststrategie«: Es geht um die Fähigkeit, die Bedeutung der Qualitätseigenschaft »Performanz« angemessen im Performanztest umzusetzen.

A.4.1 Performanztestwerkzeuge in werkzeugorientierter Reifestufe

Wenn das Hauptaugenmerk eines Performanztests darauf liegt, ein Performanztestwerkzeug einzusetzen, gilt die Reife im Einsatz dieses Werkzeugs als werkzeugorientiert. Aufgrund der Funktionsweise dieser Werkzeuge ist ein fundiertes technisches Verständnis sowohl des Werkzeugs als auch der Anwendung erforderlich, um funktionierende Werkzeugskripte erstellen zu können. Dies führt häufig zu einer Situation, in der dies zum primären Ziel wird und das Augenmerk weniger auf der Durchführung eines aussagekräftigen Tests liegt. Es wird auch kaum oder gar nicht darauf geachtet, welche Messungen durchgeführt werden sollten, um die Erfüllung der Performanzanforderungen zu überprüfen. Die Testergebnisse liegen dann in Form großer Datenmengen vor, die jedoch nur wenig über die tatsächliche Performanz im Vergleich zur benötigten Performanz aussagen.

Wenn das Augenmerk zu sehr auf dem Werkzeug selbst liegt und der Test keine aussagekräftigen Ergebnisse liefert, trägt der Einsatz eines Performanztestwerkzeugs nicht substanziell zur Wirtschaftlichkeit des Testens bei.

A.4.2 Performanztestwerkzeuge in prozessorientierter Reifestufe

Der Einsatz eines Performanztestwerkzeugs ist prozessorientiert, wenn die Testorganisation vor Beginn des Werkzeugeinsatzes spezifiziert, wie der Performanztest durchgeführt werden muss, um aussagekräftig zu sein, und was gemessen werden sollte, um zu zeigen, dass die Anwendung ihre Performanzanforderungen erfüllt hat.

In dieser Reifestufe beruht die Spezifikation der Performanztests typischerweise auf den definierten Performanzanforderungen. Dies bedeutet nicht zwangsläufig, dass alle Risiken bezüglich der Performanz abgedeckt sind; Performanzanforderungen sind häufig unvollständig und berücksichtigen nicht die technische Architektur der Anwendung, die spezifische Performanzrisiken mit sich bringen kann.

Unter Wirtschaftlichkeitsbetrachtungen des Testens trägt das Performanztestwerkzeug auf dieser Reifestufe zum Ergebnisaspekt bei, da die Tests nachweisen, ob die Performanzanforderungen erfüllt sind. Dies bedeutet nicht, dass das Werkzeug nicht auch etwas zum Risikoaspekt beisteuert. Sein Beitrag hierzu ist jedoch begrenzt, da der Performanztest nur die Risiken abdeckt, die in den Anforderungen berücksichtigt sind.

A.4.3 Performanztestwerkzeuge in zielorientierter Reifestufe

In der zielorientierten Reifestufe werden die Performanztests geplant, indem Testziele spezifiziert werden, die auf Performanzrisiken basieren. Diese Risiken können Folgendes betreffen:

- Das Unternehmen:
  Eine unzureichende Performanz schadet der Geschäftstätigkeit.
- Die Wahrnehmung des Anwenders:
  Eine unzureichende Performanz führt zu Unzufriedenheit oder Unproduktivität der Anwender.
- Den technische Betrieb der Anwendung:
  Es gibt Komponenten in der Architektur, die, falls sie die Last nicht bewältigen können, die Performanz oder sogar die Verfügbarkeit signifikant beeinträchtigen.

Indem Performanzrisiken aus allen drei Blickwinkeln heraus identifiziert werden, ermöglichen die zugehörigen Testziele eine größere Abdeckung als bei alleiniger Berücksichtigung der Anforderungen.

Zur Planung der eigentlichen Performanztests gehört es, die identifizierten Performanzrisiken gegen die Zeit und die Kosten abzuwägen, die mit dem Testen verbunden sind. Diese Reifestufe des Performanztestens stellt sicher, dass die Performanzrisiken ausreichend abgedeckt sind. Die Berichterstattung über die Performanztests beinhaltet neben den Ergebnissen der durchgeführten Performanztests auch die Performanzrisiken, die nicht durch Ausführung eines Performanztests abgedeckt wurden.

Da der Einsatz eines Performanzwerkzeugs in dieser Stufe auf Performanzrisiken beruht, trägt es bei wirtschaftlicher Betrachtung des Performanztests zusätzlich zum Ergebnisaspekt auch zum Risikoaspekt bei. Dies bedeutet, dass bei einer risikobasierten Testvorgehensweise nur ein zielorientierter Einsatz eines Performanztestwerkzeugs einen wertvollen Performanztest ermöglicht.

B Erstellung neuer Gruppierungen

B.1 Einführung

Um den Testprozess zu verbessern und ihn auf einen höheren Reifegrad anzuheben, ist es notwendig, Verbesserungsmaßnahmen zu implementieren. Die Maßnahmen, die Sie dazu ergreifen müssen, hängen nicht nur von der aktuellen Reife des Testprozesses, sondern auch von den Verbesserungszielen ab, die erreicht werden sollen. Das BDTPI-Modell bietet zur Unterstützung des Verbesserungsprozesses ein schrittweises Vorgehen, bei dem jeder Schritt als eine Gruppe beschrieben ist. Eine Gruppe fasst eine beschränkte Menge an Kontrollpunkten aus unterschiedlichen Kernbereichen zusammen.

Wie in Kapitel 6 beschrieben, gibt es viele verschiedene Verbesserungsziele, die die Zusammensetzung der Gruppen beeinflussen. Ein bestimmter Geschäftstreiber – oder in manchen Situationen auch Verbesserungsbedarf aus dem Testprozess selbst heraus – führt zu einer anderen Priorisierung der Kernbereiche und macht eine Anpassung der Verbesserungsmaßnahmen und -aktivitäten notwendig. Dieser Anhang beschreibt, wie man dazu neue Gruppierungen von Kontrollpunkten erstellt. Als Ausgangspunkt dient die in Kapitel 3 beschriebene Basisgruppierung.

B.2 Beispiel Kostenreduktion

Zum besseren Verständnis wird in diesem Anhang der Geschäftstreiber »Kostenreduktion« als Beispiel behandelt.

Es wird angenommen, dass die vorhergehenden, in Kapitel 6 beschriebenen Schritte bereits durchgeführt wurden:

1. Das Geschäftsziel wurde definiert. In unserem Beispiel der Kostenreduktion: Rendite
2. Das zugehörige IT-Ziel wurde definiert. In unserem Beispiel: »Verbessere die Kosteneffizienz der IT und ihren Beitrag zum Unternehmenserfolg.«
3. Für die Testprozessverbesserung bedeutet dies: »Senkung der Testkosten«.

4. Die Kernbereiche wurden wie folgt gewichtet, abhängig davon wie stark sie die Verbesserungsziele unterstützen (Hoch, Mittel oder Niedrig):

Hoch	Mittel	Niedrig
Grad der Beteiligung	Kommunikation	Engagement der Stakeholder
Teststrategie	Testprozessmanagement	Berichterstattung
Testorganisation	Kostenschätzung und Planung	Metriken
Fehlermanagement	Testwaremanagement	Testumgebung
Testwerkzeuge	Methodisches Vorgehen	
	Professionalität der Tester	
	Testfalldesign	

- *Wichtig: Die in der Tabelle beschriebenen Kategorien und die entsprechenden Gewichtungen der Kernbereiche lassen sich auf Ihre spezielle Situation vielleicht nicht anwenden. Die Tabellen müssen immer individuell ausgearbeitet, verwendet und bei Bedarf angepasst werden.*

B.3 Umgruppierung

Die Gruppierung der Kontrollpunkte muss aufgrund der gewichteten Kernbereiche geändert werden. Die Grundlage für die neue Gruppierung bildet die in Kapitel 3 beschriebene Basisgruppierung. Die Gruppen heißen A, B, C usw. Der erste Schritt auf dem Weg vom Reifegrad »Initial« hin zu »Kontrolliert« ist die Gruppe A.

		Initial	Kontrolliert	Effizient	Optimierend
1	Engagement der Stakeholder		A B B C	F H H	K M M
2	Grad der Beteiligung		A B C E	H H J	L L
3	Teststrategie		A A B E	F F H	K L
4	Testorganisation		A D D E	I I J J	K L L
5	Kommunikation		B C C D	F F J	M M
6	Berichterstattung		A C C	F G G	K K
7	Testprozessmanagement		A A B B	G H J	K M
8	Kostenschätzung und Planung		B B C C	G H I I	K L L
9	Metriken		C C D	G H H I	K K
10	Fehlermanagement		A A B D	F F H J	K L L
11	Testwaremanagement		B B D E	I I J	L L L
12	Methodisches Vorgehen		C D E	F H J J	M M
13	Professionalität der Tester		D D E E	G G I I	K K M
14	Testfalldesign		A A E	F I I J	K K M
15	Testwerkzeuge		E E E	F G G I	L M M
16	Testumgebung		C D D E	G H J J	L M M

Abb. B–1 *Basisgruppierung der Kernbereiche und Kontrollpunkte*

Die Basisgruppierung ordnet jedem Kontrollpunkt eine bestimmte Gruppe zu. Zum Beispiel gehört im Kernbereich »Engagement der Stakeholder« ein Kontrollpunkt des Reifegrads »Kontrolliert« zur Gruppe A, zwei Kontrollpunkte zur Gruppe B und ein Kontrollpunkt zur Gruppe C.

B.3.1 Gewichtung der Kernbereiche

In unserem Beispiel wird die Gewichtung (Hoch, Mittel und Niedrig) für den Geschäftstreiber »Kostenreduktion« in der folgenden Testreifematrix dargestellt:

		H	N	L	Initial	Kontrolliert				Effizient				Optimierend		
1	Engagement der Stakeholder			x		A	B	B	C	F	H	H		K	M	M
2	Grad der Beteiligung	x				A	B	C	E	H	H	J		L	L	
3	Teststrategie	x				A	A	B	E	F	F	H		K	L	
4	Testorganisation	x				A	D	D	E	I	I	J	J	K	L	L
5	Kommunikation		x			B	C	C	D	F	F	J		M	M	
6	Berichterstattung			x		A	C	C		F	G	G		K	K	
7	Testprozessmanagement		x			A	A	B	B	G	H	J		K	M	
8	Kostenschätzung und Planung		x			B	B	C	C	G	H	I	I	K	L	L
9	Metriken			x		C	C	D		G	H	H	I	K	K	
10	Fehlermanagement	x				A	A	B	D	F	F	H	J	K	L	L
11	Testwaremanagement		x			B	B	D	E	I	I	J		L	L	L
12	Methodisches Vorgehen		x			C	D	E		F	H	J	J	M	M	
13	Professionalität der Tester		x			D	D	E	E	G	G	I	I	K	K	M
14	Testfalldesign		x			A	A	E		F	I	I	J	K	K	M
15	Testwerkzeuge	x				E	E	E		F	G	G	I	L	M	M
16	Testumgebung			x		C	D	D	E	G	H	J	J	L	M	M

Abb. B–2 *Gewichtete Kernbereiche für den Geschäftstreiber »Kostenreduktion«.*

- *Anmerkung: Die Gruppierung der Kontrollpunkte in den einzelnen Reifegraden ist mit dieser Gewichtung der Kernbereiche nun nicht mehr gültig.*

B.3.2 Umgruppierung von Kontrollpunkten

Der nächste Schritt besteht darin, den Kontrollpunkten anhand der Gewichtungen der Kernbereiche neue Gruppen zuzuordnen:

- Kontrollpunkte eines Kernbereichs hoher Priorität (»H«) werden der nächsthöheren Gruppe zugeordnet: Kontrollpunkte der Gruppe A behalten ihre Gruppe, Kontrollpunkte der Gruppe B wechseln zu Gruppe A, Kontrollpunkte der Gruppe C wechseln zu Gruppe B usw.
- Kontrollpunkte eines Kernbereichs der Gewichtung Mittel (»M«) behalten ihre Gruppen.
- Kontrollpunkte eines Kernbereichs der Gewichtung Niedrig (»N«) werden der Gruppe mit dem nachfolgenden Buchstaben des Alphabets zugeordnet: Kontrollpunkte der Gruppe A wechseln in Gruppe B, Kontrollpunkte der

Gruppe B wechseln in Gruppe C, Kontrollpunkte der Gruppe C wechseln sich in Gruppe D usw. Kontrollpunkte der Gruppe M behalten ihre Gruppe.

Dies führt zu einer neuen Gruppierung in der Testreifematrix:

		H	N	L	Initial	Kontrolliert	Effizient	Optimierend
1	Engagement der Stakeholder			x		B C C D	G I I	J M M
2	Grad der Beteiligung	x				A A B D	G G I	K K
3	Teststrategie	x				A A A D	E E G	J K
4	Testorganisation	x				A C C D	H H I I	J K K
5	Kommunikation		x			B C C D	F F J	M M
6	Berichterstattung			x		B D D	G H H	L L
7	Testprozessmanagement		x			A A B B	G H J	K M
8	Kostenschätzung und Planung		x			B B C C	G H I I	K L L
9	Metriken			x		D D E	H I I J	L L
10	Fehlermanagement	x				A A A C	E E G I	J K K
11	Testwaremanagement		x			B B D E	I I J	L L L
12	Methodisches Vorgehen		x			C D E	F H J J	M M
13	Professionalität der Tester		x			D D E E	G G I I	K K M
14	Testfalldesign		x			A A E	F I I J	K K M
15	Testwerkzeuge	x				D D D	E F F H	K L L
16	Testumgebung			x		D E E F	H I K K	M M M

Abb. B–3 *Die gewichteten Kernbereiche und die neuen Gruppen der Kontrollpunkte*

Nach der Neugruppierung der Kontrollpunkte besitzt z.B. der Kernbereich »Engagement der Stakeholder« keine Kontrollpunkte mehr in Gruppe A, da dieser Kernbereich eine geringere Priorität hat. Für die praktische Umsetzung bedeutet dies, dass die Verbesserung dieses Kernbereichs erst nach der Verbesserung der Kernbereiche mit offenen Kontrollpunkten der Gruppe A angegangen wird.

B.3.3 Berücksichtigung von Abhängigkeiten

Die Anordnung der Kontrollpunkte in der Basisgruppierung berücksichtigt Abhängigkeiten zwischen Kernbereichen und Kontrollpunkten. Einem Kontrollpunkt, der erfüllt sein muss, bevor ein anderer Kontrollpunkt erfüllt werden kann, ist eine vorangehende oder die gleiche Gruppe zugeordnet. Diese Abhängigkeit zwischen Kontrollpunkten kann als Folge der Verschiebung von Kontrollpunkten in andere Gruppen verletzt werden. Falls dies zutrifft, muss die Abhängigkeit durch erneute Umgruppierung eines Kontrollpunkts wiederhergestellt werden. Grundsätzlich werden Kontrollpunkte, deren Erfüllung eine Voraussetzung für einen anderen Kontrollpunkt ist, die jedoch einer Gruppe mit zu geringer Priorität zugeordnet wurden, nach links in die erste Gruppe eingeordnet, in der die Abhängigkeit berücksichtigt wird.

In diesem Abschnitt wird für einzelne Kontrollpunkte die Kurzbezeichnung [Kernbereich].[Reifegrad].[Kontrollpunkt] verwendet. Die Darstellung des Reifegrads erfolgt durch ein »K« für den Reifegrad »Kontrolliert«, ein »E« für den Reifegrad »Effizient« und ein »O« für den Reifegrad »Optimierend«.

Beispiel – Kurzbezeichnung für Kontrollpunkte

Der Kontrollpunkt 7.K.3 bezeichnet den dritten Kontrollpunkt auf dem Reifegrad »Kontrolliert« des siebten Kernbereichs in der Testreifematrix. Es handelt sich im Kernbereich »Testprozessmanagement« um den Kontrollpunkt: »Jede Testaktivität wird überwacht und bei Bedarf werden Anpassungen eingeleitet.«

Die folgenden Abhängigkeiten zwischen Kontrollpunkten müssen beibehalten werden:

… ist Voraussetzung für …		Begründung:
1.K.1	2.K.1	■ 1.K.1 geht darauf ein, dass der Auftraggeber definiert und den Testern bekannt sein muss. ■ 2.K.1 besagt, dass der Testauftrag mit dem Auftraggeber vereinbart wird.
1.K.1	3.K.1	■ 3.K.1 gibt an, dass der Auftraggeber der Teststrategie zustimmt.
1.K.1	7.K.2	■ 7.K.2 gibt an, dass der Testplan mit dem Auftraggeber abgestimmt ist.
2.K.1	7.K.1	■ 2.K.1 beinhaltet Elemente, die in den im Kontrollpunkt 7.K.1 erwähnten Testplan einfließen müssen.
8.K.2	7.K.3	■ 8.K.2 benennt Testaktivitäten, 7.K.3 besagt, dass die Testaktivitäten überwacht werden müssen.
1.E.1	3.E.1	■ Bei 1.E.1 geht es darum, dass die Stakeholder definiert und bekannt sind. 3.E.1 setzt voraus, dass sie bereits bekannt sind.

Es ist zu beachten, dass die Tabelle nicht alle Abhängigkeiten innerhalb der Basisgruppierung enthält, sondern nur die Abhängigkeiten, die durch die Verschiebung von Kontrollpunkten verletzt werden können. Zwei Arten von Abhängigkeiten dürfen außer Acht gelassen werden, da sie durch die Erstellung neuer Gruppen nie beeinträchtigt werden können:

1. In mehreren Kernbereichen besteht eine implizite Abhängigkeit innerhalb eines Reifegrads. Zum Beispiel ist Kontrollpunkt 7.K.2 (»Der Testplan ist mit dem Auftraggeber abgestimmt«) in Gruppe A der Basisgruppierung eine Voraussetzung für Kontrollpunkt 7.K.4 in Gruppe B (»Der Testplan wird mit den relevanten Stakeholdern abgestimmt«). Da es sich um Kontrollpunkte des gleichen Kernbereichs handelt, können sie nie in einer anderen Reihenfolge auftreten. Dies gilt ebenso für zwei Kontrollpunkte der gleichen Gruppe innerhalb eines Kernbereichs. Sie bleiben in der gleichen Gruppe.
2. Eine weitere Art von Abhängigkeit, die durch eine Umordnung der Gruppen von Kontrollpunkten nicht beeinflusst werden kann, betrifft Kontrollpunkte, zwischen denen eine weitere Gruppe liegt. Der Kontrollpunkt 3.K.2 in Gruppe A (»Die Teststrategie basiert auf einer Produktrisikoanalyse«) kann

z.B. nie in eine niedrigere Gruppe als Kontrollpunkt 1.K.4 in Gruppe C (»Der Auftraggeber ist für die dokumentierte Produktrisikoanalyse (Eingangsprodukt für die Teststrategie) verantwortlich«) eingeordnet werden.

Dies führt zu folgender Verteilung von Kontrollpunkten auf die Gruppen:

		H	N	L	Initial	Kontrolliert				Effizient				Optimierend		
1	Engagement der Stakeholder			x		A	C	C	D	E	I	I		L	M	M
2	Grad der Beteiligung	x				A	A	B	D	G	G	I		K	K	
3	Teststrategie	x				A	A	A	D	E	E	G		J	K	
4	Testorganisation	x				A	C	C	D	H	H	I	I	J	K	K
5	Kommunikation		x			B	C	C	D	F	F	J		M	M	
6	Berichterstattung			x		B	D	D		G	H	H		L	L	
7	Testprozessmanagement		x			A	A	B	B	G	H	J		K	M	
8	Kostenschätzung und Planung		x			B	B	C	C	G	H	I	I	K	L	L
9	Metriken			x		D	D	E		H	I	I	J	L	L	
10	Fehlermanagement	x				A	A	A	C	E	E	G	I	J	K	K
11	Testwaremanagement		x			B	B	D	E	I	I	J		L	L	L
12	Methodisches Vorgehen		x			C	D	E		F	H	J	J	M	M	
13	Professionalität der Tester		x			D	D	E	E	G	G	I	I	K	K	M
14	Testfalldesign		x			A	A	E		F	I	I	J	K	K	M
15	Testwerkzeuge	x				D	D	D		E	F	F	H	K	L	L
16	Testumgebung			x		D	E	E	F	H	I	K	K	M	M	M

Abb. B–4 *Finale Gruppen für den Geschäftstreiber »Kostenreduktion«*

Der Kontrollpunkt 1.K.1 hat von Gruppe B wieder zur Gruppe A gewechselt und der Kontrollpunkt 1.E.1 wird zwei Gruppen weiter links eingeordnet und verbleibt somit in der gleichen Gruppe wie Kontrollpunkt 3.E.1.

B.3.4 Ausbalancierung der Gruppen

Nachdem den Kontrollpunkten neue Gruppen zugeordnet worden sind, besteht der letzte Schritt darin, die Gruppen auszubalancieren. In unserem Beispiel für eine kostengetriebene Verbesserung enthalten die neuen Gruppen die folgenden Kontrollpunkte:

	Kontrollpunkte/Gruppen			
	K	E	O	Gesamt
Gruppe A	14	0	0	14
Gruppe B	9	0	0	9
Gruppe C	10	0	0	10
Gruppe D	17	0	0	17
Gruppe E	8	6	0	14
Gruppe F	1	6	0	7
Gruppe G	0	9	0	9
Gruppe H	0	10	0	10
Gruppe I	0	17	0	17
Gruppe J	0	7	3	10
Gruppe K	0	2	14	16
Gruppe L	0	0	12	12
Gruppe M	0	0	12	12

Abb. B–5 *Anzahl von Kontrollpunkten innerhalb der neuen Gruppen*

In dieser neuen Situation enthält Gruppe A 14 Kontrollpunkte, in Gruppe B sind 9 Kontrollpunkte vertreten usw. Gruppe E (wie auch einige andere) gehört zu den Gruppen, die Kontrollpunkte aus verschiedenen Reifegraden enthalten: Sie enthält 8 aus dem Reifegrad »Kontrolliert« und 6 aus dem Reifegrad »Effizient«. Dies liegt daran, dass ein weiterer Schritt der Verbesserung (in unserem kostengesteuerten Beispiel die kontinuierliche Reduzierung der Kosten des Testprozesses) auch die Erfüllung von Kontrollpunkten aus anderen Reifegraden erfordern kann.

Gruppe D enthält verhältnismäßig viele Kontrollpunkte, Gruppe I und K ebenso. In Gruppe F hingegen befinden sich nur wenige Kontrollpunkte. Abhängig von der konkreten Situation im zu bewertenden Unternehmen oder Projekt sollten Sie die Gruppen der Kontrollpunkte so umordnen, dass sich die Anzahl der Kontrollpunkte gleichmäßig über die Gruppen verteilt.

C Abwärtskompatibilität

C.1 Einführung

In den vergangenen zehn Jahren haben viele Unternehmen das TPI-Modell [Koomen 1999, Pol 2002] eingesetzt, um ihren Testprozess zu verbessern oder um einen klareren Einblick in ihre laufenden Testaktivitäten und deren Reifegrad zu gewinnen. Obwohl das Geschäftsbasierte TPI-Modell in manchen Aspekten anders ist, ist es noch immer möglich, die Ergebnisse früherer Assessments und Verbesserungsprozesse zu verwenden und mit dem Geschäftsbasierten TPI weiterzuarbeiten. Zum Beispiel wenn Sie Entwicklungstrends der Reife analysieren oder ein erneutes Assessment durchführen möchten, nachdem Sie ein oder mehrere Assessments mit dem klassischen TPI-Modell durchgeführt haben.

C.2 Übertragung von Assessment-Informationen in das BDTPI-Modell

Falls das klassische TPI-Modell verwendet wurde und noch Assessment-Informationen zur Verfügung stehen, empfiehlt es sich, diese Informationen für die Zusammenstellung einer neuen geschäftsbasierten TPI-Matrix zu verwenden. Manche Kernbereiche und Kontrollpunkte sind jedoch neu oder haben sich so verändert, dass relevante Informationen eventuell nicht zur Verfügung stehen. Führen Sie in diesem Fall ein verkürztes Assessment durch (wenige Interviews mit spezifischen Fragen und Durchsicht weniger Unterlagen), um Antworten auf die fehlenden Fragen zu erhalten. Die neue Testreifematrix kann dann als Ausgangspunkt für ein erneutes Assessment dienen, das rein auf Basis der BDTPI-Kernbereiche und -Kontrollpunkte durchgeführt wird.

C.3 Umwandlung der klassischen TPI-Matrix in eine geschäftsbasierte TPI-Matrix

Im Vergleich zur zuvor beschriebenen Situation ist es wahrscheinlicher, dass die detaillierten Informationen nicht mehr zur Verfügung stehen, jedoch noch Berichte mit einer TPI-Testreifematrix vorliegen, in der die Reifegrade dargestellt werden. In diesem Fall möchten Sie vielleicht die Matrizen dazu verwenden, im Reifezuwachs Trends zu erkennen. Die folgenden Schritte begleiten Sie durch diese Umwandlung.

C.3.1 Kategorien von Kernbereichen

In Abschnitt 3.2 wurde erklärt, dass die Kernbereiche im Geschäftsbasierten TPI-Modell in drei Kategorien eingeordnet sind:

Kategorie	Kernbereiche
Stakeholderbeziehungen	1 Engagement der Stakeholder 2 Grad der Beteiligung 3 Teststrategie 4 Testorganisation 5 Kommunikation 6 Berichterstattung
Testmanagement	7 Testprozessmanagement 8 Kostenschätzung und Planung 9 Metriken 10 Fehlermanagement 11 Testwaremanagement
Testkompetenz	12 Methodisches Vorgehen 13 Professionalität der Tester 14 Testfalldesign 15 Testwerkzeuge 16 Testumgebung

Tab. C–1 *Kategorisierung von Kernbereichen*

Diese Kategorisierung der Testreifematrix wird herangezogen, um Ergebnisse aus dem klassischen TPI-Modell verzerrungsfrei in das Geschäftsbasierte TPI-Modell zu übertragen. Das übertragene Ergebnis entspricht zwar nicht dem Detaillierungsgrad, den Sie benötigen, um passende oder spezifische Verbesserungsmaßnahmen aufzuzeigen, es wird Ihnen jedoch dabei helfen, Trends zu erkennen und die Stakeholder mit Managementinformationen zu versorgen. Es wird aufgezeigt, wie sich die Reife des Testprozesses entwickelt hat. Darüber hinaus wird deutlich, wo – auf der Ebene dieser Kategorien – Verbesserungsmaßnahmen notwendig sind, um die geforderten Ziele zu erreichen.

C.3.2 Zwei Beispiele klassischer TPI-Matrizen

Die Umwandlungsmethode wird im Folgenden anhand zweier Beispiele einer Testreifematrix erläutert, die in einem Assessment mithilfe des klassischen TPI-Modells am Anfang eines Verbesserungsprojekts erstellt wurde.

Das erste Beispiel ist einem eher unreifen Testprozess entnommen. Die Kernbereiche »Zeitpunkt der Beteiligung«, »Metriken« und »Dokumentation der Abweichungen« befinden sich auf dem Reifegrad »Kontrolliert«. Die anderen Kernbereiche bedürfen noch Verbesserungen, um den Prozess auf den Reifegrad »Kontrolliert« anzuheben.

		Skala													
		0	1	2	3	4	5	6	7	8	9	10	11	12	13
	Kernbereich		Kontrolliert					Effizient					Optimierend		
1	Teststrategie		A					B				C		D	
2	Einsatz des Phasenmodells		A			B									
3	Zeitpunkt der Beteiligung			A				B				C		D	
4	Kostenvoranschlag und Planung				A							B			
5	Test-Spezifikationstechniken		A		B										
6	Statische Testtechniken					A		B							
7	Metriken						A			B			C		D
8	Testautomatisierung					A			B			C			
9	Testumgebung				A				B						C
10	Testarbeitsplatz				A										
11	Engagement und Motivation		A				B						C		
12	Testfunktionen und Ausbildungen				A			B			C				
13	Reichweite der Methodik					A						B			C
14	Kommunikation			A		B							C		
15	Berichterstattung		A			B		C					D		
16	Dokumentation der Abweichungen		A				B		C						
17	Testware-Management			A			B				C				D
18	Testprozessmanagement		A		B								C		
19	Prüfen							A			B				
20	Low-Level-Tests					A		B		C					

Abb. C–1 *Testprozess auf einem niedrigen Reifegrad*

Das andere Beispiel stammt von einem Testprozess, der den Reifegrad »Kontrolliert« erreicht hat. Alle Ebenen A der Matrix und auch die Mehrzahl der Ebenen B sind erreicht. Diese Testreifematrix zeigt, dass der Testprozess über die richtigen Instrumente verfügt, um den Prozess zu verwalten, zu steuern und die Kontrolle über ihn zu behalten.

		Skala													
		0	1	2	3	4	5	6	7	8	9	10	11	12	13
	Kernbereich		**Kontrolliert**					**Effizient**					**Optimierend**		
1	Teststrategie		A					B				C		D	
2	Einsatz des Phasenmodells		A			B									
3	Zeitpunkt der Beteiligung			A				B				C		D	
4	Kostenvoranschlag und Planung				A							B			
5	Test-Spezifikationstechniken		A		B										
6	Statische Testtechniken					A		B							
7	Metriken						A			B			C		D
8	Testautomatisierung					A			B			C			
9	Testumgebung				A				B						C
10	Testarbeitsplatz				A										
11	Engagement und Motivation		A				B						C		
12	Testfunktionen und Ausbildungen				A			B			C				
13	Reichweite der Methodik					A						B			C
14	Kommunikation			A		B							C		
15	Berichterstattung		A			B		C					D		
16	Dokumentation der Abweichungen		A				B		C						
17	Testware-Management			A			B				C				D
18	Testprozessmanagement		A		B								C		
19	Prüfen							A			B				
20	Low-Level-Tests					A		B		C					

Abb. C–2 *Testprozess auf dem Reifegrad »Kontrolliert«*

Die mit A, B, C und D bezeichneten Ebenen werden nun genutzt, um beide Matrizen in eine geschäftsbasierte TPI-Matrix umzuwandeln.

C.3.3 Einsatz der Umwandlungstabelle

Die Ebenen A, B, C und D werden mithilfe der nachfolgenden Umwandlungstabelle in geschäftsbasierte TPI-Reifegrade überführt.

	I	II	III				IV			
	Kernbereich		A	B	C	D	A	B	C	D
1	Teststrategie	SB	K	E	E	O	4	4	6	6
2	Einsatz des Phasenmodells	TM	K	E			4	3		
3	Zeitpunkt der Beteiligung	SB	K	E	E	E	1	1	1	1
4	Kostenvoranschlag und Planung	TM	K	E			2	2		
5	Test-Spezifikationstechniken	TK	K	E			2	3		
6	Statische Testtechniken	SB	E	E			2	1		
7	Metriken	TM	K	E	E	O	3	2	2	2
8	Testautomatisierung	TK	K	E	O		3	6	5	
9	Testumgebung	TK	K	K	E		5	3	1	
10	Testarbeitsplatz	TK	K				2			
11	Engagement und Motivation	SB	E	E	O		3	6	4	
11	Engagement und Motivation	TK	K		O		3		3	
12	Testfunktionen und Ausbildungen	SB	K	E	n.z.		2	6	–	
12	Testfunktionen und Ausbildungen	TM		K	n.z.			1	–	
12	Testfunktionen und Ausbildungen	TK	K	K	n.z.		2	1	–	
13	Reichweite der Methodik	TK	K	E	O		3	3	2	
14	Kommunikation	SB	K	E			3	7		
14	Kommunikation	TK			O				2	
15	Berichterstattung	SB	K	K	E	O	1	2	4	1
16	Dokumentation der Abweichungen	TM	K	E	E		2	3	2	
17	Testware-Management	SB		E				1		
17	Testware-Management	TM	K	E	O	E	3	2	2	2
18	Testprozessmanagement	TM	K	K			1	4		
18	Testprozessmanagement	TK			E				3	
19	Prüfen	X	n.z.	n.z.			–	–		
20	Low-Level-Tests	X	n.z.	n.z.	n.z.		–	–	–	

Abb. C–3 *Umwandlungstabelle von TPI zu BDTPI*

Die Tabellenspalten lassen sich wie folgt lesen:

I Die erste Spalte enthält die Kernbereiche des klassischen TPI-Modells. Gewisse Kontrollpunkte bestimmter Kernbereiche kann man nicht einer einzigen Kategorie zuordnen; sie werden daher aufgeteilt. Beispiel: »Engagement und Motivation« enthält Elemente der Kategorie »Stakeholderbeziehungen« (die Kontrollpunkte zum Engagement) sowie der Kategorie »Testkompetenz« (die Kontrollpunkte zur Motivation).

II Die zweite Spalte zeigt die Kategorien des Geschäftsbasierten TPI:

SB: Stakeholderbeziehungen
TM: Testmanagement
TK: Testkompetenz

Jeder Kernbereich des klassischen TPI-Modells steht in Bezug zu einer der Kategorien – mit Ausnahme der Kernbereiche »Prüfen« und »Low-Level-

Tests«, die sich auf keine der Kategorien des Geschäftsbasierten TPI-Modells beziehen. Ihre Kontrollpunkte wurden – wo angebracht – einem anderen Kernbereich im Geschäftsbasierten TPI-Modell zugeordnet (siehe auch Abschnitt 7.9 und 7.10).

III Die Buchstaben A, B, C und D (in der oberen Zeile) beziehen sich auf die Ebenen des klassischen TPI-Modells. Die Buchstaben K, E und O stehen für die Reifegrade »Kontrolliert«, »Effizient« und »Optimierend« des Geschäftsbasierten TPI-Modells. Jede Ebene eines klassischen TPI-Kernbereichs kann in einen Reifegrad einer Kategorie von BDTPI-Kernbereichen konvertiert werden.

Beispiele:

- Ebene A (klassisches TPI-Modell) der »Teststrategie« wird umgewandelt in die Kategorie »Stakeholderbeziehungen« auf dem Reifegrad »Kontrolliert« (K).
- Ebene A des Kernbereichs »Engagement und Motivation« (die Kontrollpunkte zur Motivation) lässt sich in die Kategorie »Testkompetenz« auf dem Reifegrad »Kontrolliert« (K) umwandeln.

IV Die letzte Spalte zeigt die Anzahl der Kontrollpunkte, die einer bestimmten Ebene (A, B, C oder D) und dem zugehörigen geschäftsbasierten Reifegrad (K, E oder O) angehören. Jeder Kontrollpunkt wird unter einen der Reifegrade des Geschäftsbasierten TPI-Modells eingeordnet.

Beispiel:

- Bei »Testfunktionen und Ausbildungen« gibt es zwei Kontrollpunkte auf Ebene A (klassisches TPI-Modell) unter »Stakeholderbeziehungen« auf dem Reifegrad »Kontrolliert«, sechs Kontrollpunkte auf Ebene B (klassisches TPI-Modell) unter »Stakeholderbeziehungen« auf dem Reifegrad »Effizient«, einen Kontrollpunkt auf Ebene B (klassisches TPI-Modell) unter »Testmanagement« auf dem Reifegrad »Kontrolliert« und einen Kontrollpunkt auf Ebene B (klassisches TPI-Modell) unter »Testkompetenz« auf dem Reifegrad »Kontrolliert«.

■ *Anmerkung: Bei dieser Umwandlungstabelle wurde für jeden Kontrollpunkt abgewogen, wie er vom klassischen TPI-Modell zum Geschäftsbasierten TPI-Modell sinnvoll umgewandelt wird. Alle Matrizen können mithilfe der gezeigten Umwandlungstabelle manuell umgewandelt werden, dabei muss man jedoch alle Kontrollpunkte neu bewerten. Wir bieten deshalb ein Werkzeug zur Umwandlung an, das auf der TPI NEXT-Webseite (www.tpinext.com) zur Verfügung steht.*

C.3.4 Nach der Umwandlung

Die beiden Beispiele des vorigen Abschnitts wurden in eine neue geschäftsbasierte TPI-Testreifematrix umgewandelt, wobei die Reife des Testprozesses für Kategorien von Kernbereichen dargestellt wird.

Das erste Beispiel, das einen relativ niedrigen Grad der Testprozessreife aufweist, zeigt im Geschäftsbasierten TPI-Modell die folgende Reife:

			Initial	Kontrolliert	Effizient	Optimierend
Stakeholder-Beziehungen	1	Engagement der Stakeholder		38%	7%	0%
	2	Grad der Beteiligung				
	3	Teststrategie				
	4	Testorganisation				
	5	Kommunikation				
	6	Berichterstattung				
Testmanagement	7	Testprozessmanagement		50%	17%	0%
	8	Kostenschätzung und Planung				
	9	Metriken				
	10	Fehlermanagement				
	11	Testwaremanagement				
Testkompetenz	12	Methodisches Vorgehen		8%	0%	0%
	13	Professionalität der Tester				
	14	Testfalldesign				
	15	Testwerkzeuge				
	16	Testumgebung				

Abb. C–4 *Ins Geschäftsbasierte TPI-Modell konvertierte Matrix (niedriger Grad der Reife)*

Die Prozentzahlen geben an, zu welchem Anteil die Reifegrade durch Prüfungen gemäß dem klassischen TPI-Modell erreicht worden sind. Die Kernbereiche der Kategorie »Testmanagement« werden relativ gut beherrscht, bei den Kernbereichen der Kategorie »Testkompetenz« besteht noch größerer Verbesserungsbedarf, um auf den Reifegrad »Kontrolliert« zu kommen.

Im zweiten Beispiel wurde ein Testprozess gezeigt, der wohlkontrolliert ist und auf den Reifegrad »Effizient« hinarbeitet. Nach der Umwandlung sieht die Matrix aus wie in Abbildung C–5.

			Initial	Kontrolliert	Effizient	Optimierend
Stakeholder-Beziehungen	1	Engagement der Stakeholder				
	2	Grad der Beteiligung				
	3	Teststrategie		100%	74%	0%
	4	Testorganisation				
	5	Kommunikation				
	6	Berichterstattung				
Test-management	7	Testprozessmanagement				
	8	Kostenschätzung und Planung				
	9	Metriken		100%	44%	0%
	10	Fehlermanagement				
	11	Testwaremanagement				
Test-kompetenz	12	Methodisches Vorgehen				
	13	Professionalität der Tester				
	14	Testfalldesign		100%	38%	0%
	15	Testwerkzeuge				
	16	Testumgebung				

Abb. C–5 *Ins Geschäftsbasierte TPI-Modell konvertierte Matrix (Reifegrad »Kontrolliert«)*

Sowohl die ursprüngliche als auch die konvertierte Matrix belegen das Erreichen des Reifegrads »Kontrolliert«. Auch der Reifegrad »Effizient« ist prozentual bereits gut abgedeckt. Das gute Resultat im Kernbereich »Zeitpunkt der Beteiligung« der ursprünglichen TPI-Matrix auf dem Reifegrad »Optimierend« trägt zu dem guten Ergebnis der Kategorie »Stakeholderbeziehungen« in der neuen Matrix bei.

Wenn ein neues Assessment nach dem Geschäftsbasierten TPI-Modell durchgeführt wird, können die Ergebnisse dieses Assessments mit der konvertierten Matrix verglichen werden, um den Fortschritt zu demonstrieren.

Glossar

Abnahmetest
Ein von Benutzern und Managern in einer produktionsnahen Umgebung durchgeführter Test, der zeigen soll, dass das entwickelte System die funktionalen und die qualitativen Anforderungen erfüllt.

Annahmetest
Testen des gelieferten Produkts, um zu bestimmen, ob die Qualität des Produkts für die Durchführung eines vollständigen Tests ausreicht.

Auftraggeber
Gibt das Testprojekt in Auftrag und ist wichtigster Empfänger der Testberichte.

Basisgruppierung
Einteilung der Kontrollpunkte in (insgesamt dreizehn) Gruppen als Grundlage für eine schrittweise Verbesserung vom Reifegrad »Initial« bis hin zum Reifegrad »Optimierend«. Bei dieser Gruppierung haben alle Geschäftstreiber die gleiche Gewichtung; die Testprozessverbesserung hat allgemeinen Charakter.

BDTM
Business Driven Test Management, siehe »Geschäftsbasiertes Testmanagement«

BDTPI
Business Driven Test Process Improvement, siehe »Geschäftsbasierte Testprozessverbesserung«

Bekannte Fehler
Gefundene Fehler, die (noch) nicht behoben sind.

Benutzerakzeptanztest
Ein von dem oder den künftigen Benutzer(n) in einer möglichst »produktionsnahen« Umgebung durchgeführter Test, mit dem nachgewiesen werden soll, dass das entwickelte System die Anforderungen der Benutzer erfüllt.

Business Case
Der Business Case liefert die wirtschaftliche Rechtfertigung für das Projekt und beantwortet die Fragen: Warum unternehmen wir dieses Projekt, welche Investitionen sind erforderlich und was möchte der Auftraggeber mit dem Ergebnis erzielen?

CMMI®

Capability Maturity Model Integration. CMMI ist ein Ansatz zur Verbesserung von Prozessen der Softwareentwicklung und -organisation. Er beschreibt die Schlüsselelemente einer effektiven Prozessverbesserung und kann eingesetzt werden, um diese zu steuern.

DSDM®

Dynamic Systems Development Method. Eine Entwicklungsmethode und Erweiterung des Rapid Application Development. Kerntechniken sind das Timeboxing sowie die aktive Einbindung von Anwendern.

Dynamischer Test

Testen durch Ausführung des Testobjekts bzw. Ausführen von Software.

Effektivität

Umfang, in dem das Informationssystem den Anforderungen des Unternehmens und dem betreffenden Benutzerprofil entspricht, sowie der Umfang, in dem das Informationssystem zum Erreichen der Geschäftsziele beiträgt.

Effizienz

Verhältnis zwischen dem Leistungsniveau des Systems (ausgedrückt in Transaktionsvolumen und Gesamtgeschwindigkeit) und dem Umfang verwendeter Ressourcen (CPU-Zyklen, Zeit für Eingabe/Ausgabe, Speicher- und Netzwerkkapazität usw.).

Enabler

Im Geschäftsbasierten TPI-Modell werden die Kernbereiche mit Aspekten des Softwarelebenszyklus in Verbindung gebracht, um die Testprozessverbesserung mit anderen Prozessen des Softwarelebenszyklus abzugleichen.

End-to-End-Test

Dynamischer Test, mit dem gezeigt werden soll, dass Prozessketten, die über mehrere Applikationen hinweg laufen, den Geschäftsprozess gemäß den Spezifikationen unterstützen.

Evaluation

Bewertung der Zwischenprodukte im Systementwicklungsprozess.

Exploratives Testen

Prozess, bei dem das Kennenlernen der Software sowie das Entwerfen und die Durchführung von Tests gleichzeitig stattfindet, d.h., dazu gehört jede Art von Test, bei dem der Tester seine Testfälle während der Testdurchführung entwirft und die erhaltenen Informationen dazu verwendet, neue und verbesserte Testfälle zu entwerfen.

Fehler

Abweichung jeglicher Art zwischen dem erwarteten und tatsächlichen Verhalten des Testobjekts.

Fehlermanagement
Prozess der Erkennung, Analyse, Bearbeitung und Behebung eines aufgedeckten Fehlers. Er beinhaltet die Aufzeichnung und Klassifizierung des Fehlers und die Bestimmung seiner Auswirkung.

Fehlerwirkung
Das Ergebnis oder Auftreten eines oder mehrerer Fehlerzustände. Es zeigt sich in der Abweichung des Istverhaltens vom Sollverhalten des Systems, von außerhalb des Systems betrachtet. Die Fehlerwirkung ist für die Benutzer sichtbar.

Fehlerzustand
Ergebnis eines im Code oder im Dokument angesiedelten Fehlers, von innerhalb des Systems betrachtet. Ein Fehlerzustand ist die Folge einer Fehlhandlung. Der Fehlerzustand ist für die Entwickler sichtbar.

Fehlhandlung
Menschlicher Fehler, der zu Fehlerzuständen und/oder Ausfällen führen kann.

Funktionspunktanalyse (FPA)
Methode zur technologieunabhängigen Messung des Umfangs der Funktionalität eines automatisierten Systems. Die Ergebnisse dienen als Grundlage für eine Produktivitätsmessung, eine Schätzung der erforderlichen Mittel und die Projektsteuerung.

Geschäftsbasierte Gruppierung
Von der Basisgruppierung abgeleitete Gruppierung der Kontrollpunkte, die auf eine bestimmte Geschäftssituation oder einen bestimmten Geschäftstreiber ausgerichtet ist. Zunächst wird entschieden, welche Kernbereiche in der angestrebten Gewichtung (z.B. von Kosten, Zeit oder Qualität) mehr oder weniger relevant sind. Im nächsten Schritt wird festgelegt, wie diese Gewichtung die Einteilung der Kontrollpunkte in verschiedene Gruppen beeinflusst. Es entsteht eine neue Gruppierung, die auf den spezifischen Geschäftstreiber abzielt. In diesem Fall kann eine Gruppe die Grenze zwischen Reifegraden überschreiten bzw. Kontrollpunkte aus verschiedenen Reifegraden enthalten. Geschäftsbasierte Gruppierungen haben jedoch keinen Einfluss auf die Position einzelner Kontrollpunkte in der Testreifematrix.

Geschäftsbasierte Testprozessverbesserung
Ein Bezugssystem zur Bestimmung der Reife des Testprozesses in einem Unternehmen sowie zur Definition und Implementierung spezifischer realistischer Maßnahmen zur Verbesserung dieses Testprozesses auf der Grundlage der Geschäftstreiber.

Geschäftsbasiertes Testmanagement
Durch das geschäftsbasierte Testmanagement soll dem Auftraggeber ermöglicht werden, den Testprozess nach rationalen und wirtschaftlichen Gesichtspunkten zu steuern. Wichtige Faktoren des geschäftsbasierten Testmanagements sind: Ergebnis, Risiko, Zeit und Kosten.

Geschäftstreiber
Eine unternehmerische Richtlinie, die sich im Allgemeinen aus der Vision und/oder der Geschäftsstrategie eines Unternehmens ableitet und die auf ein konkretes Ergebnis auf Betriebsebene ausgerichtet ist. Ein Geschäftstreiber ist ein Argument, eine Motivation oder eine Zielsetzung für die Testprozessverbesserung und ist in der Regel durch eine Kombination der Faktoren Ergebnis, Risiko, Zeit und Kosten gekennzeichnet.

Gruppe
Eine Gruppe besteht aus Kontrollpunkten aus einem oder mehreren Kernbereichen, die einen Verbesserungsschritt ergeben. Gruppen werden zur Erhöhung der Testprozessreife genutzt. Jede Gruppe wird durch einen Buchstaben gekennzeichnet, der ihren Rang im Verbesserungspfad angibt, wobei die Gruppe A den ersten Verbesserungsschritt darstellt.

Gruppierung
Aufteilung der Kontrollpunkte in der Reifegradmatrix in Gruppen, deren Rangfolge einen Optimierungspfad vorgibt.

High-Level-Test
Späte Teststufen wie Systemtest, Systemintegrationstest, Abnahmetest.

Inspektion
Formale Prüftechnik, bei der die Produkte (Dokumente) von einer Gruppe von Experten gründlich geprüft werden. Es wird nicht nur festgestellt, ob die Lösung angemessen erarbeitet ist, sondern es soll auch ein Konsens über die Einschätzung der Qualität des Produkts erzielt werden. Ziel der Inspektion ist es, dem Ersteller dabei zu helfen, in der verfügbaren Zeit so viele Abweichungen wie möglich zu finden. Dieser Prozess der Qualitätsverbesserung von Dokumenten besteht aus zwei Hauptkomponenten: Verbesserung der Produkte (Dokumente) und Prozessverbesserung (sowohl der Dokumenterstellung als auch der Inspektion).

Integrationstest
Mit dem Integrationstest wird überprüft, ob zwei oder mehrere identifizierbare Komponenten korrekt zusammenarbeiten.

ISTQB®
International Software Testing Qualifications Board. Intention des ISTQB ist es, ein einheitliches, universell akzeptiertes, internationales Qualifizierungsschema für Software- und Systemtester bereitzustellen. Das ISTQB gibt dazu Lehrpläne heraus und stellt Richtlinien zur Akkreditierung sowie Prüfungsanforderungen auf.

ITGI®
IT Governance Institute. Zielsetzung des Instituts ist es, Unternehmensführungen dabei zu unterstützen, Informationstechnologie durch effektive Steuerung erfolgreich zur Erreichung der Unternehmensziele einzusetzen.

ITIL®
: Information Technology Infrastructure Library. Eine Sammlung von Konzepten und Richtlinien zur Verwaltung von Informationstechnologie. ITIL umfasst die Bereiche Strategie, Entwurf, Umsetzung, Betrieb und Verbesserung (engl. Service Strategy, Service Design, Service Transition, Service Operation, Continual Service Improvement).

Kernbereich
: Teil des Testprozesses, der inhaltlich zusammenhängende Aspekte zusammenfasst. Das Geschäftsbasierte TPI-Modell besteht aus 16 Kernbereichen, die es ermöglichen, den Testprozess stufenweise und detailliert zu messen und zu verbessern. Der Reifegrad jedes Kernbereichs kann separat gemessen werden. Die Kernbereiche decken in ihrer Gesamtheit alle Aspekte des Testprozesses ab.

Konkreter Testfall
: Konkrete Ausarbeitung eines logischen Testfalls durch Auswahl der benötigten Eingabewerte und Einstellung der Umgebungsparameter.

Kontrollpunkt
: Ein Kontrollpunkt ist die Maßeinheit des TPI-Modells. Er ist als Aussage formuliert, die bestätigt oder widerlegt werden kann. Trifft die Aussage auf einen Testprozess zu und kann dies auch ausreichend belegt werden, so ist der Kontrollpunkt erfüllt. Ein Kontrollpunkt bezieht sich immer auf einen Kernbereich und einen Reifegrad.

Logischer Testfall
: Liefert eine logische Beschreibung der Gegebenheiten, in denen das Systemverhalten untersucht wird, indem angegeben wird, welche Testsituationen durch den Testfall abgedeckt sind.

Low-Level-Test
: Frühe Teststufen wie Modultest, Komponententest

Mastertestplan
: Ein Testplan, in dem die unterschiedlichen Teststufen aufeinander abgestimmt werden.

Metrik
: Quantifizierte Beobachtung von Merkmalen eines Produkts oder eines Prozesses. Metriken werden eingesetzt, um den Testprozess zu bewerten, zu leiten und zu rechtfertigen. Sie untermauern die Testberatung und können beim Vergleich von Systemen oder Prozessen Anwendung finden. Auch bei der Testprozessverbesserung spielen Metriken eine wichtige Rolle.

Outsourcing
: Untervergabe eines Prozesses, wie z. B. Produktdesign oder Herstellung, an ein Drittunternehmen. Bezogen auf das Testen bedeutet Outsourcing, dass der Testprozess eines Unternehmens (teilweise) an einen externen Lieferanten abgegeben wird.

Produktrisiko

Die Wahrscheinlichkeit des Auftretens eines Fehlers im Produkt verbunden mit dem zu erwartenden Schaden, falls ein solcher eintritt:

Produktrisiko
= Auftrittswahrscheinlichkeit eines Fehlers × Schaden,

wobei gilt:

Auftrittswahrscheinlichkeit eines Fehlers
= Fehlerwahrscheinlichkeit × Nutzungshäufigkeit.

Ein Produktrisiko kann das einwandfreie Funktionieren eines Produkts (insbesondere eines Informationssystems) behindern. Produktrisiken sind in der Regel Teil der Teststrategie.

Produktrisikoanalyse

Analyse des zu testenden Produkts mit dem Ziel, dass Testmanager und andere Stakeholder zu einer gemeinsamen Einschätzung über die Risiken zu testender Merkmale und Produktteile gelangen, um eine Bezugsgröße für die Intensität des Testens zu schaffen.

Projektrisiko

Risiko, das die planmäßige Durchführung eines Projekts behindern kann. Projektrisiken können sich auf das gesamte Projekt oder das Testprojekt beziehen.

Qualität

Gesamtheit der Merkmale und Eigenschaften eines Produkts oder einer Dienstleistung, die auf der Erfüllung der festgelegten oder impliziten Anforderungen beruhen.

Qualitätsmerkmal

Eigenschaft eines Informationssystems.

Qualitätssicherung

Gesamtheit aller geplanten und systematischen Aktivitäten, die notwendig sind, um das erforderliche Vertrauen zu vermitteln, dass ein Produkt oder eine Dienstleistung den festgelegten Qualitätsanforderungen entspricht.

Referenzkonfiguration

Eine Spezifikation oder ein Softwareprodukt, das formal geprüft bzw. dem zugestimmt wurde. Anschließend dient sie/es als Basis für die weitere Entwicklung und darf nur durch ein formales Änderungskontrollverfahren geändert werden (nach IEEE 610). Siehe auch »Testbasis«.

Regression

Phänomen, dass sich die Qualität eines Gesamtsystems infolge individueller Anpassungen verschlechtern kann.

Regressionstest

Überprüfung, ob alle unveränderten Teile eines Systems nach der Implementierung einer Änderung noch korrekt funktionieren.

Reife
Ein Begriff in der Softwareentwicklung, der zum Ausdruck bringt, in welchem Umfang Aktivitäten beim Softwaretesten geplant sind.

Reifegrad
Reifekategorie, die aufgrund einer Prüfung für einen spezifischen Kernbereich festgelegt wurde oder die als Ziel zukünftiger Verbesserungsaktivitäten dient. Der Reifegrad, der sich für die Gesamtheit der Kernbereiche ergibt, bestimmt die Reife des gesamten Testprozesses.

Reifegrad »Effizient«
Dritter Reifegrad im TPI-Modell (nach »Initial« und »Kontrolliert«). Die Aktivitäten des Testprozesses werden so aufeinander abgestimmt, dass es zu einem günstigeren Kosten-Nutzen-Verhältnis kommt.

Reifegrad »Initial«
Erster Reifegrad des TPI-Modells. Der Testprozess besteht aus Ad-hoc-Aktivitäten.

Reifegrad »Kontrolliert«
Zweiter Reifegrad im TPI-Modell (nach »Initial«). Alle wichtigen Aktivitäten des Testprozesses werden geplant und durchgeführt.

Reifegrad »Optimierend«
Vierter (und höchster) Reifegrad des TPI-Modells (nach »Initial«, »Kontrolliert« und »Effizient«). Der erreichte Zustand des Testprozesses wird gepflegt, analysiert und sich ändernden Erfordernissen stetig angepasst.

Reifekategorie
Die Zuordnung in Reifekategorien erfolgt durch die Erfüllung der gleichnamigen Reifegrade Initial, Kontrolliert, Effizient und Optimierend.

Reifematrix
Siehe »Testreifematrix«

Reifestufe
Siehe »Werkzeugspezifische Reifestufe«

Rendite
Gewinn oder Verlust (realisiert oder nicht realisiert) einer Investition im Verhältnis zum Geldbetrag, der investiert wurde.

Review
Prüftechnik, bei der ein zu 60-80 % fertiggestelltes Produkt an eine Reihe von Gutachtern gegeben wird mit dem Auftrag, es unter einem bestimmten Gesichtspunkt zu bewerten (abhängig von der Art des Reviews). Ein Review zielt in erster Linie darauf ab, basierend auf dem Wissen und der Kompetenz der Reviewer Lösungsansätze zu finden sowie Fehler zu entdecken und zu beheben. Beispiele für Reviewarten sind: technisches Review (z.B. Auswahl eines Lösungsansatzes oder einer Alternative), Managementreview (z.B. Bestimmen des Projektstatus), Peer-Review (Prüfung durch Kollegen) und Expertenreview (Prüfung durch Experten).

Risikobericht
Beschreibung des Umfangs, in dem das System die festgelegten Qualitätsanforderungen erfüllt, sowie eine Beschreibung der Risiken, die damit verbunden sind, eine bestimmte Version in Produktion zu geben, einschließlich zur Verfügung stehender Alternativen.

ROI
Return on Investment, siehe »Rendite«

Rolle
Beschreibung einer oder mehrerer Aufgaben sowie des Wissens und der Fähigkeiten, die notwendig sind, um diese Aufgabe(n) zu erfüllen.

RUP®
Rational Unified Process. RUP ist ein Vorgehensmodell für iterative Softwareentwicklung.

Scrum
Iterativ-inkrementelles Vorgehensmodell zur agilen Softwareentwicklung.

SDLC
Software Development Life Cycle, siehe »Softwarelebenszyklus«

SMART
Akronym für spezifisch, messbar, annehmbar, realistisch und zeitlich terminiert. Dient im Projektmanagement als Kriterium zur eindeutigen Definition von Projektzielen.

Softwarelebenszyklus
Der Softwarelebenszyklus oder der Lebenszyklus in der System- und Softwareentwicklung (engl. *Software Development Life Cycle*, SDLC) ist der Prozess der Entwicklung oder Veränderung von Systemen sowie der Modelle und Methoden, die zur Entwicklung dieser Systeme eingesetzt werden. Das Konzept des Softwarelebenszyklus bezieht sich im Allgemeinen auf Computer- oder Informationssysteme.

In der Softwareentwicklung unterstützt dieses Konzept viele verschiedene Softwareentwicklungsmethoden. Diese Methoden bilden das Rahmenwerk für die Planung und Steuerung der Entwicklung eines Informationssystems.

Softwareprozessverbesserung
Hinter dem Begriff der Softwareprozessverbesserung (engl. *Software Process Improvement*, SPI) stehen Modelle, die darauf abzielen, die Qualität von Software und zugehörender Prozesse zu verbessern. Beispiele dieser Modelle sind CMMI® und SPICE®.

SPI
Software Process Improvement, siehe »Softwareprozessverbesserung«

SPICE®
Software Process Improvement and Capability Determination. SPICE® basiert auf der internationalen Norm ISO/IEC 15504 und bildet ein spezifisches Rahmenwerk für die Softwareprozessverbesserung.

Stakeholder
Eine Person, die bezüglich des Testprozesses oder der Verbesserung des Testprozesses Einfluss ausübt, betroffen sein kann oder gewisse Interessen verfolgt.

Statischer Test
Testen durch Untersuchen von Produkten (wie z.B. Anleitungen oder Quellcode), ohne dass Programme ausgeführt werden.

Systemintegrationstest
Ein vom Lieferanten ausgeführter Test, mit dem gezeigt werden soll, dass die Vereinbarungen für die Schnittstellen des (Sub-)Systems eingehalten, richtig interpretiert und richtig durchgeführt worden sind.

Systemtest
Ein vom Lieferanten unter (gut kontrollierbaren) Laborbedingungen ausgeführter Test, der nachweisen soll, dass das entwickelte System (oder Teile davon) den funktionalen und nicht funktionalen Spezifikationen und dem technischen Design entspricht.

Testabdeckung
Verhältnis zwischen dem, was getestet werden kann, und dem, was mit der Menge der definierten Testfälle getestet wird.

Testart
Gruppe von Testaktivitäten zur Überprüfung des Informationssystems auf eine Anzahl zusammenhängender Qualitätsmerkmale oder Teilaspekte davon.

Testbarkeit
Die Leichtigkeit und Schnelligkeit, mit der Merkmale des Systems nach jeder Anpassung getestet werden können.

Testbasis
Gesamtheit der Informationen, die das erforderliche Systemverhalten definieren.

Testdesigntechnik
Standardisiertes Verfahren zum Ableiten von Testfällen aus einer bestimmten Testbasis, mit dem eine gewisse Abdeckung erreicht wird.

Testeinheit
Sammlung von Vorgängen, Transaktionen und/oder Funktionen, die zusammen getestet werden.

Testen
Testen ist ein Prozess, der Einsicht in und Auskunft über Qualität und die damit verbundenen Risiken liefert.

Testfall
Ein Testfall dient der Überprüfung, ob das System unter bestimmten Umständen das erwünschte Verhalten zeigt.

Testinfrastruktur
Einrichtungen und Ressourcen, die notwendig sind, um eine zufriedenstellende Durchführung des Tests zu ermöglichen. Es wird unterschieden zwischen Testumgebungen, Testwerkzeugen und Arbeitsplätzen.

Testline
Betriebliche Organisation zur Lieferung von Testdienstleistungen an einen oder mehrere Kunden. Eine Testline besteht aus einem festgelegten Team von Testern, einer Infrastruktur, Testwerkzeugen und standardisierten Arbeitsvorgängen.

Testobjekt
Das zu testende Informationssystem (oder das zu testende Teilsystem).

Testorganisation
Gesamtheit der Testabläufe, Einrichtungen, Vorgänge, Aktivitäten, Rollen und Zuständigkeiten sowie deren Verhältnis zueinander.

Testplan
In einem Testplan werden das allgemeine Konzept und die strategischen Entscheidungen im Zusammenhang mit dem auszuführenden Test festgelegt. Der Testplan bildet den Bezugsrahmen während der Durchführung des Tests und dient außerdem als Instrument zur Kommunikation mit dem Auftraggeber des Tests. Der Testplan ist eine Beschreibung des Testprojekts, einschließlich einer Beschreibung der Aktivitäten und der Planung, aber er beschreibt nicht die Tests selbst.

Testprozess
Sammlung von Arbeitsmethoden, Techniken und Werkzeugen, die eingesetzt werden, um einen Test durchzuführen.

Testprozessverbesserung
Optimierung von Qualität, Kosten und Durchlaufzeit des Testprozesses bezogen auf die Gesamtheit der IT-Leistungen.

Testpunkt
Maßeinheit für den Umfang eines durchzuführenden Tests.

Testpunktanalyse
Methode zur Durchführung einer technologieunabhängigen Messung der Testintensität eines Informationssystems auf der Basis einer Funktionspunktanalyse. Diese Messung dient als Grundlage für eine Produktivitätsmessung, für eine Schätzung der benötigten Ressourcen und für das Projektmanagement.

Testreifematrix
Matrix zur Visualisierung der kombinierten Kernbereiche, Kontrollpunkte und Reifegrade.

Testrichtlinie
Beschreibt, wie ein Unternehmen mit Mitarbeitern, Ressourcen und Verfahrensweisen des Testprozesses in verschiedenen Situationen umgeht.

Testsituation
Isolierte Bedingung, unter der das Testobjekt ein bestimmtes Verhalten zeigt, das getestet werden muss.

Testskript
Zusammenfassung von mehreren konkreten Testfällen, um sie effizient und einfach durchführen zu können.

Teststrategie
Aufteilung von Testaufwand und Abdeckungsgrad über die zu testenden Teile oder Aspekte des Testobjekts, mit dem Ziel, die wichtigsten Fehler so früh und daher so kostengünstig wie möglich zu finden.

Teststufe
Eine Gruppe von Testaktivitäten, die gemeinsam verwaltet und durchgeführt werden.

Testteam
Eine Gruppe von Mitarbeitern, die unter der Leitung eines Testmanagers die Testaktivitäten durchführen.

Testtechnik
Sammlung von Aktivitäten mit dem Ziel, ein Testprodukt durch Anwendung einer universellen Methode herzustellen.

Testumgebung
Zusammenstellung von Einzelelementen wie Hardware, Software, Verbindungen, Umgebungsdaten, Wartungswerkzeugen und Managementprozessen, mit denen ein Test durchgeführt wird.

Testware
Die Testware umfasst alle aus den Testaktivitäten hervorgehenden Testdokumente, wie z.B. Testplan, Testfälle und Testbericht. Im Rahmen von TPI NEXT werden auch Produkte, die von außen in den Testprozess einfließen, wie z.B. die Testbasis und das Testobjekt, als Testware betrachtet. Diese sind zwar nicht im Testteam entstanden, sind jedoch für den Testprozess von großer Bedeutung und fallen daher unter das Testwaremanagement.

Testwerkzeug
Automatisiertes Hilfsmittel zur Unterstützung einer oder mehrerer Testaktivitäten, wie z.B. Planung, Steuerung, Spezifikation und Durchführung.

Testwerkzeug-Richtlinie
Beschreibt, wie ein Unternehmen die Anschaffung, Einführung und den Gebrauch von Testwerkzeugen in verschiedenen Situationen handhabt.

Testziel
Ein Testziel ist ein Erfolgskriterium für den Testauftrag, ausgedrückt in der Sprache des Auftraggebers.

TPI NEXT
siehe »Geschäftsbasierte Testprozessverbesserung«

Unit-Integrationstest
Ein vom Entwickler in der Entwicklungsumgebung durchgeführter Test, mit dem gezeigt werden soll, dass eine logische Gruppe von Einheiten (Units) die in den technischen Spezifikationen festgelegten Anforderungen erfüllt.

Unit-Test
Ein vom Entwickler in der Entwicklungsumgebung durchgeführter Test, mit dem gezeigt werden soll, dass eine Einheit (Unit) die in den technischen Spezifikationen festgelegten Anforderungen erfüllt.

Verbesserungsvorschlag
Beschreibt auf praxisorientierte und anpassbare Weise, wie Kontrollpunkte erfüllt werden können. Enthält auch hilfreiche Tipps und Hinweise zu den Kernbereichen.

Walkthrough
Prüftechnik, bei der die Inhalte eines Produkts während eines Meetings vom Autor erklärt werden. Hierbei sind mehrere verschiedene Ziele denkbar: Schaffung eines gemeinsamen Ausgangspunkts für alle Beteiligten, Vermittlung von Informationen, Bitte um zusätzliche Informationen von den Beteiligten oder das Anbieten einer Auswahlmöglichkeit verschiedener vom Autor vorgeschlagener Alternativen.

Werkzeugspezifische Reifestufe
Die werkzeugspezifischen Reifestufen (werkzeugorientierte, prozessorientierte und zielorientierte Reife) ermöglichen eine spezifischere Reifebestimmung im Einsatz von Testwerkzeugen und bieten Orientierung in der Optimierung des Werkzeugeinsatzes. In diesen Reifestufen kommen sowohl die Zielsetzung eines Werkzeugs als auch die Einbindung des Werkzeugeinsatzes in den Testprozess zum Ausdruck. Werkzeugspezifische Reifestufen lassen sich nicht unmittelbar auf die Reifegrade des BDTPI-Modells übertragen.

Wiederverwendbarkeit
Umfang, in dem Teile des Informationssystems oder des Designs für die Entwicklung anderer Anwendungen verwendet werden können.

Zuverlässigkeit
Umfang, in dem das Informationssystem störungsfrei bleibt.

Literatur

[Aalst 2008] L. van der Aalst, R. Baarda, E. Roodenrijs, J. Vink und B. Visser: *TMap NEXT – Business Driven Test Management*. Uitgeverij Tutein Nolthenius, 's-Hertogenbosch, NL, 2008, ISBN 90-72194-92-6.

[Agile 2011] *Agiles Manifest, deutsche Übersetzung*. *http://agilemanifesto.org/iso/de/*, März 2011. Letzter Zugriff am 09.03.2011.

[Beizer 1990] B. Beizer: *Software Testing Techniques*. International Thomson Computer Press, London, UK, 1990, ISBN 978-1-8503-2880-3.

[Boehm 1981] B. W. Boehm: *Software Engineering Economics*. Prentice-Hall Inc., Englewood Cliffs, NJ, US, 1981, ISBN 0-13-822122-7.

[Chrissis 2009] M. B. Chrissis, M. Konrad und S. Shrum: *CMMI: Richtlinien für Prozess-Integration und Produkt-Verbesserung*. Addison-Wesley, München, 2009, ISBN 978-3-8723-2784-0.

[CMMI 2010] CMMI Product Team: *CMMI for development, Version 1.3*. Technischer Bericht CMU/SEI-2010-TR-033, Software Engineering Institute, Pittsburgh, PA, US, 2010, Online verfügbar unter *http://www.sei.cmu.edu/*.

[Craddock 2008] A. Craddock, B. Fazackerley, S. Messenger, B. Roberts und J. Stapleton: *DSDM Atern Handbook*. Whitehorse Press Limited, Chestfield, UK, 2008, ISBN 0-9544832-2-7. Online verfügbar unter *http://www.dsdm.org/dsdm-atern/atern*.

[Crispin 2008] L. Crispin und J. Gregory: *Agile Testing, a Practical Guide for Testers and Agile Teams*. Addison-Wesley, Amsterdam, NL, 2008, ISBN 978-0-321-53446-0.

[Deming 1982] E. Deming: *Out of the crisis*. MIT Press, Cambridge, MA, US, 1982, ISBN 978-0-9113-7901-3.

[Graham 2006] D. Graham, E. van Veenendaal, I. Evans und R. Black: *Foundations of Software Testing: ISTQB Certification*. Cengage Learning Business Press, Stanford, CT, US, 2006, ISBN 978-1-8448-0355-2.

[Humphrey 1989] W.S. Humphrey: *Managing the Software Process*. Addison-Wesley, New York City, NY, US, 1989, ISBN 978-0-2011-8095-4.

[ISO 2004] ISO: *Software Process Improvement and Capability Determination.* Technischer Bericht ISO/IEC 15504, ISO, Geneva, CH, 2004.

[ITGI 2005] The IT Governance Institute (ITGI): *CobiT 4.0, Deutsche Ausgabe.* ITGI, Rolling Meadows, IL, US, 2005, ISBN 1-933284-37-4. Online verfügbar unter *http://www.isaca.ch/pages/DO ct.html.*

[ITGI 2008] The IT Governance Institute (ITGI): *Identifying and aligning business goals and IT-goals.* Technischer Bericht, ISACA & ITGI, Rolling Meadows, IL, US, 2008. Als eBook verfügbar unter *http://www.isaca.org/.*

[Kaner 1999] C. Kaner, J. Falk und H. Q. Nguyen: *Testing Computer Software.* John Wiley & Sons Inc., New York City, NY, US, 1999, ISBN 0-471-35846-0.

[Kit 1995] E. Kit und S. Finzi: *Software Testing in the Real World.* Addison-Wesley, New York City, NY, US, 1995, ISBN 0-201-87756-2.

[Koomen 1999] T. Koomen und M. Pol: *Test Process Improvement (TPI): A practical, step-by-step guide to structured testing.* Addison-Wesley, London, UK, 1999, ISBN 0-210-59624-5.

[Koomen 2006] T. Koomen, L. Van der Aalst, B. Broekman und M. Vroon: *TMap Next for result-driven testing.* Uitgeverij Tutein Nolthenius, 's-Hertogenbosch, NL, 2006, ISBN 90-72194-79-4.

[Kruchten 1999] P. Kruchten: *The Rational Unified Process: An Introduction.* Addison-Wesley, Boston, MA, US, 1999, ISBN 978-0-2017-0710-6.

[Moerman 2006] R. Moerman: *InFraMe, Structuur en voorspelbaarheid in IT- infrastructuur projecten.* Sdu Uitgevers, Den Haag, NL, 2006, ISBN 90-12-11770-4.

[Pettichord 2000] B. Pettichord: *Testers and Developers Think Differently.* Software Testing and Quality Engineering, Januar 2000, S. 42–46.

[Pol 2002] M. Pol, T. Koomen und A. Spillner: *Management und Optimierung des Testprozesses.* dpunkt.verlag, Heidelberg, 2002, ISBN 3-89864-156-2.

[Pols 2006] R. van der Pols: *ASL een framework voor applicatiebeheer.* Sdu Uitgevers, Den Haag, NL, 2006, ISBN 978-9-0121-1614-5.

[Pols 2007] R. van der Pols, R. Donatz und F. van Outvorst: *BiSL, Framework for Business Information Management.* Van Haren Publishing, Zaltbommel, NL, 2007, ISBN 978-90-8753-042-6.

[Schwaber 2001] K. Schwaber und M. Beedle: *Agile Software Development with Scrum.* Prentice Hall, Upper Saddle River, NJ, US, 2001, ISBN 978-0-1306-7634-4.

[Smit 2009] R. Smit und R. Baarda: *End-to-end testing with TMap NEXT.* Uitgeverij Tutein Nolthenius, 's-Hertogenbosch, NL, 2009, ISBN 90-89072-194-961.

[Veen 2007] A. van der Veen und J. van Bon: *Foundations of ITIL V3.* Van Haren Publishing, Zaltbommel, NL, 2007, ISBN 978-9-0875-3057-0.

Über Sogeti

Sogeti-Gruppe

Sogeti ist ein führender Anbieter professioneller Technologiedienstleistungen. Das Unternehmen ist spezialisiert auf Softwarequalitätssicherung und Test, Infrastruktur-Services, High Tech Consulting und Applikationsmanagement. Sogeti arbeitet eng mit seinen Kunden zusammen und ermöglicht ihnen, technische Innovationen optimal zu nutzen und bestmögliche Ergebnisse zu erzielen. Das Unternehmen vereint mehr als 20.000 Fachkräfte in 14 Ländern und ist an über 200 Standorten in Europa, den USA und Indien vertreten. Sogeti ist ein hundertprozentiges Tochterunternehmen der an der Pariser Börse notierten Cap Gemini S.A.

Qualitätssicherung und Testdienstleistungen

Sogeti nimmt eine weltweit führende Stellung im Bereich innovativer, geschäftsbasierter Qualitätssicherung und Testdienstleistungen ein. Als unabhängige und objektive Testspezialisten bieten wir unseren Kunden wirtschaftliche Onshore- und Offshore-Testlösungen an: Managed Testing Services, TMap NEXT®-basiertes Testen von einzelnen Projekten und Komplettlösungen sowie Testprozessverbesserung mit TPI NEXT®. Als größter Anbieter von Testdienstleistungen in Europa und den USA – mit mehr als 2.800 Testexperten und weiteren 5.000 testerfahrenen Anwendungsspezialisten in 14 Ländern weltweit – unterstützen wir Unternehmen dabei, ihre Test- und Qualitätssicherungsziele zu erreichen.

Weitere Informationen finden Sie unter *www.sogeti.de* und *www.sogeti.com*.

Index